华 章 图 书

一本打开的书，一扇开启的门，

通向科学殿堂的阶梯，托起一流人才的基石。

云计算技术系列丛书

Cloud-Native Distributed Storage Cornerstone

etcd in-depth Interpretation

# 云原生分布式存储基石

## etcd深入解析

华为云容器服务团队 杜军 等编著

机械工业出版社
China Machine Press

图书在版编目（CIP）数据

云原生分布式存储基石：etcd 深入解析 / 华为云容器服务团队等编著．—北京：机械工业出版社，2018.11（2021.10 重印）
（云计算技术系列丛书）

ISBN 978-7-111-61192-9

I. 云…　II. 华…　III. 云计算　IV. TP393.027

中国版本图书馆 CIP 数据核字（2018）第 237996 号

云原生分布式存储基石：etcd 深入解析

出版发行：机械工业出版社（北京市西城区百万庄大街 22 号　邮政编码：100037）
责任编辑：赵亮宇　　责任校对：殷　虹
印　　刷：北京捷迅佳彩印刷有限公司　　版　　次：2021 年 10 月第 1 版第 4 次印刷
开　　本：186mm×240mm　1/16　　印　　张：20
书　　号：ISBN 978-7-111-61192-9　　定　　价：79.00 元

凡购本书，如有缺页、倒页、脱页，由本社发行部调换
客服热线：（010）88379426　88361066　　投稿热线：（010）88379604
购书热线：（010）68326294　88379649　68995259　　读者信箱：hzjsj@hzbook.com

# *Preface* 前 言

## 为什么要写这本书

近年来，容器和云原生生态蓬勃发展，我们正身处于一波云原生的浪潮中。随着我们习惯于在云端产生和收集数据，云端积累了海量的数据并继续以惊人的速度增长。如何实现数据分布式、一致性存储，确保云原生环境的可扩展性和高可用性，是各组织亟须解决的现实问题。

云计算时代，etcd 必将成为云原生和分布式系统的基石！而奠定 etcd 基石地位的三个关键因素是 Raft 协议、Go 语言和生态。

etcd 从一开始就摒弃了以复杂和难以理解著称的 Paxos，而是另辟蹊径地通过 Raft 化繁为简，实现了一套健壮的分布式一致性协议的 SDK，这套 SDK 被很多其他分布式数据库 / 系统采用，甚至包括 etcd 兄弟项目 rkt 的竞争对手 Docker。

至于被誉为云时代 C 语言的 Go 语言，具备天然的高并发能力、易安装和可读性好等优点，成就了 etcd 的高性能和项目的易维护性，极大地激发了来自全世界的开源工程师参与 etcd 的热情。云原生领域用 Go 语言编写的重量级项目不胜枚举，例如 Docker、Kubernetes 和 Istio 等。

etcd 相对于 ZooKeeper 是一个年轻且更加轻量的项目，它拥有更加健康和有活力的社区。截至这本书出版前夕，etcd 在 Github 上的 star 数是 20 000+，fork 数是 4000+，拥有超过 400 名活跃的代码贡献者。不能忽视的一点是，etcd 已经被 Kubernetes 和 Cloud Foundry 等顶级云原生项目采用，并借势经过了 Google、华为云、Red Hat、IBM、阿里等 IT 巨头大规模生产环境的考验。随着 etcd 进入 CNCF 社区孵化，成为由 CNCF 治理的顶级项目，厂商中立的运作模式将进一步繁荣 etcd 的开源生态。

顺势而为，再加上合理的架构设计，恰如其分的实现，完全让人有理由相信 etcd 的成功。

在我最开始接触 Kubernetes 的时候，就和 etcd 打过交道了。etcd 在华为 PaaS 平台作为关键组件应用在分布式数据协同与更新观察等架构中。犹记得那时 etcd 刚发布，我们希望它提升华为 PaaS 平台的扩展性、性能和稳定性。因此，我们团队还专门成立 etcd 特别攻关小组，吃透了 etcd 的内部运作机制和核心技术。我很荣幸成为这个小组的成员。从那时起，我便对 etcd 着了迷，一口气翻看了 etcd 的源码，同时也向 etcd 社区提交了若干个 patch。

对于我们团队来说，我们很荣幸见证了 etcd 在技术和社区的持续进步并成长为 Kubernetes 项目的一部分。etcd v3 的正式发布延续了这个势头，我们期待将来有更多的功能和特性被引入华为云容器平台的产品中。我们也很高兴过去能够与 etcd 团队和技术社区一起工作，并将持续与 etcd 技术社区协作，将这项技术推到一个更高的层面。

至于为什么要在工作之余抽空写这本书，我们在容器和 Kubernetes 技术布道的过程中发现，国内从事该领域的工程师普遍对 etcd 了解不多，出了问题鲜有定位手段，而 etcd 官网又没有中文资料，因特网上也缺少深入解析 etcd 原理的文章。本着回馈社区和普及云原生技术的原则，我们华为云容器服务团队决定编写这本书，做第一个“吃螃蟹”的人。

毕竟“源码面前，了无秘密”。

## 读者对象

这里我们可以根据软件需求划分出本书的受众：

- 分布式系统工作者
- Raft 算法研究者
- etcd 各个程度的学习者
- Kubernetes 用户与开发者

## 如何阅读本书

本书分为三部分，其中第二部分以接近实战的实例来讲解 etcd 的使用，相较于其他两部分更独立。如果你是一名分布式系统的初学者，请一定从第 1 章的基础理论知识开始学习。

第一部分为基础篇，包括第 1 章，我们将简单地介绍分布式系统的基本理论，并且详解 Raft 算法的工作原理，帮助读者了解一些掌握 etcd 的基础背景知识。

第二部分为实战篇，包括第 2～7 章，我们将着重讲解 etcd 的常见功能和使用场景，包括 etcd 的架构分析、命令行使用、API 调用、运维部署等。

第三部分为高级篇，包括第 8～11章，我们将直接打开 etcd 的源码，为喜欢刨根问底的读者深度剖析 etcd 的实现原理。

## 勘误和支持

由于作者的水平有限，编写的时间也很仓促，书中不妥之处在所难免，恳请读者批评指正。如果你发现了书中的错误或者有更多的宝贵意见，欢迎发送邮件至我的邮箱 m1093782566@163.com，我很期待能够获得你们的真挚反馈。

## 致谢

我首先要感谢 etcd 的工程师团队，他们编写并开源了这么一款足以成为云原生基石的分布式存储系统——etcd。

感谢华为云容器服务团队的高级架构师、Kubernetes 社区核心维护者 Kevin 老师，他为这本书的出版提供了良好的技术氛围和宝贵的实战经验支持。

感谢 CMU 在读硕士研究生梁明强同学，在写作过程中为我提供了犀利而宝贵的意见和文字。

感谢机械工业出版社华章公司的编辑杨绣国老师，感谢你的魄力和远见，在这一年多的时间中始终支持我的写作，你的鼓励和帮助引导我能顺利完成全部书稿。

我要感谢我的爸爸、妈妈、外公、外婆，感谢你们将我培养成人，并时时刻刻为我灌输着信心和力量！

我要感谢我的爱人，你的陪伴和鼓励使得这本书得以顺利完成。

谨以此书，献给我最亲爱的家人，以及众多热爱云原生与分布式技术的朋友们。

杜军

中国，华为杭州研究所，2018 年 9 月

# 目 录 *Contents*

## 第三部分 高级篇

第一部分 Part 1

# 基 础 篇

本部分简单介绍分布式系统的基本理论，详细讲解 Raft 算法的工作原理，帮助读者了解 etcd 的基础知识，主要包括以下章节：

Chapter 1 第1章

# 分布式系统与一致性协议

现如今，摩尔定律的影响已经严重衰减甚至近于失效，但我们却实实在在地看到了计算能力的大幅度提升。在围棋人机大战里，人工智能AlphaGo打败李世石、柯洁的事实仍历历在目。计算能力的提升在很多时候都是源于系统（大数据、人工智能、云计算、区块链等）采用了分布式架构。《分布式系统概念与设计》一书中对分布式系统概念的定义如下：

---

分布式系统是一个硬件或软件组件分布在不同的网络计算机上，彼此之间仅仅通过消息传递进行通信和协调的系统。

---

简单来说，分布式系统就是一组计算机节点和软件共同对外提供服务的系统。但对于用户来说，操作分布式系统就好像是在请求一个服务器。因为在分布式系统中，各个节点之间的协作是通过网络进行的，所以分布式系统中的节点在空间分布上几乎没有任何限制，可以分布于不同的机柜、机房，甚至是不同的国家和地区。

分布式系统的设计目标一般包括如下几个方面。

- 可用性：可用性是分布式系统的核心需求，其用于衡量一个分布式系统持续对外提供服务的能力。
- 可扩展性：增加机器后不会改变或极少改变系统行为，并且能获得近似线性的性能提升。
- 容错性：系统发生错误时，具有对错误进行规避以及从错误中恢复的能力。
- 性能：对外服务的响应延时和吞吐率要能满足用户的需求。

虽然分布式架构可以组建一个强大的集群，但实际工作中遇到的挑战要比传统单体架构大得多，具体表现如下所示。

1）节点之间的网络通信是不可靠的，存在网络延时和丢包等情况。

2）存在节点工作出错的情况，节点自身随时也有宕机的可能。

3）同步调用使系统变得不具备可扩展性。

## 1.1　CAP 原理

提到分布式系统，就不得不提 CAP 原理。CAP 原理在计算机科学领域广为人知，如果说系统架构师将 CAP 原理视作分布式系统的设计准则一点也不为过。

下面让我们先来回顾一下 CAP 的完整定义。

- C：Consistency（一致性）。这里的一致性特指强一致，通俗地说，就是所有节点上的数据时刻保持同步。一致性严谨的表述是原子读写，即所有读写都应该看起来是“原子”的，或串行的。所有的读写请求都好像是经全局排序过的一样，写后面的读一定能读到前面所写的内容。

- A：Availability（可用性）。任何非故障节点都应该在有限的时间内给出请求的响应，不论请求是否成功。
- P：Tolerance to the partition of network（分区容忍性）。当部分节点之间无法通信时，在丢失任意多消息的情况下，系统仍然能够正常工作。

相信大家都非常清楚 CAP 原理的指导意义：在任何分布式系统中，可用性、一致性和分区容忍性这三个方面都是相互矛盾的，三者不可兼得，最多只能取其二。本章不会对 CAP 原理进行严格的证明，感兴趣的读者可以自行查阅 Gilbert 和 Lynch 的论文[1]，下面将给出直观的说明。

1）AP 满足但 C 不满足：如果既要求系统高可用又要求分区容错，那么就要放弃一致性了。因为一旦发生网络分区（P），节点之间将无法通信，为了满足高可用（A），每个节点只能用本地数据提供服务，这样就会导致数据的不一致（!C）。一些信奉 BASE（Basic Availability，Soft state，Eventually Consistency）原则的 NoSQL 数据库（例如，Cassandra、CouchDB 等）往往会放宽对一致性的要求（满足最终一致性即可），以此来换取基本的可用性。

2）CP 满足但 A 不满足：如果要求数据在各个服务器上是强一致的（C），然而网络分区（P）会导致同步时间无限延长，那么如此一来可用性就得不到保障了（!A）。坚持事务 ACID（原子性、一致性、隔离性和持久性）的传统数据库以及对结果一致性非常敏感的应用（例如，金融业务）通常会做出这样的选择。

3）CA 满足但 P 不满足：指的是如果不存在网络分区，那么强一致性和可用性是可以同时满足的。

CAP 原理最初的提出者 Eric Brewer 在 CAP 猜想提出 12 年之际（2012 年）对该原理重新进行了阐述[2]，明确了 CAP 原理只适用于原子读写的场景，而不支持数据库事务之类的场景。同时指出，只有极少数网络分区在非常罕见的场景下，三者才有可能做到有机的结合。无独有偶，Lynch 也重写了论文“ Perspectives on the CAP Theorem”[3]，引入了活性（liveness）和安全属性（safety），并认为 CAP 是活性与安全性之间权衡的一个特例。相反，C 属于安全属性，而 A 属于活性，这篇论文主要讲在 unreliable 分布式环境（对应 P，网络分区）下，无法同时实现 livehess 和 safety。

正如热力学第二定律揭示了任何尝试发明永动机的努力都是徒劳的一样，CAP 原理明确指出了完美满足 CAP 三种属性的分布式系统是不存在的。了解 CAP 原理的目的在于，其能够帮助我们更好地理解实际分布式协议实现过程中的取舍，比如在后面的章节中将会提到的 lease 机制、quorum 机制等。

## 1.2　一致性

在阐述一致性模型和一致性协议之前，我们先来了解下什么是一致性。分布式存储系统通常会通过维护多个副本来进行容错，以提高系统的可用性。这就引出了分布式存储系统的核心问题——如何保证多个副本的一致性？

“一致性”这个中文术语在计算机的不同领域具有不同的含义，不同的含义所对应的英文术语也是不一样的，例如，Coherence、Consensus 和 Consistency 等。就这三个术语而言，简单来说，它们之间存在的区别具体如下：

- Coherence 这个单词只在 Cache Coherence 场景下出现过，其所关注的是多核共享内存的 CPU 架构下，各个核的 Cache 上的数据应如何保持一致。
- Consensus 是共识，它强调的是多个提议者就某件事情达成共识，其所关注的是达成共识的过程，例如 Paxos 协议、Raft 选举等。Consensus 属于 replication protocol 的范畴。
- Consistency 表达的含义相对复杂一些，广义上说，它描述了系统本身的不变量的维护程度对上层业务客户端的影响，以及该系统的并发状态会向客户端暴露什么样的异常行为。CAP、ACID 中的 C 都有这层意思。

本书将要重点讨论的分布式系统中的一致性问题，属于上文中提到的 Consensus 和 Consistency 范畴。分布式系统的一致性是一个具备容错能力的分布式系统需要解决的基本问题。通俗地讲，一致性就是不同的副本服务器认可同一份数据。一旦这些服务器对某份数据达成了一致，那么该决定便是最终的决定，且未来也无法推翻。

> 注意 一致性与结果的正确性没有关系，而是系统对外呈现的状态是否一致（统一）。例如，所有节点都达成一个错误的共识也是一致性的一种表现。

一致性协议就是用来解决一致性问题的，它能使得一组机器像一个整体一样工作，即使其中的一些机器发生了错误也能正常工作。正因为如此，一致性协议在大规模分布式系统中扮演着关键角色。

同时，一致性协议也是分布式计算领域的一个重要的研究课题，对它的研究可以追溯到 20 世纪 80 年代，一致性协议衍生出了很多算法。衡量一致性算法的标准具体如下。

- 可终止性：非失败进程在有限的时间内能够做出决定，等价于 liveness。
- 一致性：所有的进程必须对最终的决定达成一致，等价于 safety。
- 合法性：算法做出的决定值必须在其他进程（客户端）的期望值范围之内。即客户端请求回答“是”或“否”时，不能返回“不确定”。

一致性协议是在复制状态机（Replicated State Machines，RSM）的背景下提出来的，通常也应用于具有复制状态机语义的场景。在了解复制状态机之前，让我们先简单了解下一致性模型。

### 1.2.1　一致性模型

一致性问题一直以来都是分布式系统的痛点，因为很多场景都要求一致性，但并不是所有的系统都要求是强一致的。强一致需要极高的成本，我们需要根据系统的容忍度适当放宽一致性的要求。

在很多人看来，银行间的转账应该是强一致的，但是如果仔细分析一下就会发现，小王向小张转账 1000 元，小王的账户扣除了 1000 元，此时小张并不一定会同步收到 1000 元，可能会存在一个不一致的时间窗口。也就是小王的账户中扣除了 1000 元，小张还没收到 1000 元。另外一个常见的例子，12306 网站上买票的功能也未必是强一致的，如果你在 12306 上发现某车次的票还剩余 10 张，发起请求订了一张票，系统返回的信息可能是“正在排队，剩余 10 张票，现在有 15 人在购买”，而不是购买成功或失败的结果，很可能你在收到上述信息之后，不得不去查询未完成订单，以进一步确认订票情况。如果有人退了一张票，通常这张票也不会立即返回到票池中。很明显这里也存在不一致的时间窗口。

本节将要重点讨论分布式系统的一致性模型。我们知道，分布式系统中网络分区在任何时刻、任何地点都有可能正在或即将发生。交换机、网卡、主机硬件、操作系统、磁盘、虚拟化层和程序运行时间（更不用说程序语义本身）都会延误、丢弃、复制或重新排序我们的消息。在一个不确定的世界里，我们肯定都是希望自己的软件能够按照确定的规则运行。

那么，很显然我们需要直观的正确性。做正确的事情！那么究竟什么是正确的呢？我们又该如何描述它呢？

#### 正确性

我们有很多种方式来表达一个算法的抽象行为，比如前文中介绍的状态机模型——“一个系统是由状态以及改变这些状态的操作组成的”，随着系统的运行，它会通过一些操作历史从一个状态转移到另一个状态。

如果我们的状态是一个变量，状态上的操作可能是写入和读取该变量，那么，如下这个简单的 Ruby 程序将会多次写入和读取一个变量，并将其打印到屏幕上，以说明读取的内容。示例代码如下：

```
x = "a"; puts x; puts x
x = "b"; puts x
x = "c"
x = "d"; puts x
```

在上述示例代码里，我们已经有了这个程序正确性的直观模型：它应该打印“aabd”。为什么？因为每个陈述都是按顺序发生的。首先写入一个值 a，然后是读取两次值 a，再写入值 b，然后读取值 b 等。上述寄存器系统读写输出具体如图 1-1 所示。

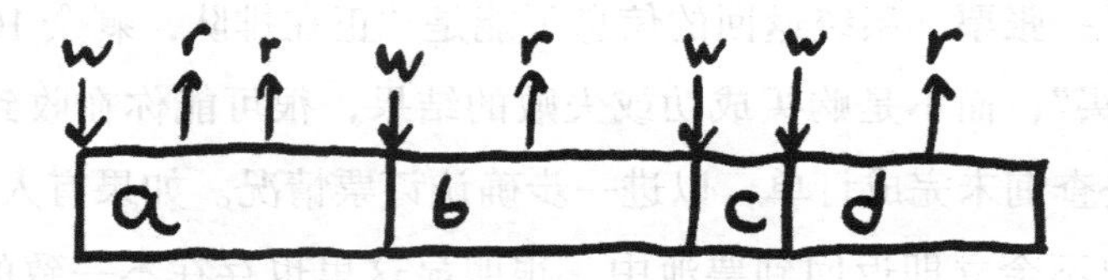


图 1-1　寄存器系统读写输出示例

我们将这种一个变量携带一个值的系统称为寄存器。一旦我们将一个变量（寄存器）设置为某个值，该值就会立刻生效，直到我们再次更改该值，即读取变量应该返回最近写入的值。

从开始编写程序的第一天起，这种模式就已经深深地印刻在了我们的头脑之中，然而这并非变量唯一的工作方式。事实上，一个变量可以返回任何一个读取的值：a、d 或 the moon。如果发生这种情况，则认为系统是不正确的，因为这些操作与我们的变量应该如何工作的模型不一致。这也暗示了系统正确性的定义：在给定了与操作和状态相关的一些规则的情况下，系统中的操作历史应该总是遵循这些规则。我们称这些规则为一致性模型。

更正式的说法是，一致性模型是所有允许的操作历史的集合。如果运行一个程序，它经历了“允许操作集”中的一系列操作，那么任意一次执行都是一致的。如果程序偶尔发生故障并且出现了不是一致性模型中的历史操作，那么我们就说历史记录是不一致的。如果每个可能的执行都落入允许的集合中，则系统满足该一致性模型。我们希望真正的系统能够满足“直观正确”的一致性模型，以便编写可预测的程序。

## 1.2.2　一致性模型分述

在讨论了一致性模型的正确性之后，下面就来分类概述各种类型的一致性模型。对于一致性，可以分别从客户端和服务端两个不同的视角来理解。从客户端来看，一致性主要是指多并发访问时如何获取更新过的数据的问题。从服务端来看，则是更新如何复制分布到整个系统，以保证数据最终的一致性。因此，可以从两个角度来查看一致性模型：以数据为中心的一致性模型和以用户为中心的一致性模型。

最后，一致性是基于并发读写才有的问题，因此在理解一致性的问题时，一定要注意结合考虑并发读写的场景。

### 1. 以数据为中心的一致性模型

实现以下这几种一致性模型的难度会依次递减，对一致性强度的要求也依次递减。

#### （1）严格一致性（Strong Consistency）

严格一致性也称强一致性，原子一致性或者是可线性化（Linearizability），是要求最高的一致性模型。严格一致性的要求具体如下。

1）任何一次读都能读到某个数据的最近一次写的数据。

2）系统中的所有进程，看到的操作顺序，都与全局时钟下的顺序一致。

从示意图 1-2 可以看到，在时间轴上，一旦数据 x 被重新写入了，其他进程读到的要求就必须是最新的值。

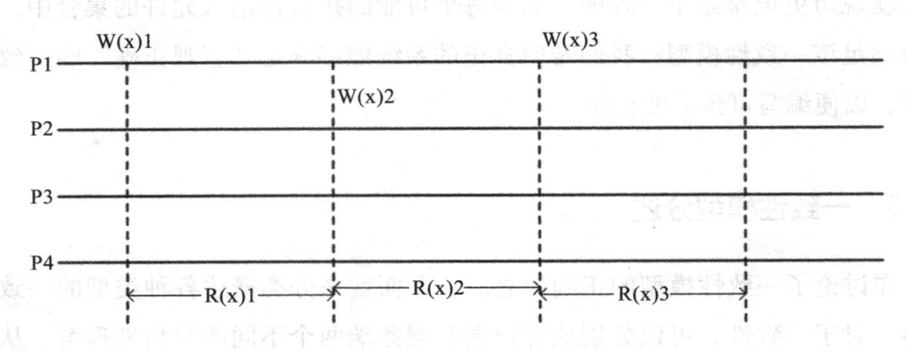


图 1-2 严格一致性示意图

对于严格一致性的存储器，要求写操作在任一时刻对所有的进程都是可见的，同时还要维护一个绝对全局时间顺序。一旦存储器中的值发生改变，那么不管读写之间的事件间隔有多小，不管是哪个进程执行了读操作，也不管进程在何处，以后读出的都是新更改的值。同样，如果执行了读操作，那么不管后面的写操作有多迅速，该读操作仍应读出原来的值。

传统意义上，单处理机遵守严格一致性。但是在分布式计算机系统中为每个操作都分配一个准确的全局时间戳是不可能实现的。因此，严格一致性，只是存在于理论中的一致性模型。

幸运的是，通常的编程方式是语句执行的确切时间（实际上是存储器访问的时间）并不重要，而当事件（读或写）的顺序至关重要时，可以使用信号量等方法实现同步操作。接受这种理念意味着采用较弱的一致性模式来编程。

按照定义来看，强一致模型是可组合的，也就是说如果一个操作由两个满足强一致的子操作组成，那么父操作也是强一致的。强一致提供了一系列很好的特性，也非常易于理解，但问题在于它基本很难得到高效的实现。因此，研究人员放松了要求，从而得到了在单机多线程环境下实际上普遍存在的顺序一致性模型。

### （2）顺序一致性（Sequential Consistency）

顺序一致性，也称为可序列化，比严格一致性要求弱一点，但也是能够实现的最高级别的一致性模型。

因为全局时钟导致严格一致性很难实现，因此顺序一致性放弃了全局时钟的约束，改为分布式逻辑时钟实现。顺序一致性是指所有的进程都以相同的顺序看到所有的修改。读操作未必能够及时得到此前其他进程对同一数据的写更新，但是每个进程读到的该数据不同值的顺序却是一致的。

可见，顺序一致性在顺序要求上并没有那么严格，它只要求系统中的所有进程达成自己认为的一致就可以了，即“错的话一起错，对的话一起对”，且不违反程序的顺序即可，并不需要整个全局顺序保持一致。

如图 1-3 所示的是严格一致性和顺序一致性的对比。

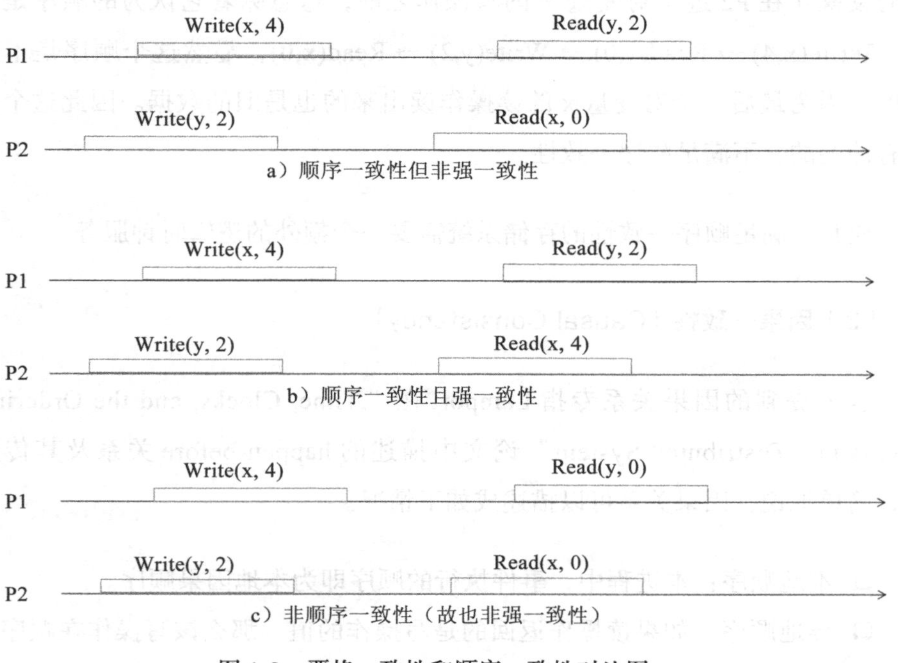


图 1-3　严格一致性和顺序一致性对比图

在图 1-3 中，图 1-3a 满足顺序一致性，但是不满足强一致性。原因在于，从全局时钟的观点来看，P2 进程对变量 X 的读操作在 P1 进程对变量 X 的写操作之后，然而读出来的却是旧的数据。但是这个图却是满足顺序一致性的，因为两个进程 P1、P2 的一致性并没有冲突。从这两个进程的角度来看，顺序应该是这样的：Write(y,2) → Read(x,0) → Write(x,4) → Read(y,2)，每个进程内部的读写顺序都是合理的，但是显然这个顺序与全局时钟下看到的顺序并不一样。

图 1-3b 满足强一致性，因为每个读操作都读到了该变量最新写的结果，同时两个进程看到的操作顺序与全局时钟的顺序一样，都是 Write(y,2) → Read(x,4) → Write(x,4) → Read(y,2)。

图 1-3c 不满足顺序一致性，当然也就不满足强一致性了。因为从进程 P1 的角度来看，它对变量 Y 的读操作返回了结果 0。也就是说，P1 进程的对变量 Y 的读操作在 P2 进程对变量 Y 的写操作之前，这意味着它认为的顺序是这样的：Write(x,4) → Read(y,0) → Write(y,2) → Read(x,0)，显然这个顺序是不能满足的，因为最后一个对变量 x 的读操作读出来的也是旧的数据。因此这个顺序是有冲突的，不满足顺序一致性。

通常，满足顺序一致性的存储系统需要一个额外的逻辑时钟服务。

**（3）因果一致性（Causal Consistency）**

这里提到的因果关系专指 Lamport 在“Time, Clocks, and the Ordering of Events in a Distributed System”论文中描述的 happen-before 关系及其传递闭包，简单地说，因果关系可以描述成如下情况。

- 本地顺序：本进程中，事件执行的顺序即为本地因果顺序。
- 异地顺序：如果读操作返回的是写操作的值，那么该写操作在顺序上一定在读操作之前。

- 闭包传递：与时钟向量里面定义的一样，如果 a → b 且 b → c，那么肯定也有 a → c。

否则，操作之间的关系为并发（Concurrent）关系。对于具有潜在因果关系的写操作，所有进程看到的执行顺序应相同。并发写操作（没有因果关系）在不同主机上被看到的顺序可以不同。不严格地说，因果一致性弱于顺序一致性。如图 1-4 所示的是因果一致性与顺序一致性的对比。

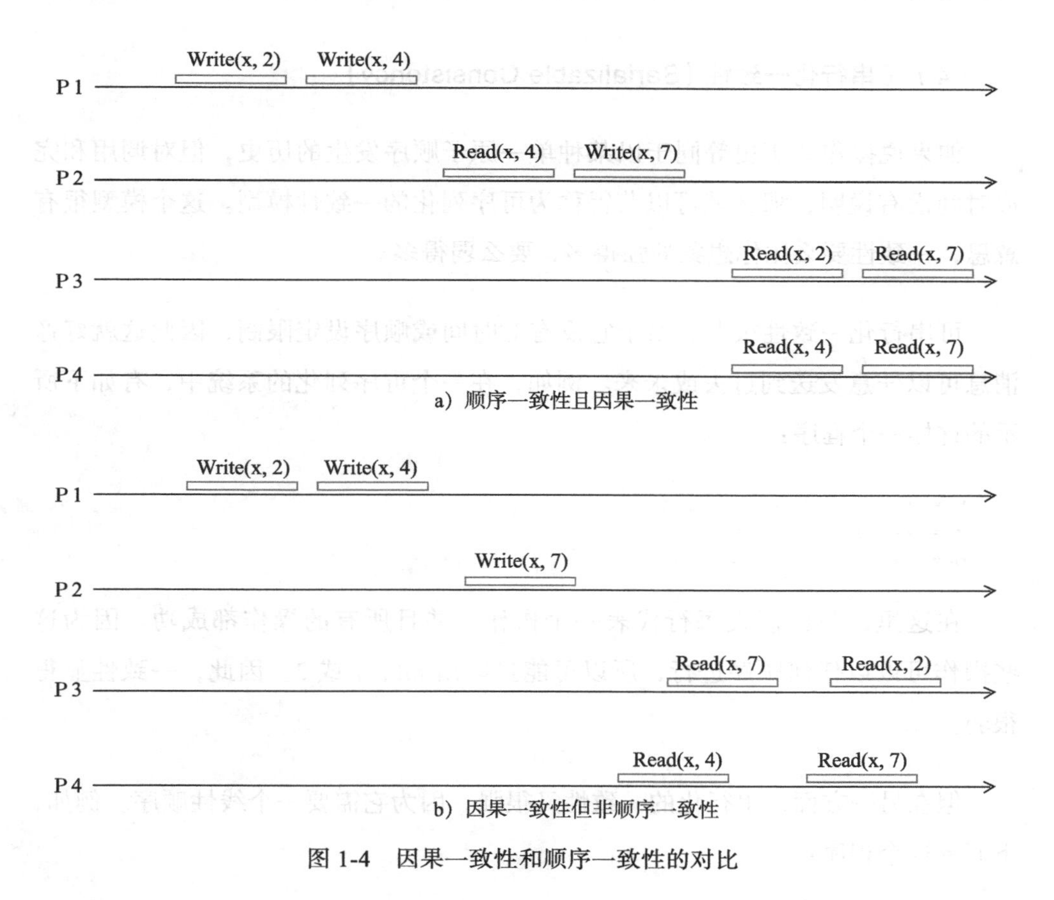


图 1-4　因果一致性和顺序一致性的对比

在 InfoQ 分享的腾讯朋友圈的设计中，腾讯在设计数据一致性的时候，使用了因果一致性这个模型，用于保证对同一条朋友圈的回复的一致性，比如下面这样的情况。

A 发了朋友圈，内容为梅里雪山的图片。

B 针对 A 的内容回复了评论：“这是哪里？”

C 针对 B 的评论进行了回复：“这是梅里雪山”。

那么，这条朋友圈的显示中，显然 C 针对 B 的评论，应该在 B 的评论之后，这是一个因果关系，而其他没有因果关系的数据，可以允许不一致。

**（4）可串行化一致性（Serializable Consistency）**

如果说操作的历史等同于以某种单一原子顺序发生的历史，但对调用和完成时间没有说明，那么就可以获得称为可序列化的一致性模型。这个模型很有意思，一致性要么比你想象的强得多，要么弱得多。

可串行化一致性很弱，由于它没有对时间或顺序设定限制，因此这就好像消息可以任意发送到过去或未来。例如，在一个可序列化的系统中，有如下所示的这样一个程序：

```
x = 1
x = x + 1
puts x
```

在这里，我们假设每行代表一个操作，并且所有的操作都成功。因为这些操作可以以任何顺序进行，所以可能打印出 nil、1 或 2。因此，一致性显得很弱。

但在另一方面，串行化的一致性又很强，因为它需要一个线性顺序。例如，下面的这个程序：

```
print x if x = 3
x = 1 if x = nil
x = 2 if x = 1
x = 3 if x = 2
```

它不会严格地以我们编写的顺序发生，但它能够可靠地将 x 从 nil → 1 → 2，更改为 3，最后打印出 3。

因此，可序列化允许对操作重新进行任意排序，只要顺序看起来是原子的即可。

### 2. 以用户为中心的一致性模型

在实际业务需求中，很多时候并不会要求系统内所有的数据都保持一致，例如在线的日记本，业务只要求基于这个用户满足一致性即可，而不需要关心整体。这就是所谓的以用户为中心的一致性。

#### 最终一致性（Eventual Consistency）

在读多写少的场景中，例如 CDN，读写之比非常悬殊，如果网站的运营人员修改了一张图片，最终用户延迟了一段时间才看到这个更新实际上问题并不是很大。我们把这种一致性归结为最终一致性。最终一致性是指如果更新的间隔时间比较长，那么所有的副本都能够最终达到一致性。

最终一致性是弱一致性的一种特例，在弱一致性情况下，用户读到某一操作对系统特定数据的更新需要一段时间，我们将这段时间称为“不一致性窗口”。

在最终一致性的情况下，系统能够保证用户最终将读取到某操作对系统特定数据的更新（读取操作之前没有该数据的其他更新操作）。此种情况下，如果没有发生失败，那么“不一致性窗口”的大小将依赖于交互延迟、系统的负载，以及复制技术中副本的个数（可以理解为 master/slave 模式中 slave 的个数）。DNS 系统在最终一致性方面可以说是最出名的系统，当更新一个域名的 IP 以后，根据配置策略以及缓存控制策略的不同，最终所有的客户都会看到最新的值。

最终一致性模型根据其提供的不同保证可以划分为更多的模型，比如上文提到的因果一致性（Causal Consistency）就是其中的一个分支。

### 1.2.3 复制状态机

当同一份数据存在多个副本的时候，怎么管理它们就成了问题。在 Map-Reduce 的场景下，数据都是只读的，即一次写入永不更改，所以不存在一致性问题。复制状态机用于支持那些允许数据修改的场景，比如分布式系统中的元数据。典型的例子是一个目录下的那些文件，虽然文件本身可以做到一次写入永不修改，但是目录的内容总是随文件的不断写入而发生动态变化的。

复制状态机由图灵奖得主 Leslie Lamport（Lamport 就是 LaTeX 中的“La”，微软研究院科学家，荣获 2013 年图灵奖）在他那篇著名的“ Time, Clocks, and the Ordering of Events in a Distributed System”（1978）论文中首次提出，而比较系统的阐述则是在 Fred Schneider 的论文“ Implementing fault-tolerant services using the state machine approach”（1990）中。它的基本思想是一个分布式的复制状态机系统由多个复制单元组成，每个复制单元均是一个状态机，它的状态保存在一组状态变量中。状态机的状态能够并且只能通过外部命令来改变。

上文提到的“一组状态变量”通常是基于操作日志来实现的。每一个复制单元存储一个包含一系列指令的日志，并且严格按照顺序逐条执行日志上的指令。因为每个状态机都是确定的，所以每个外部命令都将产生相同的操作序列（日志）。又因为每一个日志都是按照相同的顺序包含相同的指令，所以每一个服务器都将执行相同的指令序列，并且最终到达相同的状态。

综上所述，在复制状态机模型下，一致性算法的主要工作就变成了如何保证操作日志的一致性。

复制状态机的运行过程如图 1-5 所示。

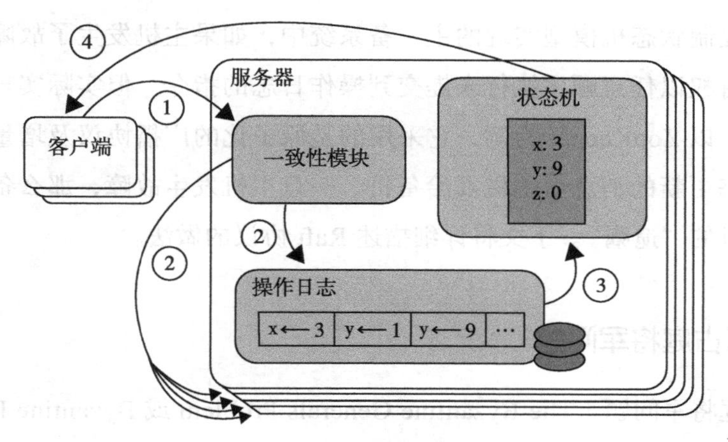


图 1-5　复制状态机

图 1-5 中，服务器上的一致性模块负责接收外部命令，然后追加到自己的操作日志中。它与其他服务器上的一致性模块进行通信以保证每一个服务器上的操作日志最终都以相同的顺序包含相同的指令。一旦指令被正确复制，那么每一个服务器的状态机都将按照操作日志的顺序来处理它们，然后将输出结果返回给客户端。

复制状态机之所以能够工作是基于下面这样的假设：如果一些状态机具有相同的初始状态，并且它们接收到的命令也相同，处理这些命令的顺序也相同，那么它们处理完这些命令后的状态也应该相同。因为所有的复制节点都具有相同的状态，它们都能独立地从自己的本地日志中读取信息作为输入命令，所以即使其中一些服务器发生故障，也不会影响整个集群的可用性。不论服务器集群包含多少个节点，从外部看起来都只像是单个高可用的状态机一样。

复制状态机在分布式系统中常被用于解决各种容错相关的问题，例如，GFS、HDFS、Chubby、ZooKeeper 和 etcd 等分布式系统都是基于复制状态机模型实现的。

需要注意的是，指令在状态机上的执行顺序并不一定等同于指令的发出顺序或接收顺序。复制状态机只是保证所有的状态机都以相同的顺序执行这些命令。基于复制状态机模型实现的主 – 备系统中，如果主机发生了故障，那么理论上备机有权以任意顺序执行未提交到操作日志的指令。但实际实现中一般不会这么做。以 ZooKeeper 为例，它采用的是原子化的广播协议及增量式的状态更新。状态更新的消息由主机发给备机，一旦主机发生故障，那么备机必须依然执行主机的“遗嘱”。下文将详细描述 Raft 协议的做法。

### 1.2.4 拜占庭将军问题

拜占庭将军问题（The Byzantine Generals Problem 或 Byzantine Failure）是一个共识问题。Byzantine Failure 这个概念最早是由 Leslie Lamport 于 1980 年发表的“Reaching agreement in the presence of faults”论文中提出的。

---

拜占庭位于如今土耳其的伊斯坦布尔，是东罗马帝国的首都。由于当时拜占庭罗马帝国幅员辽阔，出于防御的原因，每个军队都相隔甚远，将军与将军之间只能靠信差来传递消息。发生战争时，拜占庭军队内所有将军必需达成共识，决定是否攻击敌人。但是军队内可能存在叛徒和敌军的间谍扰乱将军们的决定，因此在进行共识交流时，结果可能并不能真正代表大多数人的意见。这时，在已知有成员不可靠的情况下，其余忠诚的将军如何排除叛徒或间谍的影响来达成一致的决定，就是著名的拜占庭将军问题[4]。

---

拜占庭将军问题是对现实世界的模型化。由于硬件错误、网络拥塞、连接断开或遭到恶意攻击等原因，计算机和网络可能会出现不可预料的行为。拜占庭错误（Byzantine Failure）在计算机科学领域特指分布式系统中的某些恶意节点扰乱系统的正常运行，包括选择性不传递消息，选择性伪造消息等。很显然，拜占庭错误是一个 overly pessimistic 模型（最悲观、最强的错误模型），因为这种错误在实际环境里很罕见。那么为什么还要研究这个模型呢？因为如果某个一致性协议能够保证系统在出现 N 个拜占庭错误时，依旧可以做出一致性决定，那么这个协议也就能够处理系统出现 N 个其他任意类型的错误。

反之，进程失败错误（fail-stop Failure，如同宕机）则是一个 overly optimistic 模型（最乐观、最弱的错误模型）。这个模型假设当某个节点出错时，这个节点会停止运行，并且其他所有节点都知道这个节点发生了错误。提出这个错误模型的意义在于，如果某个一致性协议在系统出现 N 个进程失败错误时都无法保证做出一致性决定，那么这个协议也就无法处理系统出现 N 个其他任意类型的错误。

Fred Schneider 在前面提到的那篇论文中指出了这样一个基本假设：一个 RSM 系统要容忍 N 个拜占庭错误，至少需要 2N+1 个复制节点。如果只是把错误的类型缩小到进程失败，则至少需要 N+1 个复制节点才能容错。

综上所述，对于一个通用的、具有复制状态机语义的分布式系统，如果要做到 N 个节点的容错，理论上最少需要 2N+1 个复制节点。这也是典型的一致性协议都要求半数以上（N/2+1）的服务器可用才能做出一致性决定的原因。例如，在一个 5 节点的服务器集群中要求至少其中 3 个可用；如果小于 3 个可用，则会无法保证返回一致的结果。

但是不是只要满足上文提到的 2N+1 个要求就能保证万无一失了呢？很不幸，答案是否定的。

### 1.2.5　FLP 不可能性

FLP 不可能性（FLP Impossibility，F、L、P 三个字母分别代表三个作者 Fischer、Lynch 和 Patterson 名字的首字母）是分布式领域中一个非常著名的定理（能够在计算机科学领域被称为“定理”，可见其举足轻重的地位），该定理给出了一个令人吃惊的结论：

---

No completely asynchronous consensus protocol can tolerate even a single unannounced process death.

---

在异步通信场景下，任何一致性协议都不能保证，即使只有一个进程失败，其他非失败进程也不能达成一致。这里的“unannounced process death”指的是一个进程发生了故障，但其他节点并不知道，继续认为这个进程还没有处理完成或发生消息延迟了，要强于上文提到的“fail-stop Failure”。感兴趣的读者可以翻阅论文“Impossibility of Distributed Consensus with One Faulty Process”[5]。下面用一个小例子来帮助大家直观地理解 FLP 定理。

甲、乙、丙三个人各自分开进行投票（投票结果是 0 或 1）。他们彼此可以通过电话进行沟通，但有人会睡着。例如：甲投票 0，乙投票 1，这时候甲和乙打平，丙的选票就很关键。然而丙睡着了，在他醒来之前甲和乙都将无法达成最终的结果。即使重新投票，也有可能陷入无尽的循环之中。

FLP 定理实际上说明了在允许节点失效的场景下，基于异步通信方式的分布式协议，无法确保在有限的时间内达成一致性。换句话说，结合 CAP 理论和上文提到的一致式算法正确性衡量标准，一个正确的一致性算法，能够在异步通信模型下（P）同时保证一致性（C）和可终止性（A）——这显然是做不到的！

请注意，这个结论的前提是异步通信。在分布式系统中，“异步通信”与“同步通信”的最大区别是没有时钟、不能时间同步、不能使用超时、不能探测失败、消息可任意延迟、消息可乱序等。

可能会有读者提到 TCP。在分布式系统的协议设计中，不能简单地认为基于 TCP 的所有通信都是可靠的。一方面，尽管 TCP 保证了两个 TCP 栈之间的可靠通信，但无法保证两个上层应用之间的可靠通信。另一方面，TCP 只能保证同一个 TCP 连接内网络报文不乱序，而无法保证不同 TCP 连接之间的网络报文顺序。在分布式系统中，节点之间进行通信，可能先后会使用多个 TCP 连接，也有可能并发建立多个 TCP 连接。

根据 FLP 定理，实际的一致性协议（Paxos、Raft 等）在理论上都是有缺陷的，最大的问题是理论上存在不可终止性！至于 Paxos 和 Raft 协议在工程的实现上都做了哪些调整（例如，Paxos 和 Raft 都通过随机的方式显著降低了发生算法无法终止的概率），从而规避了理论上存在的哪些问题，下文将会有详细的解释。

### 1.2.6 小结

最后，本节在此总结一下一致性协议的两大关键因素，具体如下。

1）让服务器集群作为一个整体对外服务。

2）即使一小部分服务器发生了故障，也能对外服务。

实际生产环境也对一致性协议提出了以下要求。

- 安全性。在非拜占庭错误模型的条件下，永远不会返回一个错误的结果。即要具备处理网络延迟、网络分区（通信断开）、丢包、冗余和乱序等错误的能力。
- 高可用。只要集群中的大部分机器都能运行，可以互相通信并且可以与客户端通信，那么这个集群就可用。例如，一个拥有 5 台服务器的集群可以容忍其中的 2 台出现故障。
- 不依赖时序。时钟错误和极端情况下的消息延迟只有在最坏情况下才会引起可用性问题。

一小部分节点不会成为系统性能的瓶颈。通常情况下，一条外部命令要求能够快速地在大部分节点上完成并响应，一小部分性能较差的节点不会影响系统的整体性能。

除了错误模型，不同的系统条件也会影响一致性的达成，例如，同步 / 异步通信，一致性达成的规定时间等。由于 FLP 定理决定了在异步通信＋响应时间无上限的情况下，不存在能够解决一个节点崩溃（节点异常但其他节点不知情，强于 fail-stop 错误）的一致性协议。因此解决拜占庭将军问题的算法（Paxos 及其变种，Raft 等）都会用到同步假设（或保证 safety，或保证 liveness）。

## 1.3 Paxos协议

Leslie Lamport对类似拜占庭将军这样的问题进行了深入研究，并发表了几篇论文。总结起来就是回答如下的三个问题。

1）类似拜占庭将军这样的分布式一致性问题是否有解？

2）如果有解的话需要满足什么样的条件？

3）基于特定的前提条件，提出一种解法。

Leslie Lamport在论文“拜占庭将军问题”中已经给出了前两个问题的回答，而第三个问题在他的论文“ The Part-Time Parliament”中提出了一种基于消息传递的一致性算法。有意思的是，Lamport在论文中使用了古希腊的一个城邦Paxos作为例子，描述了Paxos通过决议的流程，并以此命名算法，也就是后来人们耳熟能详的Paxos算法。

Paxos算法从提出到为大众所熟知，中间还有一段小插曲。1990年，Lamport向ACM Transactions on Computer Systems提交了他那篇关于Paxos算法的论文。主编回信建议他用数学而不是神话描述他的算法，否则他们不会考虑接受这篇论文。Lamport觉得那些人太迂腐，拒绝做任何修改，转而将论文贴在了自己的个人博客上。

起初Paxos算法由于难以理解并没有引起多少人的重视，直到2006年Google的三大论文初现“云”端，其中Chubby Lock服务使用了Paxos作为Chubby Cell的一致性算法，这件事使得Paxos算法的人气从此一路飙升，几乎垄断了一致性算法领域。在Raft算法诞生之前，Paxos几乎成了一致性协议的代名词。Chubby作者关于Paxos协议有一句经典的评价：

---

“ There is only one consensus protocol, and that’s Paxos - all other approaches are just broken versions of Paxos.”（所有的一致性协议都是Paxos

协议的变种。)

---

由此可见，Paxos 协议在一致性协议领域具有重要地位。

尽管 Lamport 本人觉得 Paxos 很简单，但事实上对于大多数人来说，Paxos 还是太难理解了。引用 NSDI 社区上的一句话就是：

---

“ The dirty little secret of the NSDI community is that at most five people really, truly understand every part of Paxos.”(全世界真正理解 Paxos 算法的人只有 5 个！)

---

Paxos 不仅难，而且难以实现，引用 Chubby 工程师的一段话就是：

---

There are significant gaps between the description of the Paxos algorithm and the needs of a real-world system. In order to build a real-world system, an expert needs to use numerous ideas scattered in the literature and make several relatively small protocol extensions. The cumulative effort will be substantial and the final system will be based on an unproven protocol.

---

上面这段话的核心含义是 Paxos 算法与现实世界之间有条鸿沟，而且 Paxos 论文本身并未提供工程实现方法，算法实现者不得不对 Paxos 协议做一些拓展，因此最终的系统实现实际上是建立在一个 Paxos 的衍生算法上的，而这个衍生算法的正确性却未被证明！

正因为 Paxos 协议存在这些问题，而一致性协议对大规模分布式系统又非常重要，因此，斯坦福大学的 Diego Ongaro 和 John Ousterhout 决定设计一种比 Paxos 更容易理解的一致性算法。Raft 就是这样的一个算法，从论文题目“ In Search of an Understandable Consensus Algorithm”就可以看出 Raft 算法把可理解性作为算法设计的主要目标之一。

## 1.4 Raft 协议：为可理解性而生

上文中提到过，Raft 算法的提出是为了改变 Paxos 算法垄断分布式一致性协议的局面。可以说，可理解性是系统工程师从 Paxos 算法切换到 Raft 算法的主要原因。Raft 的作者在他的论文中也特别提到 Raft 算法在教学方面比 Paxos 算法的效果更好。

为了比较 Paxos 和 Raft 算法的可理解性能，Raft 算法的作者特地在斯坦福大学和加州大学伯克利分校的课堂上，对总共 43 名学生进行了一次教学实验。他们分别为每个学生讲授 Raft 和 Paxos 算法，并针对每个算法准备了相应的随堂测验，通过计算每个学生的测验得分来衡量学生对哪种算法理解得更好。

测验总分为 60，Raft 算法测验的平均得分是 25.7，Paxos 算法的平均得分是 20.8，Raft 比 Paxos 平均高出 4.9 分。图 1-6 展示了 43 个学生在 Paxos 和 Raft 测验中的成绩，对角线之上的点表示在 Raft 算法测验中获得更高分数的学生。

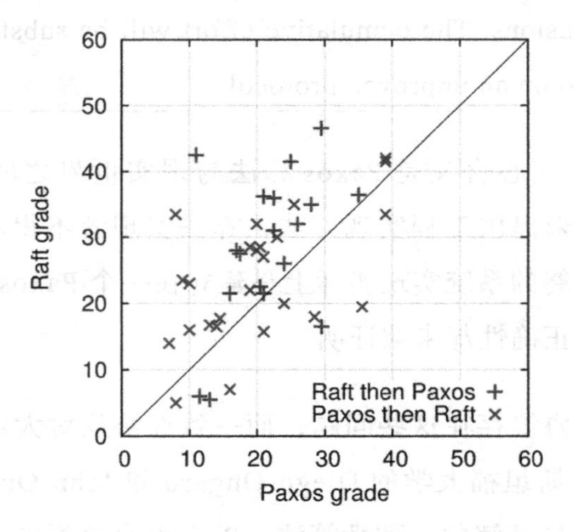


图 1-6 Paxos 与 Raft 测验对比

同时在测验之后采访参与学生，询问他们认为哪个算法更容易解释和实现。压倒性的结果表明 Raft 算法更加容易解释和实现。图 1-7 展示了这个采访结果。

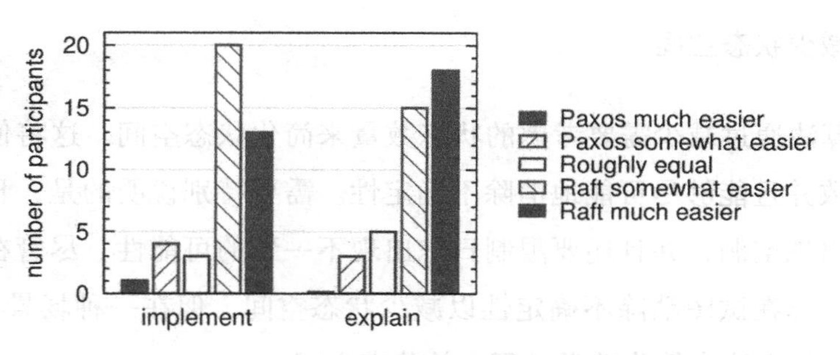


图 1-7　Paxos 与 Raft 算法实现难易程度调查

在图 1-7 中，左侧柱形图表示的是哪个算法在工程上更容易实现的统计结果，右边表示的是哪个算法更容易解释的统计结果。

Raft 算法主要使用两种方法来提高可理解性。

**（1）问题分解**

尽可能地将问题分解成为若干个可解决的、更容易理解的小问题——这是众所周知的简化问题的方法论。例如，Raft 算法把问题分解成了领导人选举（leader election）、日志复制（log replication）、安全性（safety）和成员关系变化（membership changes）这几个子问题。

- 领导人选举：在一个领导人节点发生故障之后必须重新给出一个新的领导人节点。
- 日志复制：领导人节点从客户端接收操作请求，然后将操作日志复制到集群中的其他服务器上，并且强制要求其他服务器的日志必须和自己的保持一致。
- 安全性：Raft 关键的安全特性是下文提到的状态机安全原则（State Machine Safety）——如果一个服务器已经将给定索引位置的日志条目应用到状态机中，则所有其他服务器不会在该索引位置应用不同的条目。下文将会证明 Raft 是如何保证这条原则的。
- 成员关系变化：配置发生变化的时候，集群能够继续工作。

**（2）减少状态空间**

Raft 算法通过减少需要考虑的状态数量来简化状态空间。这将使得整个系统更加一致并且能够尽可能地消除不确定性。需要特别说明的是，日志条目之间不允许出现空洞，并且还要限制日志出现不一致的可能性。尽管在大多数情况下，Raft 都在试图消除不确定性以减少状态空间。但在一种场景下（选举），Raft 会用随机方法来简化选举过程中的状态空间。

Raft 算法与现有的一些 Paxos 协议的变种（主要是 Oki 和 Liskov 的 Viewstamped Replication[6]）存在一些相似的地方，但是 Raft 还有几点重要的创新。

- 强领导人。Raft 使用一种比其他算法更强的领导形式。例如，日志条目只从领导人发向其他服务器。这样就简化了对日志复制的管理，提高了 Raft 的可理解性。
- 领导人选举。Raft 使用随机定时器来选举领导人。这种方式仅仅是在所有算法都需要实现的心跳机制上增加了一点变化，就使得冲突解决更加简单和快速。
- 成员变化。Raft 在调整集群成员关系时使用了新的一致性（joint consensus，联合一致性）方法。使用这种方法，使得集群配置在发生改变时，集群依旧能够正常工作。

下文将对 Raft 算法展开详细的讨论。

## 1.4.1 Raft 一致性算法

Raft 算法是基于复制状态机模型推导的，所以在开始 Raft 算法的探秘之前，建议大家回顾一下 1.2.3 节有关复制状态机的内容。下文将从 Raft 算法的 4 个子问题：领导人选举、日志复制、安全性和成员关系变化出发，采取各个击破的策略，直击 Raft 算法的本质。不过，在此之前，先让我们简单了解下

Raft 算法的几个基本概念。

当 Paxos 协议的读者还在抱怨 Lamport 没有给出一个形式化的、可实现的工程方法时，Diego 在论文中就已经明确告诉他的读者只要实现 2 个远端过程调用，就能构建一个基于 Raft 协议的分布式系统。

Raft 集群中的节点通过远端过程调用（RPC）来进行通信，Raft 算法的基本操作只需 2 种 RPC 即可完成。RequestVote RPC 是在选举过程中通过旧的 Leader 触发的，AppendEntries RPC 是领导人触发的，目的是向其他节点复制日志条目和发送心跳（heartbeat）。下文还会介绍 Raft 算法的第 3 种 RPC，用于领导人向其他节点传输快照（snapshot）。如果节点没有及时收到 RPC 的响应，就会重试。而且，RPC 可以并行地发出，以获得最好的性能。

### 1. Raft 算法的基本概念

一般情况下，分布式系统中存在如下两种节点关系模型。

- 对称。所有节点都是平等的，不存在主节点。客户端可以与任意节点进行交互。
- 非对称。基于选主模型，只有主节点拥有决策权。任意时刻有且仅有一个主节点，客户端只与主节点进行交互。

基于简化操作和效率等因素考虑，Raft 算法采用的是非对称节点关系模型。

在一个由 Raft 协议组织的集群中，一共包含如下 3 类角色。

- Leader（领导人）
- Candidate（候选人）
- Follower（群众）

联系实际的民主社会，领导人由群众投票选举得出。刚开始时没有领导人，民主社会的所有参与者都是群众。首先开启一轮大选，大选期间所有的群众都能参与竞选，即所有群众都可以成为候选人。一旦某位候选人得到了半数以上群众的选票，就出任那一届的领导人，开始一个新的任期。领导人产生后，将由领导人昭告天下，结束选举。于是，除领导人之外的所有候选人又都回到了群众的身份并接受领导人的领导。

上文提到一个概念——“任期”，其在 Raft 算法中对应一个专门的术语——“Term”。

如图 1-8 所示，Raft 算法将时间划分成为任意个不同长度的任期，任期是单调递增的，用连续的数字（1，2，3……）表示。在 Raft 的世界里，每一个任期的开始都是一次领导人的选举。正如上文所描述的那样，一个或多个候选人会试图成为领导人。如果一个候选人赢得了选举，那么它就会在该任期的剩余时间内担任领导人。在某些情况下，选票会被瓜分，导致没有哪位候选人能够得到超过半数的选票，这样本次任期将以没有选出领导人而结束。那么，系统就会自动进入下一个任期，开始一次新的选举。Raft 算法保证在给定的一个任期内最多只有一个领导人。某些 Term 会由于选举失败，存在没有领导人的情况。

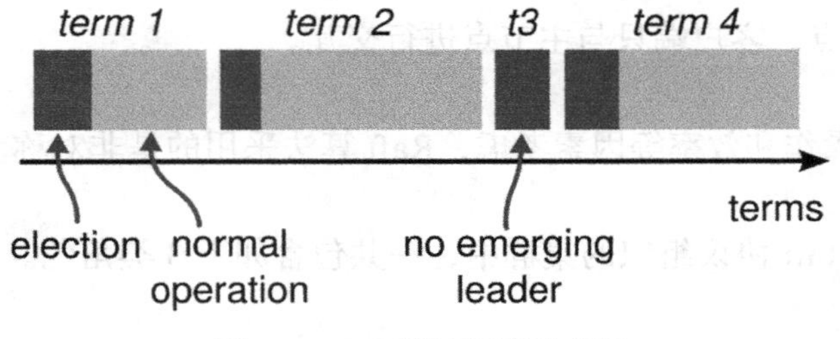


图 1-8 Raft 算法任期示意图

众所周知，分布式环境下的“时间同步”是一个大难题，但是有时为了识别“过期信息”，时间信息又是必不可少的。于是，任期在 Raft 中起着逻辑时钟的作用，同时也可用于在 Raft 节点中检测过期信息——比如过期的领导人。

每个 Raft 节点各自都在本地维护一个当前任期值，触发这个数字变化（增加）主要有两个场景：开始选举和与其他节点交换信息。当节点之间进行通信时，会相互交换当前的任期号。如果一个节点（包括领导人）的当前任期号比其他节点的任期号小，则将自己本地的任期号自觉地更新为较大的任期号。如果一个候选人或者领导人意识到它的任期号过时了（比别人的小），那么它会立刻切换回群众状态；如果一个节点收到的请求所携带的任期号是过时的，那么该节点就会拒绝响应本次请求。

需要注意的是，由于分布式系统中节点之间无法做到在任意时刻完全同步，因此不同的 Raft 节点可能会在不同的时刻感知到任期的切换。甚至在出现网络分区或节点异常的情况下，某个节点可能会感知不到一次选举或者一个完整的任期。这也是 Raft 强制使用较新的 Term 更新旧的 Term 的原因。

好了，Raft 协议的核心概念和术语就这么多——领导人、候选人、群众和任期，而且这些术语与现实民主制度也非常匹配，因此也很好理解。下面就开始讨论 Raft 算法的领导人选举流程。

### 2. 领导人选举

Raft 通过选举一个权力至高无上的领导人，并采取赋予他管理复制日志重任的方式来维护节点间复制日志的一致性。领导人从客户端接收日志条目，再把日志条目复制到其他服务器上，并且在保证安全性的前提下，告诉其他服务器将日志条目应用到它们的状态机中。强领导人的存在大大简化了复制日志的管理。例如，领导人可以决定新的日志条目需要放在日志文件的什么位置，而不需要和其他服务器商议，并且数据都是单向地从领导人流向其他服务器。当然，在这种方式下，领导人自身的日志正确性显得尤为重要，下文的“4. 安全性 Q & A”一节会着重说明 Raft 使用怎样的策略来保证日志的正确性。

Raft 集群三类角色的有限状态机图如图 1-9 所示，后面的具体选举过程可以结合图 1-9 来进行理解。

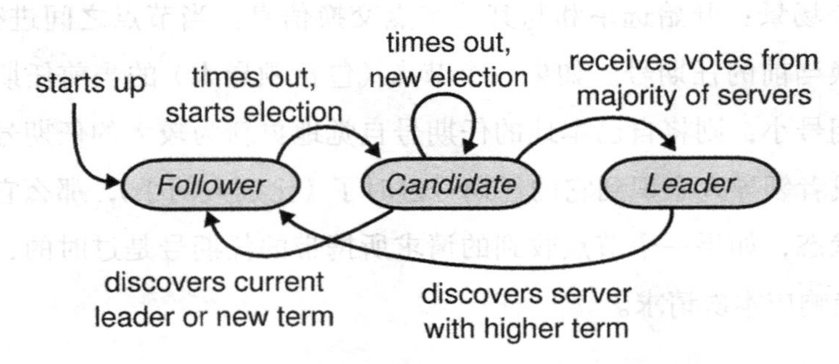


图 1-9 Raft 集群三类角色切换示意图

观察图 1-9 可以很容易地看出，有一个“times out”（超时）条件，这是触发图 1-9 有限状态自动机发生状态迁移的一个重要条件。在 Raft 的选举中，有两个概念非常重要：心跳和选举定时器。每个 Raft 节点都有一个选举定时器，所有的 Raft 节点最开始以 Follower 角色运行时，都会启动这个选举定时器。不过，每个节点的选举定时器时长均不相等。

Leader 在任期内必须定期向集群内的其他节点广播心跳包，昭告自己的存在。Follower 每次收到心跳包后就会主动将自己的选举定时器清零重置（reset）。因此如果 Follower 选举定时器超时，则意味着在 Raft 规定的一个选举超时时间周期内，Leader 的心跳包并没有发给 Follower（或者已经发送了但在网络传输过程中发生了延迟或被丢弃了），于是 Follower 就假定 Leader 已经不存在或者发生了故障，于是会发起一次新的选举。

对此，我们可以很形象地理解为每个 Raft 的 Follower 都有一颗不安分的“野心”，只是碍于 Leader 的心跳广播不敢“造反”。而 Follower 从最后一次接收到 Leader 的心跳包算起，最长的“蛰伏”时间就是 Raft 协议为每个节点规定的选举超时时间，超过这个时间，大家就都“蠢蠢欲动”了。

因此，要求 Leader 广播心跳的周期必须要短于选举定时器的超时时间，否则会频繁地发生选举，切换 Leader。

如果一个 Follower 决定开始参加选举，那么它会执行如下步骤。

1）将自己本地维护的当前任期号（current_term_id）加 1。

2）将自己的状态切换到候选人（Candidate），并为自己投票。也就是说每个候选人的第一张选票来自于他自己。

3）向其所在集群中的其他节点发送 RequestVote RPC（RPC 消息会携带“current_term_id”值），要求它们投票给自己。

从图 1-9 也可以看出，一个候选人有三种状态迁移的可能性。

1）得到大多数节点的选票（包括自己），成为 Leader。

2）发现其他节点赢得了选举，主动切换回 Follower。

3）过了一段时间后，发现没有人赢得选举，重新发起一次选举。

下文将逐一分析这些情形。

第一种场景：一个候选人如果在一个任期内收到了集群中大多数 Follower 的投票，就算赢得了选举。在一个任期内，一个 Raft 节点最多只能为一个候选人投票，按照先到先得的原则，投给最早来拉选票的候选人（注意：下文的“安全性”针对投票添加了一个额外的限制）。“选举安全性原则”使得在一个任期内最多有一个候选人能够赢得选举。一旦某个候选人赢得了选举，它就会向其他节点发送心跳信息来建立自己的领导地位。

第二种场景：当一个候选人在等待其他人的选票时，它有可能会收到来自其他节点的，声称自己是领导人的心跳包（其实就是一个空内容的 AppendEntries RPC）或 AppendEntries RPC（下文会详细说明）。此时，这个候选人会将信将疑地检查包含在这位“领导人”RPC 中的任期号：如果大于或等于自己本地维护的当前任期，则承认该领导人合法，并且主动将自己的状态切换回 Follower；反之，候选人则认为该“领导人”不合法，拒绝此次 RPC，并且返回当前较新的那个任期号，以便让“领导人”意识到自己的任期号已经过时了，该节点将继续保持候选人状态不变。

第三种场景：一个候选人既没有赢得选举也没有输掉选举。如果多个Follower在同一时刻都成了候选人，那么选票可能会被多个候选人平分，这就使得没有哪个候选人能够获得超过半数的选票。当这种情形发生时，显然不能一直这样“僵持下去”，于是Raft的每一个候选人又都设置了超时时间（类似于选举超时时间，区别是选举超时时间是针对Follower的），发生超时后，每个候选人自增任期号（Term++）并且发起新一轮的拉选票活动。然而，如果没有其他手段来分配选票的话，选票均分的情况可能会无限循环下去（理论上存在这种可能性，还记得FLP不可能性定理吗）。为了避免发生这种问题，Raft采用了一种非常简单的方法——随机重试。例如，设置一个区间（150～300ms），超时时间将从这个区间内随机选择。错开发起竞选的时间窗口，可以使得在大多数情况下只有一个节点会率先超时，该节点会在其他节点超时之前赢得选举，并且向其他节点发送心跳信息。要知道，在每次选票打平时都会采用这种随机的方式，因此连续发生选票被均分的概率非常小。1.4.5节将展示通过这种方法如何才能够快速、有效地选出一个领导人。

“随机重试”就是“可理解性”在Raft算法设计过程中起决定性作用的一个非常生动的例子。据Raft算法的作者回忆，最开始时他们计划使用一种排名系统：为每一个候选人分配一个独一无二的排名，用于在候选人竞争时根据排名的高低选择领导人。如果发现一个候选人的排名比另一个候选人的排名高，排名较低的就会切换回Follower的状态，这样排名高的候选人就会轻而易举地赢得选举。但是他们马上就发现这种方法在可用性方面存在一些问题——低排名的节点在高排名的节点发生故障后，需要等待超时才能再次成为候选人，但是如果进行得太快，就有可能会中断领导人选举的过程。在对算法进行了多次调整之后，最终他们认为随机重试的方法是更明确并且更易于理解的。

以上“拉票”过程使用Raft算法预定义的RPC——RequestVote RPC就能描述。RequestVote RPC的发起/调用方是候选人，接收方是集群内所有的其他节点（包括Leader、Follower和Candidate）。RequestVote RPC有4个参数，2个返回值，具体如表1-1和表1-2所示。

表 1-1　RequestVote RPC 参数列表

| 参　数 | 描　述 |
|---|---|
| term | 候选人的任期号 |
| candidateId | 请求投票的候选人 id |
| lastLogIndex | 候选人最新日志条目的索引值（槽位） |
| lastLogTerm | 候选人最新日志条目对应的任期号 |

表 1-2　RequestVote RPC 返回值列表

| 返 回 值 | 描　述 |
|---|---|
| term | 当前任期号，用于候选人更新自己本地的 term 值 |
| voteGranted | 如果候选人得到了这张选票，则为 true，否则为 false |

RPC接收方需要实现的逻辑具体如下。

1）如果term < currentTerm，即RPC的第一个参数term的值小于接收方本地维护的term（currentTerm）值，则返回（currentTerm, false），以提醒调用方其term过时了，并且明确地告诉这位候选人这张选票不会投给他；否则执行步骤2）。

2）如果之前没把选票投给任何人（包括自己）或者已经把选票投给当前候选人了，并且候选人的日志和自己的日志一样新，则返回（term, true），表示在这个任期，选票都投给这位候选人。如果之前已经把选票投给其他人了，那么很遗憾，这张选票还是不能投给他，这时就会返回（term, false）。

### 3. 日志复制

一旦某个领导人赢得了选举，那么它就会开始接收客户端的请求。每一个客户端请求都将被解析成一条需要复制状态机执行的指令。领导人将把这条指令作为一条新的日志条目加入它的日志文件中，然后并行地向其他 Raft 节点发起 AppendEntries RPC，要求其他节点复制这个日志条目。当这个日志条目被“安全”地复制之后（下文会详细论述符合什么样的条件才算安全），Leader 会将这条日志应用（apply，即执行该指令）到它的状态机中，并且向客户端返回执行结果。如果 Follower 发生错误，运行缓慢没有及时响应 AppendEntries RPC，或者发生了网络丢包的问题，那么领导人会无限地重试 AppendEntries RPC（甚至在它响应了客户端之后），直到所有的 Follower 最终存储了和 Leader 一样的日志条目。

在图 1-10 中，日志由有序编号的日志条目组成。每一个日志条目一般均包含三个属性：整数索引（log index）、任期号（term）和指令（command）。每个条目所包含的整数索引即该条目在日志文件中的槽位。term 是指其被领导人创建时所在的任期号，对应到图 1-10 中就是每个方块中的数字，用于检测在不同的服务器上日志的不一致性问题。指令即用于被状态机执行的外部命令（对应到图 1-10 中就是 x ← 3，y ← 1 等）。如果某个日志条目能够被状态机安全执行，就认为是可以被提交（committed）了。

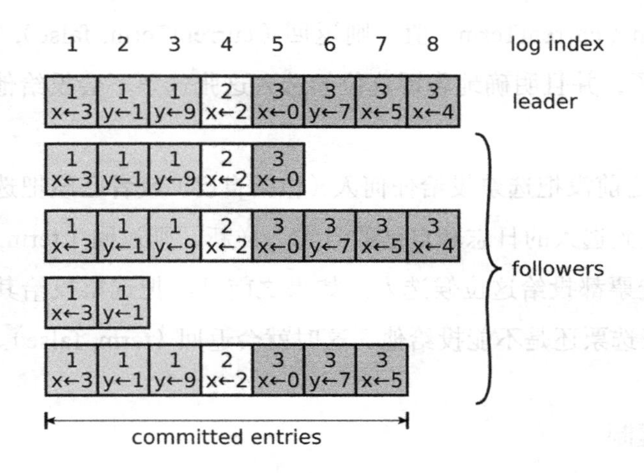


图 1-10 Raft 协议追加日志示意图

领导人决定什么时候将日志条目应用到状态机是安全的，即可被提交的。Raft 算法保证可被提交的日志条目是持久化的，并且最终是会被所有状态机执行的。一旦领导人创建的条目已经被复制到半数以上的节点上了，那么这个条目就称为可被提交的。例如，图 1-10 中的 7 号条目在其中 3 个节点（一共是 5 个节点）上均有复制，所以 7 号条目是可被提交的；但条目 8 只在其中 2 个节点上有复制，因此 8 号条目不是可被提交的。

领导人日志中只有 commitIndex 之前的日志项目可以被提交，这种提交方式是安全的——我们将会在下文详细讨论领导人更替之后这条规则应用的细节。领导人跟踪记录他所知道的被提交日志条目的最大索引值，并且这个索引值会包含在他向其他节点发送的 AppendEntries RPC 中，目的就是让其他节点知道该索引值对应的日志条目已经被提交。由于领导人广播的心跳包就是一个内容为空的 AppendEntries RPC，因此其他节点也能通过领导人的心跳包获悉某个日志条目的提交情况。一旦 Follower 得知某个日志条目已经被提交，那么它会将该条日志应用至本地的状态机（按照日志顺序）。

Raft 算法设计了以下日志机制来保证不同节点上日志的一致性。

1）如果在不同的日志中两个条目有着相同的索引和任期号，则它们所存储的命令是相同的。

2）如果在不同的日志中两个条目有着相同的索引和任期号，则它们之前的所有条目都是完全一样的。

第一条特性的满足条件在于，领导人在一个任期里在给定的一个日志索引位置上最多创建一条日志条目，同时该条目在日志文件中的槽位永远也不会改变。

第二条特性的满足条件在于，AppendEntries RPC 有一个简单的一致性检查。领导人在发送一个 AppendEntries RPC 消息试图向其他节点追加新的日志条目时，会把这些新日志条目之前一个槽位的日志条目的任期号和索引位置包含在消息体中。如果 Follower 在它的日志文件中没有找到相同的任期号和索引的日志，它就会拒绝该 AppendEntries RPC，即拒绝在自己的状态机中追加新日志条目。

用归纳法证明：初始化时空日志文件一定是满足日志匹配原则的，一致性检查保证了向日志文件追加新日志条目时的日志匹配原则。因此，只要某个 Follower 成功返回 AppendEntries RPC，那么领导人就能放心地认为他的日志与该 Follower 的已经保持一致了。

当一个新的 Leader 被选举出来时，它的日志与其他的 Follower 的日志可能是不一样的。这时就需要一个机制来保证日志是一致的。产生一个新 Leader 时，集群状态可能如图 1-11 所示。

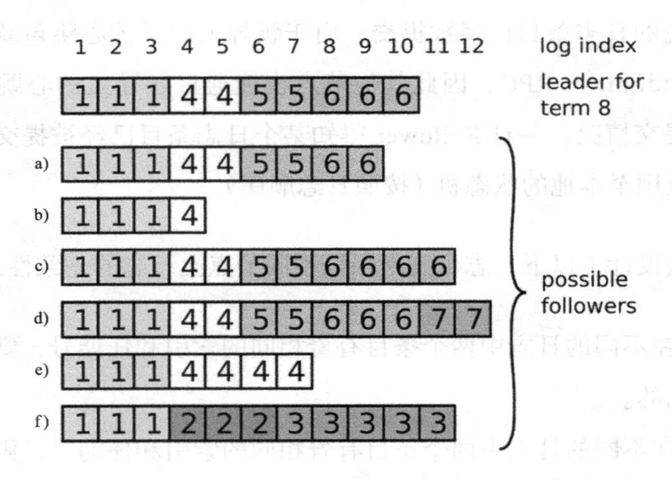


图 1-11 新 Leader 产生时集群可能的一个状态图

在图 1-11 所示的例子中，一个格子代表一个日志条目，格子中的数字是它对应的任期号。假设最上面的那个是领导人，a～f 是可能出现的 Follower 的日志，那么 a～f 所代表的场景分别如下。

- a 和 b 表示 Follower 丢失一些日志条目的场景。
- c 和 d 表示 Follower 可能多出来一些未提交的条目的场景。

- e 和 f 表示上述两种情况都有的场景。

丢失的或者多出来的条目可能会持续多个任期。举个例子，场景 f 会在如下情况下发生：如果一台服务器在任期 2 时是领导人，并且其向他自己的日志文件中追加了一些日志条目，然而在将这些日志条目提交之前系统出现了故障。但是他很快又重启了，选举成功继续成为任期 3 的领导人，而且又向他自己的日志文件中追加了一些日志条目。但是很不幸的是，在任期 2 和任期 3 中创建的日志条目在被提交之前又出现了故障，并且在后面几个任期内也一直处于故障状态。

一般情况下，Leader 和 Follower 的日志都是保持一致的，因此 AppendEntries RPC 的一致性检查通常不会失败。然而，如果领导人节点在故障之前没有向其他节点完全复制日志文件中的所有条目，则会导致日志不一致的问题。在 Raft 算法中，Leader 通过强制 Follower 复制它的日志来处理日志不一致的问题。这就意味着，Follower 上与 Leader 的冲突日志会被领导者的日志强制覆写。这在添加了一个额外的限制之后其实是安全的，下文会详细说明其中的原因。

为了让 Follower 的日志同自己的保持一致，Leader 需要找到第一个 Follower 与它的日志条目不一致的位置，然后让 Follower 连续删除该位置之后（包括该位置）所有的日志条目，并且将自己在该位置（包括该位置）之后的日志条目发送给 Follower。

那么，Leader 是如何精准地找到每个 Follower 与其日志条目不一致的那个槽位的呢？这些操作都会在 AppendEntries RPC 进行一致性检查时完成。Leader 为每一个 Follower 维护了一个 nextIndex，它表示领导人将要发送给该群众的下一条日志条目的索引。当一个 Leader 赢得选举时，它会假设每个 Follower 上的日志都与自己的保持一致，于是先将 nextIndex 初始化为它最新的日志条目索引数 +1。在图 1-11 所示的例子中，由于 Leader 最新的日志条目 index 为 10，所以 nextIndex 的初始值是 11。

当 Leader 向 Follower 发送 AppendEntries RPC 时，它携带了（term_id,

next-Index-1）二元组信息，term_id 即 nextIndex-1 这个槽位的日志条目的term。Follower 接收到 AppendEntries RPC 消息后，会进行一致性检查，即搜索自己的日志文件中是否存在这样的日志条目，如果不存在，就向 Leader 返回 AppendEntries RPC 失败。如果返回失败信息，就意味着 Follower 发现自己的日志与领导人的不一致。在失败之后，领导人会将 nextIndex 递减（nextIndex--），然后重试 AppendEntries RPC，直到 AppendEntries RPC 返回成功为止。这才表明在 nextIndex 位置的日志条目中领导人与群众的保持一致。这时，Follower 上 nextIndex 位置之前的日志条目将全部保留，在此之后（与 Leader 有冲突）的日志条目将被 Follower 全部删除，并且从该位置起追加 Leader 上在 nextIndex 位置之后的所有日志条目。因此，一旦 AppendEntries RPC 返回成功，Leader 和 Follower 的日志就可以保持一致了。

以上即 Raft 日志的一致性检查的全过程，下面将以图 1-11 中的 Leader 和 b 节点为例，举例说明日志一致性检查 Leader 和 Follower 之间的交互过程。

首先，Leader 的 nextIndex 的初始值为 11，Leader 向 b 发送 AppendEntries RPC(6,10)。然而，b 在自己日志文件的 10 号位置没有找到 term 为 6 的日志记录（因为 b 根本就没有 10 号日志项），于是 b 向 Leader 返回了一个拒绝消息。接着，Leader 将 nextIndex 减 1，变成 10，然后继续向 b 发送 AppendEntries RPC(6,9)，b 在自己日志文件的 9 号位置同样没有找到 term 为 6 的日志记录。(6,8)，(5,7)，(5,6)，(4,5) 这样依次循环下去都没有找到相应的日志记录，直到发送了 (4,4)，b 才在自己日志文件的第 4 号位置找到了 term 为 4 的日志记录，于是接受了 Leader 的 AppendEntries RPC 请求，并将自己的日志文件中从 5 号位置开始的日志记录全部删除。随后，Leader 就从 5 号位置开始把余下的所有日志条目一次性推送给 b（5~10）。

如果需要的话，在 Raft 算法的实现上还可以优化 AppendEntries RPC 失败的次数。例如，当Follower拒绝了一个AppendEntries RPC时，Follower可以在自己本地的日志文件中找到该冲突日志项对应的任期号内所有日志条目索引（index）值最小的那个，然后反馈给Leader。于是，领导人就可以跳跃式递减nextIndex，跨过那个任期内所有的冲突条目。通过这种方式，一个冲突的任期只需要一次Append-Entries RPC检查，而无须为每个冲突条目都做一次AppendEntries RPC检查。

Raft算法的日志复制机制，使得Leader和Follower只需要调用和响应AppendEntries RPC即可让集群内节点的各复制状态机的日志逐渐地趋于一致，而无须再采取额外的措施。一个领导人从来不会删除自己的日志（包括前任领导人创建的日志），也不会被别人覆盖日志。

Raft算法的日志复制机制表明：只要集群中的大部分节点是正常的，那么Raft算法就能接受客户端复制日志的请求，并将其复制到各节点上且应用（Apply）到各节点的复制状态机上。通常情况下，一次AppendEntries RPC就能完成一条新的日志条目在集群内的大多数节点上的复制。而且Raft只要求日志条目在大多数节点上完成复制就算提交成功，因此速度较慢的Follower并不会影响整体的日志复制性能。

以下步骤总结了一次正常的Raft日志的复制流程。

1）客户端向Leader发送写请求。

2）Leader将写请求解析成操作指令追加到本地日志文件中。

3）Leader为每个Follower广播AppendEntries RPC。

4）Follower通过一致性检查，选择从哪个位置开始追加Leader的日志条目。

5）一旦日志项提交成功，Leader就将该日志条目对应的指令应用（apply）到本地状态机，并向客户端返回操作结果。

6）Leader后续通过AppendEntries RPC将已经成功（在大多数节点上）提交的日志项告知Follower。

7）Follower 收到提交的日志项之后，将其应用至本地状态机。

从上面的步骤可以看出，针对 Raft 日志条目有两个操作，提交（commit）和应用（apply），应用必须发生在提交之后，即某个日志条目只有被提交之后才能被应用到本地状态机上。

Raft 算法的作者在论文中就已经描述了 AppendEntries RPC 的实现细节。AppendEntries RPC 的调用方是 Leader，接收方是 Follower。AppendEntries RPC 有 6 个参数，2 个返回值，分别如表 1-3 和表 1-4 所示。AppendEntries RPC 除了用于复制日志之外，还可以用于广播 Leader 的心跳包。

表 1-3 AppendEntries RPC 的 6 个参数及说明

| 参数 | 描述 |
| --- | --- |
| term | 领导人的任期号 |
| leaderId | 领导人的 ID，为了其他 Raft 节点能够重定向客户端请求 |
| prevLogIndex | 本次 AppendEntries RPC 新增日志的前一个位置日志的索引值 |
| prevLogTerm | 本次 AppendEntries RPC 新增日志的前一个位置日志的任期号 |
| entries[] | 将要追加到 Follower 上的日志条目。发生心跳包时为空，有时会为了效率而向多个节点并发发送 |
| leaderCommit | 领导人会为每个 Follower 都维护一个 leaderCommit，表示领导人认为 Follower 已经提交的日志条目索引值 |

表 1-4 AppendEntries RPC 的 2 个返回值及说明

| 返回值 | 描述 |
| --- | --- |
| term | 当前的任期号，即 AppendEntries RPC 参数中 term（领导人的）与 Follower 本地维护的当前任期号的较大值。用于领导人更新自己的任期号。一旦领导人发现当前任期号比自己的要大，就表明自己是一个“过时”的领导人，便停止发送 AppendEntries RPC，主动切换回 Follower |
| success | 如果其他服务器包含能够匹配 prevLogIndex 和 prevLogTerm 的日志，则为真 |

RPC 接收者需要实现如下操作步骤。

1）如果 term < currentTerm，即领导人的任期号小于 Follower 本地维护的

当前任期号，则返回 (currentTerm, false)；否则继续步骤 2）。

2）如果 Follower 在 prevLogIndex 位置的日志的任期号与 prevLogTerm 不匹配，则返回 (term, false)；否则继续步骤 3）。

3）Follower 进行日志一致性检查。

4）添加任何在已有的日志中不存在的条目，删除多余的条目。

5）如果 leaderCommit > commitIndex，则将 commitIndex（Follower 自己维护的本地已提交的日志条目索引值）更新为 min{leaderCommit, Follower 本地最新日志条目索引}。即信任 Leader 的数据，乐观地将本地已提交日志的索引值"跃进"到领导人为该 Follower 跟踪记录的那个值（除非 leaderCommit 比本地最新的日志条目索引值还要大）。这种场景通常发生在 Follower 刚从故障中恢复过来的场景。

### 4. 安全性 Q&A

Raft 算法是强领导人模型，一旦 Follower 与 Leader 发生了冲突，就将无条件服从 Leader。因此，Leader 选举是 Raft 算法中非常重要的一环，如果选举出来的 Leader 其自身的日志就是不正确的，那么将会直接影响到 Raft 算法正确稳定的运行。

之前的章节讨论了 Raft 算法是如何进行领导选举和日志复制的。然而，到目前为止这个机制还不能保证每一个状态机都能够按照相同的顺序执行同样的指令。例如，当领导人正在复制日志条目时一个 Follower 发生了故障，且故障发生之前没有复制领导人的日志，之后该 Follower 重启并且当选为领导人，那么它在产生了一些新的日志条目后，会用自己的日志覆盖掉其他节点的日志。这就会导致不同的状态机可能执行不同的指令序列。

下文将介绍如何在领导人选举部分加入一个限制规则来保证——任何的领导人都拥有之前任期提交的全部日志条目。有了这一限制，就不会发生上面例子所描述的情形了。

Q：怎样才能具有成为领导人的资格？

A：在所有以领导人选举为基础的一致性算法中，领导人最终必须要存储全部已经提交的日志条目。在一些一致性算法中，例如，Viewstamped Replication 中，即使一开始没有包含全部已提交的条目也可以当选为领导人。这些算法都包含一些另外的机制来保证找到丢失的条目并将它们传输给新的领导人，这个过程要么在选举过程中完成，要么在选举之后立即开始。毫无疑问的是，这种方式显著增加了算法的复杂性。

Raft 算法使用的是一种更简单的方式来保证新当选的领导人，之前任期已提交的所有日志条目都已经出现在了上面，而不需要将这些条目传送给新领导人。这种方式隐含了以下两点内容。

- 没有包含所有已提交日志条目的节点成为不了领导人。
- 日志条目只有一个流向：从 Leader 流向 Follower。领导人永远不会覆盖已经存在的日志条目。

Raft 算法使用投票的方式来阻止那些没有包含所有已提交日志条目的节点赢得选举。一个候选人为了赢得选举必须要与集群中的大多数节点进行通信，这就意味着每一条已经提交的日志条目都会出现在至少其中一个与之通信的节点上（可以用反证法证明）。如果候选人的日志比集群内的大多数节点上的日志更加新（或至少一样新），那么它一定包含所有已经提交的日志条目。因此，RequestVote RPC 的接收方有一个检查：如果他自己的日志比 RPC 调用方（候选人）的日志更加新，就会拒绝候选人的投票请求。

那么，如何比较两份日志哪个更加新呢？比较的依据是日志文件中最后一个条目的索引和任期号：如果两个日志条目的任期号不同，则任期号大的更加新；如果任期号相同，则索引值更大（即日志文件条目更多）的日志更加新。

Q：如何判断日志已经提交？

A：上文在“选举机制”中已经谈到过，领导人当前任期的某条日志条目只要存储在大多数节点上，就认为该日志记录已经被提交（committed）了。如果领导人在提交某个日志条目之前崩溃了，那么未来后继的领导人会让其他节点继续复制这条日志条目。

然而，一个领导人不能因为由之前领导人创建（即之前任期）的某条日志存储在大多数节点上了，就笃定该日志条目已经被提交了。图 1-12 中的时序 a ～ d 展示了这种情况，一条已经被存储到大多数节点上的日志条目，也依然有可能会被未来的领导人覆盖掉。

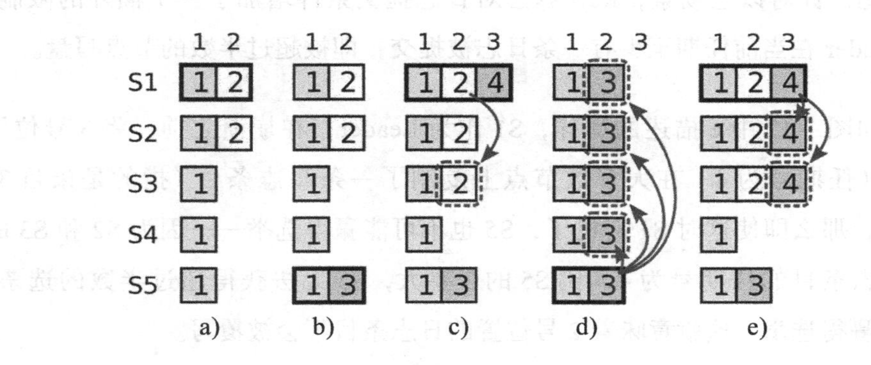


图 1-12　Raft 算法某一时刻日志状态图

时刻 a，S1 是任期 2 的领导人并且向部分节点（S1 和 S2）复制了 2 号位置的日志条目，然后宕机。

时刻 b，S5 获得了 S3、S4（S5 的日志与 S3 和 S4 的一样新，最新的日志的任期号都是 1）和自己的选票赢得了选举，成了 3 号任期的领导人，并且在 2 号位置上写入了一条任期号为 3 的日志条目。在新日志条目复制到其他节点之前，S5 宕机了。

时刻 c，S1 重启，并且通过 S2、S3、S4 和自己的选票赢得了选举，成了4 号任期的领导人，并且继续向 S3 复制 2 号位置的日志。此时，任期 2 的日志条目已经在大多数节点上完成了复制。

时刻 d，S1 发生故障，S5 通过 S2、S3、S4 的选票再次成为领导人（因为 S5 最后一条日志条目的任期号是 3，比 S2、S3、S4 中任意一个节点上的日志都更加新），任期号为 5。然后 S5 用自己的本地日志覆写了其他节点上的日志。

上面这个例子生动地说明了，即使日志条目被半数以上的节点写盘（复制）了，也并不代表它已经被提交（commited）到 Raft 集群了——因为一旦某条日志被提交，那么它将永远没法被删除或修改。这个例子同时也说明了，领导人无法单纯地依靠之前任期的日志条目信息判断它的提交状态。

因此，针对以上场景，Raft 算法对日志提交条件增加了一个额外的限制：要求 Leader 在当前任期至少有一条日志被提交，即被超过半数的节点写盘。

正如图 1-12 中 e 描述的那样，S1 作为 Leader，在崩溃之前，将 3 号位置的日志（任期号为 4）在大多数节点上复制了一条日志条目（指的是条目 3，term 4），那么即使这时 S1 宕机了，S5 也不可能赢得选举——因为 S2 和 S3 的最新日志条目的任期号为 4，比 S5 的 3 要大，S5 无法获得超过半数的选票。S5 无法赢得选举，这就意味着 2 号位置的日志条目不会被覆写。

将上面的描述归纳一下，可以总结为如下几点。

1）只要一个日志条目被存在了大多数的服务器上，领导人就知道当前任期可以提交该条目了。

2）如果领导人在提交日志之前就崩溃了，之后的领导人会试着继续完成对日志的复制。但是，新任领导人无法断定存储在大多数服务器上的日志条目一定在之前的任期中被提交了（即使日志保存在大部分的服务器上，也有可能没来得及提交）。

## 1.4.2　可用性与时序

在描述了 Raft 一致性算法之后，接下来我们再来讨论有关可用性和时序的问题。

我们对分布式一致性算法的要求之一就是不依赖于时序（timing）——系统不能仅仅因为某些事件发生得比预想的快一些或慢一些就产生错误。然而，可用性（系统及时响应客户端的请求）不可避免地要依赖时序。从上面的描述中可以看出，没有一个稳定的领导人，Raft 算法将无法工作（至少没法接受客户端的写请求）。因此，如果消息交换发生在服务器崩溃时，则需要花费更多的时间，而候选人不会等待太长的时间来赢得选举。

领导人选取是 Raft 算法中对时序要求最多的地方。只有当系统环境满足以下时序要求时，Raft 算法才能选举并且保持一个稳定的领导人存在：

$$\text{broadcastTime} \ll \text{electionTimeout} \ll \text{MTBF}$$

在以上不等式中，broadcastTime 指的是一个节点向集群中其他节点发送 RPC，并且收到它们响应的平均时间，electionTimeout 就是在上文中多次出现的选举超时时间，MTBF 指的是单个节点发生故障的平均时间间隔。为了使领导人能够持续发送心跳包来阻止下面的 Follower 发起选举，broadcastTime 应该比 electionTimeout 小一个数量级。根据已经给出的随机化选举超时时间方法，这个不等式也显著降低了候选人平分选票的概率。为了使得系统稳定运行，electionTimeout 也应该比 MTBF 小几个数量级。当领导人出现故障且在新的领导人选举出来之前，系统对外将会不可用，这个时长大约为 electionTimeout。

broadcastTime 和 MTBF 与系统环境息息相关，但是我们可以根据实际情况配置 electionTimeout 的值。一次 Raft 算法的 RPC 的完成需要接收方将信息持久化到本地存储中去，所以广播时间是网络传输时延与存储写入时延的总和，一般在几毫秒到几十毫秒之间。因此，通常将 electionTimeout 设置在 10ms 到 500ms 之间。大多数的服务器的 MTBF 都在几个月甚至更长的时间里，因此很容易满足这个时序需求。

下文将会用实验数据进一步说明时延对 Raft 系统性能和可用性的影响。

### 1.4.3 异常情况

一个 Raft 系统的异常情况通常可以分为两大类：领导人异常和群众 / 候选人异常。

群众和候选人异常问题的解决方法要比领导人异常简单得多。如果一个群众或者候选人崩溃了，那么领导人在这之后发送给他们的 RequestVote RPC 和 AppendEntries RPC 就会失败。Raft 算法通过领导人无限的重试来应对这些失败，直到故障的节点重启并处理了这些 RPC 为止。如果一个节点在收到 RPC 之后但在响应之前就崩溃了，那么它会在重启之后再次收到同一个 RPC。因为 Raft 算法中的 RPC 都是幂等的，因此不会有什么问题。例如，如果一个群众收到了一个已经包含在其日志中的 AppendEntries RPC，那么它会忽略本次请求。

由于 Raft 算法是强领导人特性的，因此保证领导人即使出现故障也不影响数据一致性就显得格外重要。下面先来看下数据提交的全过程，如图 1-13 所示。

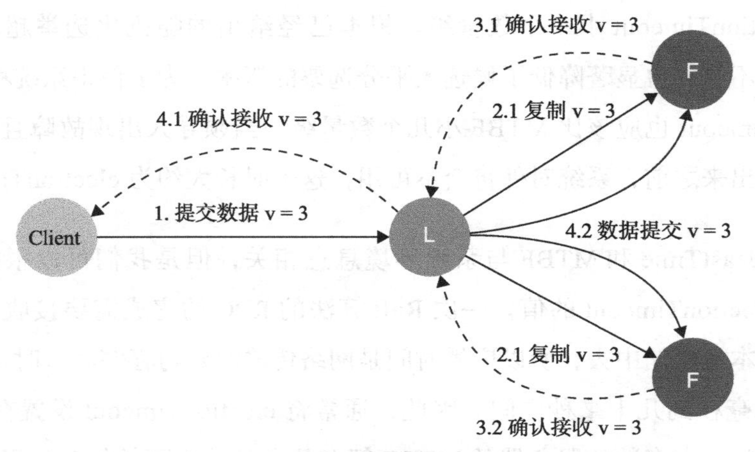


图 1-13 Raft 算法数据交换示意图

图 1-13 中，数据的流向只能从 Leader 节点（L）向 Follower 节点（F）转移。当 Client 向集群 Leader 节点提交数据时，Leader 节点接收到的数据处于未提交状态（Uncommitted），接着 Leader 节点会并发向所有 Follower 节点复制数据并等待接收响应，在确保集群中至少有超过半数的节点已经接收到数据之后，再向 Client 确认数据已接收。一旦 Leader 节点向 Client 发出数据接收 ACK 响应之后，即表明此时数据状态进入已提交（Committed）状态，Leader 节点会再次向 Follower 节点发送通知，告知该数据状态已提交。

在这个过程中，领导人可能会在任意阶段崩溃，下面将逐一示范 Raft 算法在各个场景下是如何保障数据一致性的。

**（1）数据到达 Leader 前**

如图 1-14 所示的是数据到达 Leader 前领导人出现故障的情形。

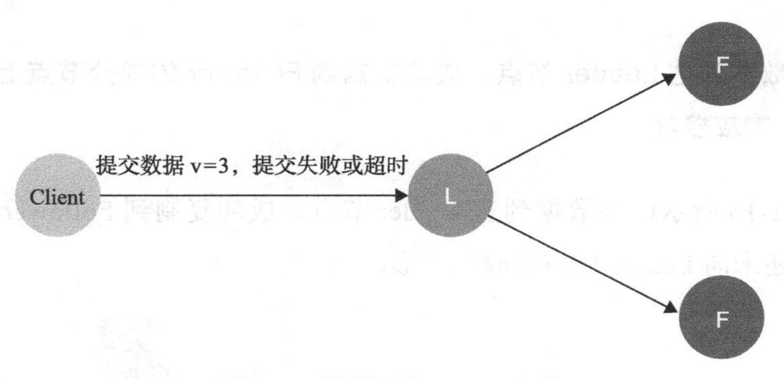


图 1-14　数据到达 Leader 之前

这个阶段领导人出现故障不会影响数据一致性，因此此处不再赘述。

**（2）数据到达 Leader 节点，但未复制到 Follower 节点**

如图 1-15 所示的是数据到达 Leader 节点，但未复制到 Follower 节点时，领导人出现故障的情形。

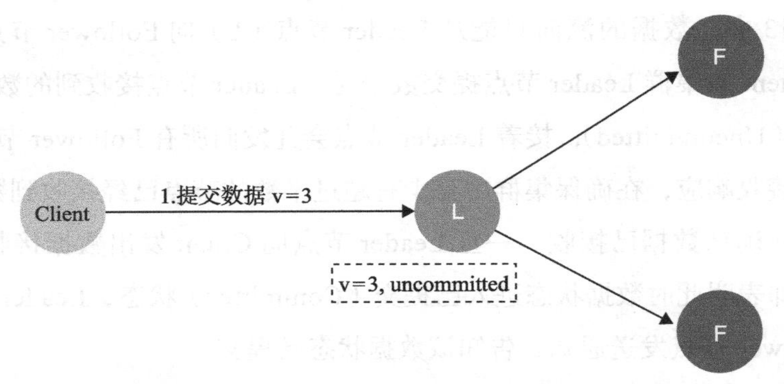


图 1-15　数据到达 Leader 节点，但未复制到 Follower 节点

如果在这个阶段 Leader 出现故障，此时数据属于未提交状态，那么 Client 不会收到 ACK，而是会认为超时失败可安全发起重试。Follower 节点上没有该数据，重新选主后 Client 重试重新提交可成功。原来的 Leader 节点恢复之后将作为 Follower 加入集群，重新从当前任期的新 Leader 处同步数据，与 Leader 数据强制保持一致。

### （3）数据到达 Leader 节点，成功复制到 Follower 的部分节点上，但还未向 Leader 响应接收

如图 1-16 所示的是数据到达 Leader 节点，成功复制到 Follower 的部分节点上，但还未向 Leader 响应接收的情形。

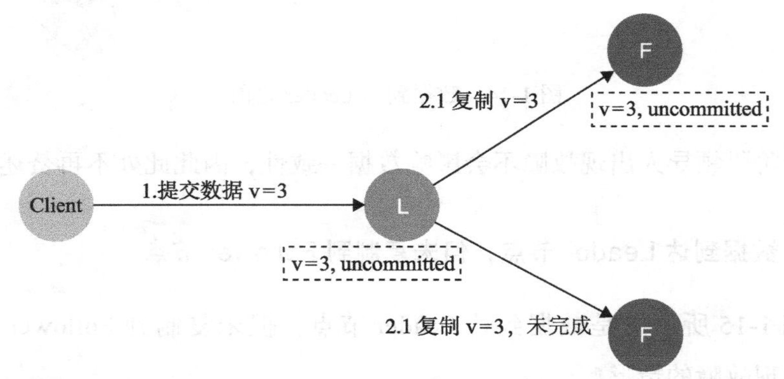


图 1-16　数据到达 Leader 节点，成功复制到 Follower 部分节点，但还未向 Leader 响应接收

如果在这个阶段 Leader 出现故障，此时数据在 Follower 节点处于未提交状态（Uncommitted）且不一致，那么 Raft 协议要求投票只能投给拥有最新数据的节点。所以拥有最新数据的节点会被选为 Leader，再将数据强制同步到 Follower，数据不会丢失并且能够保证最终一致。

**（4）数据到达 Leader 节点，成功复制到 Follower 的所有节点上，但还未向 Leader 响应接收**

这种情形如图 1-17 所示。

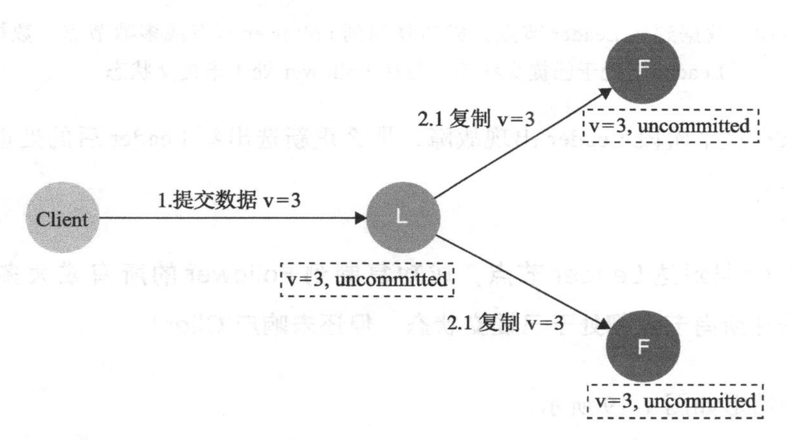


图 1-17　数据到达 Leader 节点，成功复制到 Follower 所有节点，但还未向 Leader 响应接收

如果在这个阶段 Leader 出现故障，虽然此时数据在 Follower 节点处于未提交状态（Uncommitted），但也能保持一致，那么重新选出 Leader 后即可完成数据提交，由于此时客户端不知到底有没有提交成功，因此可重试提交。针对这种情况，Raft 要求 RPC 请求实现幂等性，也就是要实现内部去重机制。

**（5）数据到达 Leader 节点，成功复制到 Follower 的所有或大多数节点上，数据在 Leader 上处于已提交状态，但在 Follower 上处于未提交状态**

这种情形如图 1-18 所示。

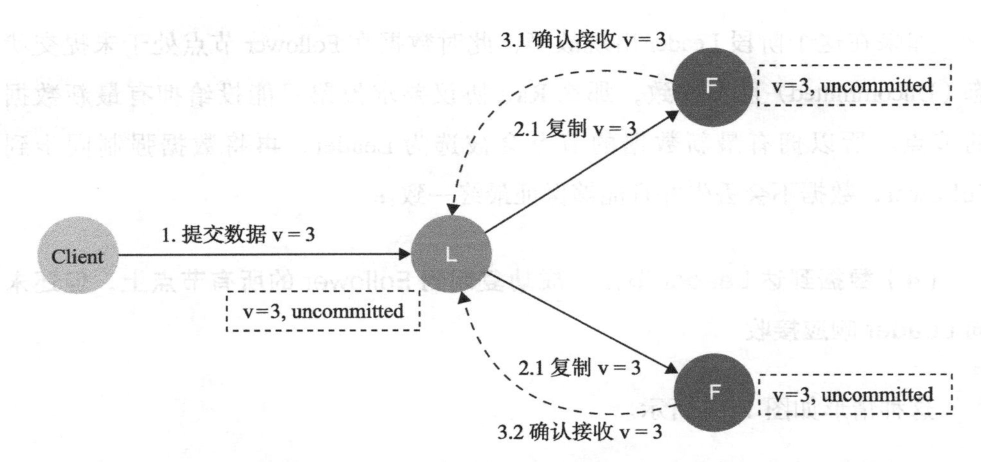


图 1-18 数据到达 Leader 节点，成功复制到 Follower 所有或多数节点，数据在 Leader 上处于已提交状态，但在 Follower 处于未提交状态

如果在这个阶段 Leader 出现故障，那么重新选出新 Leader 后的处理流程与阶段 3 一样。

**（6）数据到达 Leader 节点，成功复制到 Follower 的所有或大多数节点上，数据在所有节点都处于已提交状态，但还未响应 Client**

这种情形如图 1-19 所示。

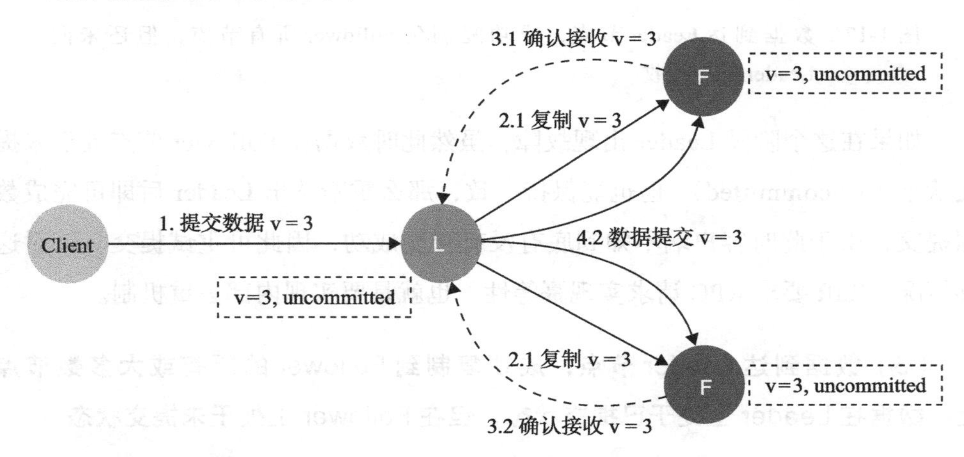


图 1-19 数据到达 Leader 节点，成功复制到 Follower 所有或多数节点，数据在所有节点都处于已提交状态，但还未响应 Client

如果在这个阶段 Leader 出现故障，此时集群内部数据其实已经是一致的，那么 Client 重复重试基于幂等策略对一致性无影响。

**（7）网络分区导致的脑裂情况，出现双 Leader**

网络分区将原先的 Leader 节点和 Follower 节点分隔开，Follower 收不到 Leader 的心跳将发起选举产生新的 Leader。这时就产生了双 Leader，原先的 Leader 独自在一个区，向它提交数据不可能复制到大多数节点上，所以永远都是提交不成功。向新的 Leader 提交数据可以提交成功，网络恢复后旧的 Leader 发现集群中有更新任期（Term）的新 Leader，则自动降级为 Follower 并从新 Leader 处同步数据达成集群数据一致。具体情形如图 1-20 所示。

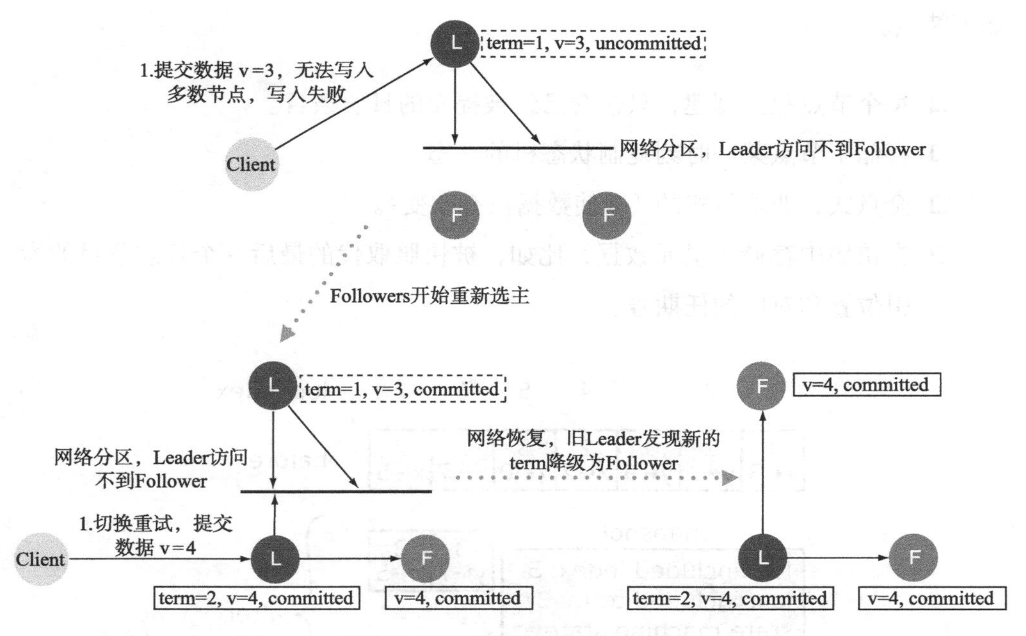


图 1-20　网络分区导致的脑裂情况，出现双 Leader

以上 7 种场景穷举了一个 3 节点的最小集群面临的所有异常情况，可以看出 Raft 算法在各种异常场景下均能保证数据的一致性。

### 1.4.4 日志压缩与快照

在实际的系统中，Raft 节点上的日志记录不可能无限制地增加下去。一方面日志记录会对节点的存储空间造成压力，另一方面当 Raft 节点重启时需要花费大量的时间进行日志回放（replay），进而影响系统的可用性。

使用快照进行日志压缩的方法并不少见，ZooKeeper 和 Chubby 中都有应用。在快照系统中，系统的全部状态都以快照的形式写入持久化存储，然后删除那个时间点之前的全部日志。下文将详细介绍 Raft 的快照原理。

图 1-21 展示了 Raft 快照的基本原理，一个 Raft 节点从 1 号到 5 号位置的日志条目生成了一个新的快照文件。从图 1-21 可以看出，Raft 的快照文件具有如下特点。

- 每个节点独立创建，只包含已经被提交的日志条目。
- 存储了节点某一时刻复制状态机的状态。
- 全量式，非增量式的（即使数据没有改变）。
- 在快照中存储少量元数据，比如，被快照取代的最后一个日志条目的索引位置和对应的任期号。

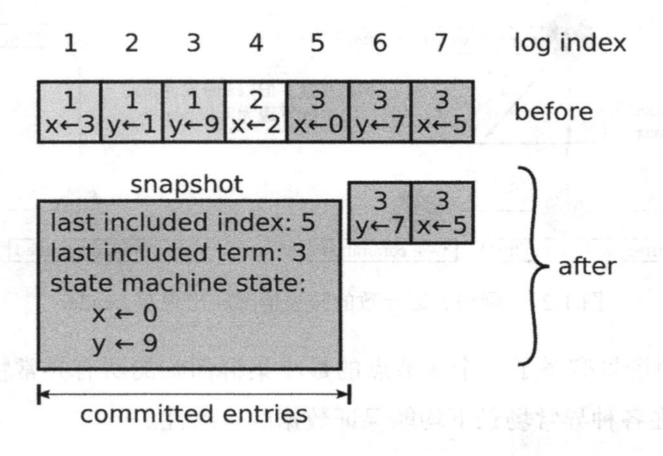


图 1-21 Raft 快照原理图

Raft 快照元数据中会存储被快照取代的最后一个日志条目的索引位置和对应的任期号，这是为了支持快照后第一个日志条目的 AppendEntries RPC 一致性检查（因为这个日志条目需要它前一个日志条目的索引值和任期号）。为了支持集群成员关系列表的更新（将在下文展开讨论），快照文件也会将最后一次的配置作为最后一条日志保持。一旦 Raft 节点成功生成快照文件，就可以删除最后的索引位置及其之前的所有日志和快照了。

尽管在通常情况下，Raft 节点之间都是独立创建快照的，但是 Leader 偶尔也需要向一些过于落后的 Follower 发送快照。这种情况通常发生在 Leader 因为做快照删除了还未发送给 Follower 的日志条目的情况下。当然，其实与 Leader 保持同步的 Follower 通常不需要 Leader 做这个操作，需要 Leader 发送的对象往往是一个运行非常缓慢的 Follower 或者是一个新加入集群的节点。因此，通过网络传输快照文件也是让 Follower 尽快同步 Leader 状态的一种方式。但是，当快照文件较大时，就不能忽视网络和磁盘的开销了。

Raft 算法的 InstallSnapshot RPC 实现了 Leader 和 Follower 之间发送和接收快照文件的过程。当有些快照文件过大时，需要对其进行分块传输。对于每个节点，领导人总是顺序执行 InstallSnapshot RPC，即顺序发送快照分块。

InstallSnapshot RPC 的参数说明如表 1-5 所示。

表 1-5 InstallSnapshot RPC 的参数及说明

| 参数 | 解释 |
| --- | --- |
| term | 领导人的任期号 |
| leaderId | 领导人的 ID，以便 Follower 重定向请求 |
| lastIncludedIndex | 快照中包含的最后一条日志的索引值 |
| lastIncludedTerm | 快照中包含的最后一条日志的任期号 |

（续）

| 参　数 | 解　释 |
|---|---|
| offset | 分块在快照文件中的偏移量 |
| data[] | 原始数据 |
| done | 如果这是最后一个分块则为 true |

InstallSnapshot RPC 的返回值说明如表 1-6 所示。

表 1-6 InstallSnapshot RPC 的返回值及说明

| 返回值 | 解　释 |
|---|---|
| term | Follower 的当前任期号，便于领导人更新自己的任期号 |

接收者实现快照的步骤具体如下。

1）与前文介绍的 RPC 类似，如果 term < currentTerm，则立刻返回 currentTerm，即如果节点的当前任期号大于 Leader 的任期号，则拒绝该快照；否则执行步骤 2）。

2）如果是第一个分块（offset 为 0），则新建一个快照。

3）在指定偏移量处将分块数据写入快照文件，并响应 Leader。

4）如果 done 是 false，则表示快照文件尚未传输完成，需要继续等待更多的数据块。

5）当接收到的 done 是 true 时，保存该快照文件，丢弃本地的 lastIncluded-Index 值较小（较旧）的现存快照。

6）节点将根据快照包含的最后一条日志的索引值和任期号搜索与之匹配的日志项，如果存在，则继续保留后面该日志项之后的日志，前面的日志项将全部删除。

7）应用快照内容重置节点状态机，并且加载快照文件中的集群配置信息。

以上便是关于 InstallSnapshot RPC 的一个简要概述。快照分块除了要便于传输之外，还可作为每个领导人的心跳包，Leader 每次接收到快照分块都需要重置一次选举超时定时器。

与 Raft 算法的其他操作都是基于领导人的原则不同，快照是由各个节点独立生成的。这种快照的方式违背了 Raft 的强领导人原则——因为 Follower 可以在没有领导人的情况下生成快照。Raft 算法的作者认为这种“违背”是能够接受的。因为领导人的存在是为了解决达成一致性时产生的冲突，但当快照创建时一致性已经达成了，此时不存在冲突，所以即使没有领导人也可以生成快照文件。数据依旧保持从 Leader 流向 Follower 不变，只是快照允许 Follower 重新组织它们的数据而已。

事实上，Raft 算法的作者在他的论文中提到过，他们曾经考虑过一种基于领导人的快照方案，即只有 Leader 创建快照，然后发送给所有的 Follower。但是这样做有两个明显缺点。

1）发送快照会浪费网络带宽并且增加了快照处理的时延。每个 Follower 本地已经拥有了产生快照需要的所有信息，从本地状态创建快照显然比通过网络接收别人发来的要经济得多。

2）增加领导人实现的复杂性。例如，领导人需要在发送快照的同时并行地将新的日志条目发送给跟随者，这样才不会阻塞新的客户端请求。

快照操作会对系统的性能造成一定的影响，集群管理员需要决定创建快照的时机。如果快照操作太频繁，则会消耗大量的 I/O 带宽和 CPU 资源。如果超过时间不做快照，那么节点存储空间就有被日志文件耗尽的风险，而且 Raft 节点一旦重启就需要回放大量日志，进而影响系统的可用性。我们推荐的解决方法是当日志达到某个固定的大小时做一次快照。

另外，一次写入快照文件可能会消耗较长的时间，如果不希望影响正常日志条目的复制，则可以通过使用写时复制（copy-on-write）的技术来解决。这样就能在接受写日志请求的同时而不影响正在被写入的快照文件。另外，操作系统的写时复制技术的支持（如 Linux 上的 fork）可以被用来创建完整的状态机内存快照。

后面的章节会专门介绍 etcd 的快照实现细节。

### 1.4.5 Raft 算法性能评估

对于基于复制状态机模型的一致性算法来说，需要考察的性能点是当领导人选举成功时，应于什么时候复制新的日志条目？这样集群才能继续对外提供（写）服务。Raft 通过很少数量的消息包（一轮从领导人到集群大多数机器的消息）就达成了这个目的。在实现上，支持批量操作和管道操作进一步提高了 Raft 算法的吞吐量，同时还降低了时延。

Raft 算法的作者自己实现了一个 Raft 项目，并且基于这个实现来衡量 Raft 算法领导人选举的性能，具体包含如下两个方面。

1）领导人选举的过程收敛有多快。

2）领导人宕机后，系统不可用的时间有多久。

为了衡量一次领导人选举的耗时，Raft 算法的作者反复让一个集群的领导人宕机，并观测集群的其他节点需要多长时间才能发现领导人不存在了并选举出一个新的领导人（如图 1-22 所示）。领导人随机地在两次心跳包间隔内宕机，而心跳包的时间间隔刚好是选举超时时间的一半。因此，Follower 能够感知到领导人宕机的最小时间是选举超时时间的一半。

以上实验是在一个有着 5 个节点的集群上进行的，环境上的广播时延在 15ms 左右，每种场景均反复测试 1000 次。实验结果如图 1-22 所示，横坐标表示时间（单位是 ms），纵坐标代表时延分布比例（0% 处对应的横坐标代表最低时延，100% 处对应的横坐标代表最高时延）。

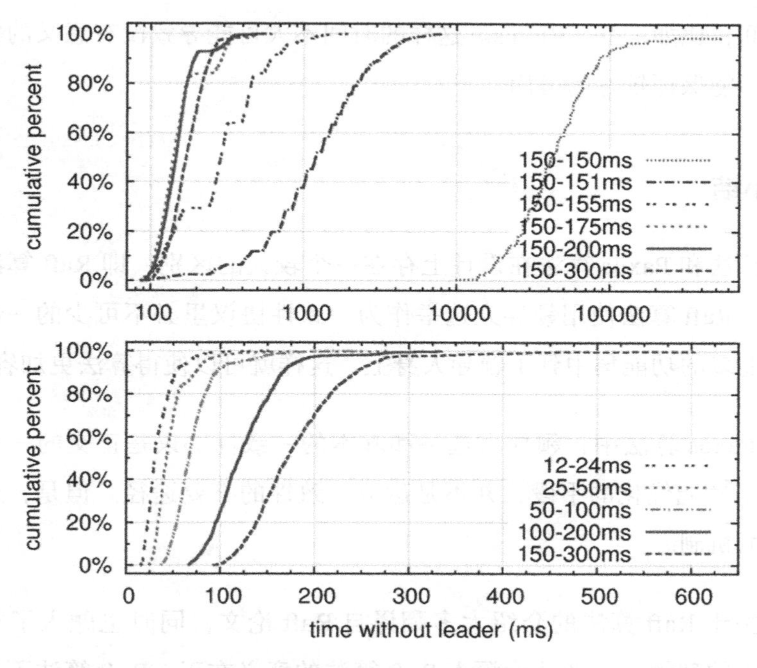


图 1-22　Raft 算法性能评估图

图 1-22 上面的实验结果表明，选举超时时间只需要较小的随机化，就能够明显地降低因为选票被瓜分而导致的重新选举，从而降低选举耗时。而选举超时时间在没有随机化的情况下，最差的时候需要花费超过 10s 才能完成选举过程。根据 Raft 作者提供的数据，在选举超时时间上仅仅增加 5ms 的随机变化，就可以显著改善这一情况——平均宕机时间只有 287ms。在选举超时时间上增加 50ms 的随机化，1000 次测试中完成一次选举的最长时间只要 513ms。

图 1-22 下面的实验结果表明，通过降低选举超时时间可以减少系统的宕机时间。Raft 作者提供的数据可以表明，在选举超时时间为 12～24ms 的情况下，平均只需要 35ms 就可以选举出新的领导人，而最长一次的时间也就是 152ms。然而，如果要进一步降低选举超时时间的话，就会违反 Raft 算法的时间不等式——选举超时时间不能小于领导人的心跳周期，这将会导致没有意义的领导人变更，反而还会降低系统的可用性。因此，Raft 作者建议使用更为保守的选

举超时时间，比如 150～300ms。这样的时间不大可能导致没有意义的领导人变更，同时还能保证较好的可用性。

### 1.4.6 小结

Raft 算法和 Paxos 算法在设计上存在一个较大的区别，即 Raft 算法的强领导人特性。Raft 算法使用领导人选举作为一致性协议里必不可少的一部分，并且将尽可能多的功能集中到了领导人身上。这样就可以使得算法更加容易理解。

而在 Paxos 算法中，领导人选举和基本的一致性协议是正交的——领导人选举仅仅是性能优化的手段，并不是达成一致性的必要途径。但是，这样就增加了多余的机制。

上文关于 Raft 算法的介绍大多翻译自 Raft 论文，同时也融入了笔者自身对这篇论文的理解。笔者认为深入 Raft 算法的意义在于，Raft 算法不仅仅可以作为解决分布式一致性问题的一个理论，还是下文即将展开讨论的 etcd 的实现基础。如果对 Raft 算法一无所知的话，那么理解 etcd 的工作原理就会变得非常困难。

从上文讨论过的那些 RPC 可以看出，Raft 算法非常重视可实现性，照着论文就能实现一个版本出来，这与 Paxos 的神话故事化描述完全不同。Raft 算法的论文是在 2013 年发表的，大家可以看到现在已经有很多种不同语言的开源实现库了。这也是 Raft 因为较好的可理解性而流行的一个佐证。

下面引用 Raft 论文最后一节的综述来总结本章的内容。

---

算法以正确性、高效性、简洁性作为主要的设计目标。虽然这些都是很有价值的目标，但这些目标在开发者写出一个可用的实现之前都不会达成。因此，我们相信可理解性同样重要。除非开发人员对这个算法有着很深的理解并且有

着直观的感觉，否则对他们而言将很难在实现过程中保持原有期望的特性，实现过程中也必然会偏离论文发表时的形式。

## 参考文献


[1] Seth Gilbert, Nancy Lynch. CAP 定理证明 [OL]. http://www.glassbeam.com/sites/all/themes/glassbeam/images/blog/10.1.1.67.6951.pdf.

[2] Eric Brewer. CAP twelve years later: How the "rules" have changed [OL]. http://ieeexplore.ieee.org/document/6133253/?reload=true.

[3] Nancy Lynch. CAP 理论的一些观点 [OL]. http://groups.csail.mit.edu/tds/papers/Gilbert/Brewer2.pdf.

[4] 维基百科 . 拜占庭将军问题 [OL].https://zh.wikipedia.org/wiki/%E6%8B%9C%E5%8D%A0%E5%BA%AD%E5%B0%86%E5%86%9B%E9%97%AE%E9%A2%98.

[5] FLP 定理 [OL]. https://groups.csail.mit.edu/tds/papers/Lynch/jacm85.pdf.

[6] Brain M.OKi, Barbara Liskov. Viewstamped Replication[OL]. http://www.pmg.csail.mit.edu/papers/vr.pdf.

第二部分 *Part 2*

# 实 战 篇

本部分着重讲解 etcd 的常见功能及使用场景，包括 etcd 的架构分析、命令行使用、API 调用、运维部署等内容，主要包括以下章节：

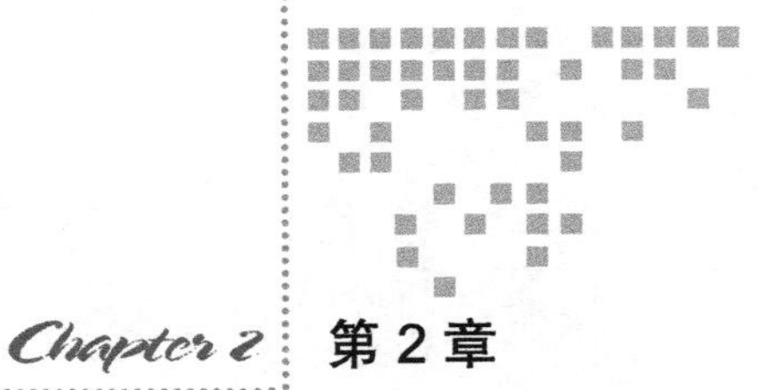

Chapter 2 第2章

# 为什么使用 etcd

开发分布式系统是一件比较困难的事情，其中的困难主要体现在分布式系统的“部分失败”上。“部分失败”是指信息在网络的两个节点之间传送的时候，网络出现了故障，发送者无法知道接收者是否收到了这个信息，而且导致这种故障的原因很复杂，接收者可能在出现网络错误之前就已经收到了信息，也可能没有收到，又或者接收者的进程结束而没能接收。

现代的键值（Key-Value）存储系统都是分布式的，ZooKeeper 是其中历史最悠久的项目之一，它起源于 Hadoop。

ZooKeeper 的主要优势是其具有成熟、健壮以及丰富的特性，然而，它也有自己的缺点，具体体现在如下几个方面。

- 复杂。ZooKeeper 的部署维护比较复杂，管理员必须掌握一系列的知识和技能；而它所使用的 Paxos 强一致性算法素来也是以复杂难懂而闻名于世的；另外，ZooKeeper 的使用也比较复杂，需要安装客户端，官方只提供了 Java 和 C 两种语言的接口。

- Java编写。这里不是对Java有偏见，而是Java本身就偏向重型应用，它会引入大量的依赖。而运维人员则普遍希望机器集群能尽可能地简单，维护起来也不容易出错。另外，它对资源的占用也非常高，这一点下面会有实际数据的说明。
- 发展缓慢。Apache基金会项目特有的“Apache Way”在开源界饱受争议，其中一大原因就是由于基金会庞大的结构和松散的管理导致项目发展缓慢。这一点在对比GitHub和etcd项目的star、fork和release的数据时就一目了然。

现在，我们有了更好的选择——etcd。与ZooKeeper相比，它更简单，安装、部署和使用更加容易，并且etcd的某些功能是ZooKeeper所没有的。因此，在很多场景下，etcd比ZooKeeper更受用户的青睐，具体表现在如下几个方面。

- etcd更加稳定可靠，它的唯一目标就是把分布式一致性KV存储做到极致，所以它更注重稳定性和扩展性。
- 在服务发现的实现上，etcd使用的是节点租约（Lease），并且支持Group（多key）；而ZooKeeper使用的是临时节点，临时节点存在不少的问题，这些问题后面会提到。
- etcd支持稳定的watch，而不是ZooKeeper一样简单的单次触发式（one time trigger）watch。因为在未来微服务的环境下，通过调度系统的调度，一个服务随时可能会下线，也可能为应对临时访问压力而增加新的服务节点，而很多调度系统是需要得到完整节点历史记录的，在这方面，etcd可以存储数十万个历史变更。
- etcd支持MVCC（多版本并发控制），因为有协同系统需要无锁操作。
- etcd支持更大的数据规模，支持存储百万到千万级别的key。
- 相比ZooKeeper，etcd的性能更好。在一个由3台8核节点组成的云服务器上，etcd v3版本可以做到每秒数万次的写操作和数十万次的读操作。

etcd 这个名字由两部分组成：etc 和 d，即 UNIX/Linux 操作系统的“/etc”目录和分布式（distributed）首字母的“d”。我们都知道，/etc 目录一般用于存储 UNIX/Linux 操作系统的配置信息，因此 etc 和 d 合起来就是一个分布式的 /etc 目录。由此可见，etcd 的寓意是为大规模分布式系统存储配置信息。

etcd 是由一家位于旧金山的初创公司 CoreOS 公司（现已被 Red Hat 收购）于 2013 年 6 月发起的开源项目，旨在构建一个高可用的分布式键值（key-value）存储系统。CoreOS 系统通过 etcd 来解决分布式系统配置信息共享、服务发现等问题。目前 etcd 托管在 GitHub 上，仓库地址为 github.com/coreos/etcd。etcd 作为一个相对较新的项目，在本书出版之际已有超过 15 000 的 star 数，超过 3000 的 fork 数，超过 100 的 release 版本数，社区非常活跃。

熟悉 Cloud Foundry 和 Kubernetes 的读者必定都听说过 etcd。谷歌的开源集群容器管理软件 Kubernetes 和 Pivotal 的开源 PaaS 软件 Cloud Foundry 不约而同地都使用了 etcd，它们都依赖 etcd 来进行集群管理。

CoreOS 的前 CEO Alex Polvi 曾说过，etcd 是 Chubby 的开源实现，Chubby 是谷歌为处理分布式系统中的一致性问题而开发的基于 Paxos 协议的分布式锁系统。

CoreOS 的前 etcd 项目主管 Blake Mizerany 在他的一篇博客中解释道：“分布式系统集群管理是一项复杂的业务，etcd 通过创建一个 hub 跟踪一个集群中每个节点的状态并管理这些状态，将会使得这项工作变得简单易行。etcd 会复制集群中所有节点的状态数据，防止单个节点故障影响整个组”。

那么，etcd 到底是什么？下面就让我们一探究竟。

## 2.1 etcd 是什么

etcd 的官方定义如下：

> A highly-available key value store for shared configuration and service discovery.

很多人看到上述官方定义的第一反应可能是，etcd 是一个键值存储仓库，却没有重视官方定义的后半句——用于配置共享和服务发现。

也就是说，etcd 是一个 Go 语言编写的分布式、高可用的一致性键值存储系统，用于提供可靠的分布式键值（key-value）存储、配置共享和服务发现等功能。etcd 可以用于存储关键数据和实现分布式调度，它在现代化的集群运行中能够起到关键性的作用。本书后面的篇幅中，将会详细介绍 etcd 的应用和实践，其中会涉及 etcd 的安装、部署，API 的使用介绍，以及如何对运行的 etcd 集群进行监控等。

etcd 以一致和容错的方式存储数据。分布式系统可以使用 etcd 实现一致性键值存储、配置管理、服务发现和分布式系统的协同等功能。常见的 etcd 使用场景包括：服务发现、分布式锁、分布式数据队列、分布式通知和协调、主备选举等。

etcd 基于 Raft 协议，通过复制日志文件的方式来保证数据的强一致性。当客户端应用写一个 key 时，首先会存储到 etcd 的 Leader 上，然后再通过 Raft 协议复制到 etcd 集群的所有成员中，以此维护各成员（节点）状态的一致性与实现可靠性。虽然 etcd 是一个强一致性的系统，但也支持从非 Leader 节点读取数据以提高性能，而且写操作仍然需要 Leader 的支持，所以当发生网络分区时，写操作仍可能失败。etcd 实现了一个 Go 语言版的 Raft 程序库，并广泛应用于各种项目，除了 etcd 之外，各项目中还包括 docker swarm kit 等。

etcd 具有一定的容错能力，假设集群中共有 n 个节点，即便集群中（n-1）/2 个节点发生了故障，只要剩下的（n+1）/2 个节点达成一致，也能操作成功。因此，它能够有效地应对网络分区和机器故障带来的数据丢失风险。

etcd默认数据一更新就落盘持久化，数据持久化存储使用WAL（write ahead log，预写式日志）格式。WAL记录了数据变化的全过程，在etcd中所有数据在提交之前都要先写入WAL中；etcd的Snapshot（快照）文件则存储了某一时刻etcd的所有数据，默认设置为每10 000条记录做一次快照，经过快照后WAL文件即可删除。

## 2.2 etcd架构简介

etcd在设计的时候重点考虑了如下的四个要素。

### 1. 简单

- 支持RESTful风格的HTTP+JSON的API。
- 从性能角度考虑，etcd v3增加了对gRPC的支持，同时也提供rest gateway进行转化。
- 使用Go语言编写，跨平台，部署和维护简单。
- 使用Raft算法保证强一致性，Raft算法可理解性好。

### 2. 安全

支持TLS客户端安全认证。

### 3. 性能

单实例支持每秒一千次以上的写操作（v2），极限写性能可达10K+Qps(v3）。

### 4. 可靠

使用Raft算法充分保证了分布式系统数据的强一致性。etcd集群是一个分布式系统，由多个节点相互通信构成整体的对外服务，每个节点都存储了完整的数据，并且通过 Raft 协议保证了每个节点维护的数据都是一致的。Raft 协议的工作原理这里不再赘述，详见 1.4 节即可了解。

简单地说，etcd 可以扮演两大角色，具体如下。

- 持久化的键值存储系统。
- 分布式系统数据一致性服务提供者。

在分布式系统中，如何管理节点间的状态一直是一个难题，etcd 像是专门为集群环境的服务发现和注册而设计的，它提供了数据 TTL 失效、数据改变监视、多值、目录、分布式锁原子操作等功能，可以方便地跟踪并管理集群节点的状态。

etcd（server）大体上可以分为网络层（http(s) server）、Raft 模块、复制状态机和存储模块。etcd 的架构如图 2-1 所示。

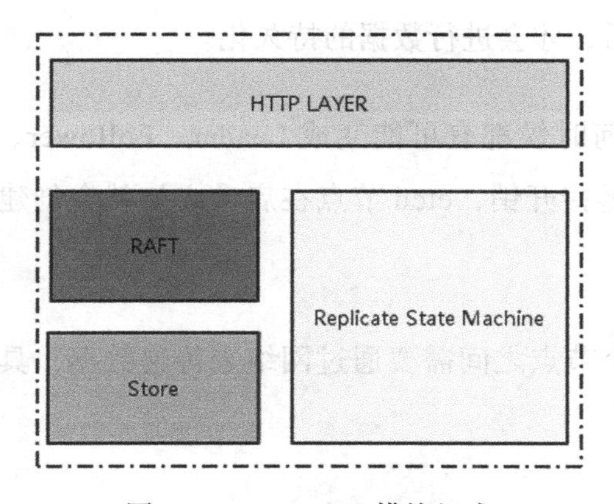


图 2-1　etcd server 模块组成

- 网络层：提供网络数据读写功能，监听服务端口，完成集群节点之间数据通信，收发客户端数据。
- Raft 模块：Raft 强一致性算法的具体实现。
- 存储模块：涉及 KV 存储、WAL 文件、Snapshot 管理等，用于处理

etcd支持的各类功能的事务，包括数据索引、节点状态变更、监控与反馈、事件处理与执行等，是etcd对用户提供的大多数API功能的具体实现。

- ❑ 复制状态机：这是一个抽象的模块，状态机的数据维护在内存中，定期持久化到磁盘，每次写请求都会持久化到WAL文件，并根据写请求的内容修改状态机数据。除了在内存中存有所有数据的状态以及节点的索引之外，etcd还通过WAL进行持久化存储。基于WAL的存储系统其特点就是所有的数据在提交之前都会事先记录日志。Snapshot是为了防止数据过多而进行的状态快照。复制状态机的工作原理在这里也不多做赘述，详见1.2.3节。

通常，一个用户的请求发送过来，会经由HTTP（S）Server转发给存储模块进行具体的事务处理，如果涉及节点状态的更新，则交给Raft模块进行仲裁和日志的记录，然后再同步给别的etcd节点，只有当半数以上的节点确认了该节点状态的修改之后，才会进行数据的持久化。

各个节点在任何时候都有可能变成Leader、Follower、Candidate等角色，同时为了减少创建链接开销，etcd节点在启动之初就会创建并维持与集群其他节点之间的链接。

etcd集群的各个节点之间需要通过网络来传递数据，具体表现为如下几个方面。

1）Leader向Follower发送心跳包，Follower向Leader回复消息。

2）Leader向Follower发送日志追加信息。

3）Leader向Follower发送Snapshot数据。

4）Candidate节点发起选举，向其他节点发起投票请求。

5）Follower将收到的写操作转发给Leader。

因此，etcd 集群节点之间的网络拓扑是一个任意 2 个节点之间均有长链接相互连接的网状结构，如图 2-2 所示。

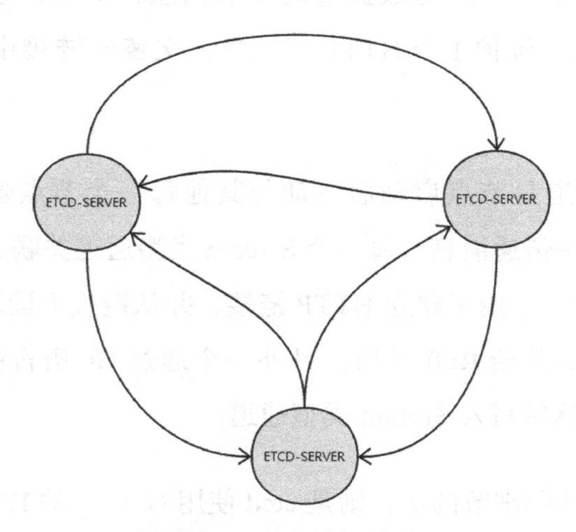


图 2-2　etcd 集群拓扑关系

## 2.2.1　etcd 数据通道

在 etcd 的实现中，etcd 根据不同的用途，定义了各种不同的消息类型。这些不同的消息，最终都将通过 protocol buffer 格式进行编码。这些消息携带的数据大小可能不尽相同。例如传输 Snapshot 的数据量就比较大，甚至会超过 1GB，而 Leader 到 Follower 节点之间的心跳消息可能只有几十 KB。因此，网络层必须要能够高效地处理不同数据量的消息。etcd 在实现中，对这些消息采取了分类处理的方式，它抽象出了 2 种类型的消息传输通道，即 Stream 类型通道和 Pipeline 类型通道。这 2 种消息传输通道都使用 HTTP 传输数据。打个比方，Stream 就像是在点与点之间维护的双向传输带，消息打包后，放到传输带上，传给对方，对方将回复消息打包好并放到反向传输带上；而 Pipeline 就如同拥有 N 辆汽车，将大消息打包放到汽车上，开到对端，然后再开回来，最多可以同时发送 N 个消息。下面将分别阐述这两种不同类型通道的数据流。

### 1. Stream 类型通道

Stream 类型通道用于处理数据量较少的消息，例如，心跳、日志追加消息等。点到点之间只维护 1 个 HTTP 长链接，交替向链接中写入数据和读取数据。

Stream 类型通道是节点启动后主动与其他每一个节点建立链接，它通过 Channel 与 Raft 模块传递消息。每一个 Stream 类型通道关联 2 个 go routine(Go 语言的协程)，其中一个用于建立 HTTP 链接，并从链接上读取数据并解码成消息，再通过 Channel 传给 Raft 模块，另外一个通过 Go 语言的 Channel 从 Raft 模块中收取消息，然后写入 Stream 类型通道。

如果深入研究代码细节的话，则是 etcd 使用 Golang 的 HTTP 包实现 Stream 类型通道，具体过程如下所示。

1）Server 端监听端口，并在对应的 url 上挂载相应的 Handler（当前请求到达时，Handler 的 ServeHTTP 方法会被调用）。

2）客户端发送 HTTP GET 请求。

3）调用 Server 端的 Handler 的 ServeHTTP 访问（框架层传入 http.ResponseWriter 和 http.Request 对象），其中 http.ResponseWriter 对象将作为参数传入 Writter-Goroutine，该 go routine 的主循环就是将 Raft 模块传出的消息写入这个 responseWriter 对象里。http.Request 的成员变量 Body 传入 Reader-Gorouting(就这么称呼吧）中，该 go routine 的主循环就是不断读取 Body 上的数据，并解码成消息，然后通过 Go 语言的 Channel 传给 Raft 模块。

### 2. Pipeline 类型通道

Pipeline 类型通道用于处理数据量大的消息，例如，Snapshot。这种类型的消息需要与心跳等消息分开处理，否则会阻塞心跳包的传输，进而影响集群的稳定性。使用 Pipeline 类型通道进行通信时，点到点之间不维护 HTTP 长链接，它只通过短链接传输数据，用完即关闭。

Pipeline 类型通道也可以传输小数据量的消息，不过，是在当且仅当 Stream 类型链接不可用时，它才会这样做。

此外，Pipeline 类型通道还可用来并行发出多个消息，它维护着一组 go routine，每一个 go routine 都可向对端发出 POST 请求（携带数据），收到回复后，链接关闭。

etcd 使用 Golang 的 HTTP 包实现 Pipeline 类型通道的具体过程如下所示。

1）根据参数配置，启动 N 个 go routine。

2）每一个 go routine 的主循环都阻塞在消息 Channel 上，待收到消息之后，通过 POST 请求发出数据，并等待回复。

### 2.2.2 etcd 架构

#### 1. 网络层与 Raft 模块之间的交互

在 etcd 中，Raft 协议被抽象为 Raft 模块。按照 Raft 协议，节点之间需要交互数据。etcd 通过 Raft 模块中抽象的 RaftNode 拥有一个消息盒子，RaftNode 将各种类型的消息都放入消息盒子中，由专门的 go routine 将消息盒子里的消息写入管道（Go 语言的 Channel），而管道的另外一端就链接在网络层的不同类型的传输通道上，同样，也有专门的 go routine 在等待（select）消息的到达。

而网络层收到的消息，也是通过管道传给 RaftNode 的。RaftNode 中有专门的 go routine 在等待消息。也就是说，网络层与 Raft 模块之间通过 Go 语言的 Channel 来完成数据通信。

#### 2. etcd server与客户端的交互

etcd server在启动之初，会监听服务端口，待服务端口收到客户端的请求之后，就会解析出消息体，然后通过管道传给Raft模块，当Raft模块按照Raft协议完成操作时，会回复该请求（或者请求超时关闭了）。客户端与所有的etcd server都是通过客户端的端口使用HTTP进行通信的。etcd server的客户端端口主要用来提供对外服务。

#### 3. etcd server之间的交互

etcd server之间通过peer端口使用HTTP进行通信。etcd server的peer端口主要用来协调Raft的相关消息，包括各种提议的协商。

## 2.3 etcd典型应用场景举例[⊖]

正如前文介绍的那样，etcd的定位是通用的一致性key/value存储，但也有服务发现和共享配置的功能。因此，典型的etcd应用场景包括但不限于分布式数据库、服务注册与发现、分布式锁、分布式消息队列、分布式系统选主等。etcd的定位是通用的一致性key/value存储，同时也面向服务注册与发现的应用场景。本节将对etcd的一些典型应用场景进行简单概括。

### 2.3.1 服务注册与发现

服务发现（Service Discovery）要解决的是分布式系统中最常见的问题之一，即在同一个分布式集群中的进程或服务如何才能找到对方并建立连接。

从本质上说，服务发现就是要了解集群中是否有进程在监听UDP或者TCP端口，并且通过名字就可以进行查找和链接。

⊖ 引用自孙健波的文章，网址为http://www.rnfog.com/cn/articles/etcd-interpretation-application-scenario-implement-principle。

要解决服务发现的问题，需要具备如下三个条件。

1）一个强一致性、高可用的服务存储目录。而基于 Raft 算法的 etcd 天生就是这样一个强一致性、高可用的服务存储目录。

2）一种注册服务和健康服务健康状况的机制。用户可以在 etcd 中注册服务，并且对注册的服务配置 key TTL，定时保持服务的心跳以达到监控健康状态的效果。

3）一种查找和连接服务的机制。在 etcd 指定的主题下注册的服务业能在对应的主题下查找到。为了确保连接，我们可以在各个服务机器上都部署一个代理模式的 etcd，这样就可以确保访问 etcd 集群的服务都能够互相连接。

如图 2-3 所示的是一个服务发现与注册的基本原理图。

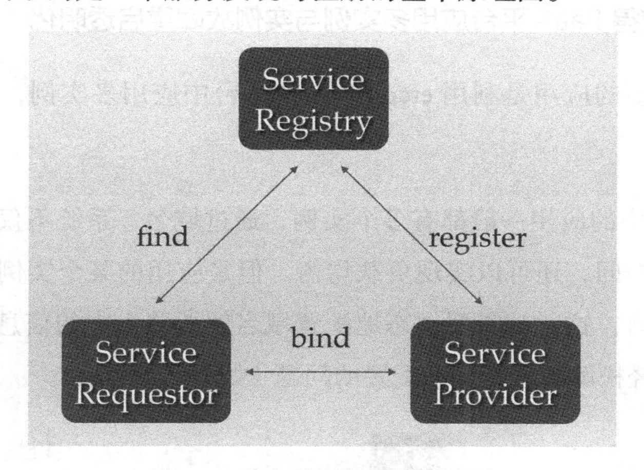


图 2-3　服务发现与注册原理图

### 1. etcd 提供微服务注册与发现

下面来看一个使用 etcd 进行服务注册与发现的具体应用场景。

随着 Docker 容器的流行，多种微服务共同协作，构成功能相对强大的架构的案例越来越多。动态且透明化地添加这些服务的需求也变得日益强烈。服务发现机制可用于在 etcd 中注册某个服务名字的目录，并在该目录下存储可用的服务节点的 IP。在使用服务的过程中，只要从服务目录下查找可用的服务节点进行使用即可，这样通过 etcd 就做到了各微服务之间的自动添加与协同。

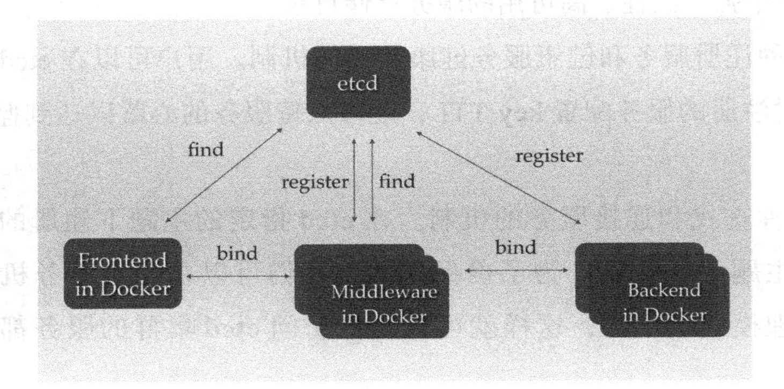


图 2-4 etcd 提供微服务注册与发现

## 2. etcd 使得 PaaS 平台应用多实例与实例故障重启透明化

另一个典型的应用是利用 etcd 在 PaaS 平台中应用多实例，以及实例故障重启透明化。

PaaS 平台中的应用一般都有多个实例，通过域名，系统不仅可以透明地对多个实例进行访问，还可以实现负载均衡。但是应用的某个实例随时都有可能会发生故障重启，这时就需要动态地配置域名解析路由中的信息。etcd 的服务发现功能可以轻松解决这个动态配置的问题（如图 2-5 所示）。

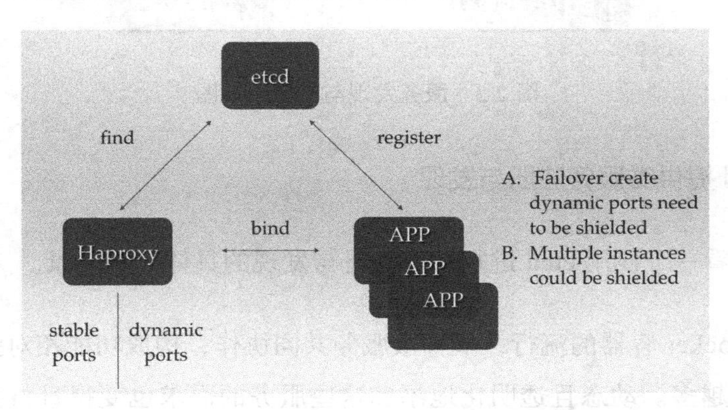


图 2-5 etcd 使得 PaaS 平台应用实例与实例故障重启透明化

## 2.3.2　消息发布和订阅

在分布式系统中，最为适用的组件间通信的机制是消息的发布和订阅机制。

具体而言就是，设置一个配置共享中心，消息提供者在这个配置中心发布消息，而消息使用者则订阅他们关心的主题，一旦所关心的主题有消息发布，就会实时通知订阅者。通过这种方式，我们可以实现发布式系统配置的集中式管理和实时动态更新。

### 1. etcd管理应用配置信息更新

这类场景的使用方式通常是，应用在启动的时候主动从etc获取一次配置信息，同时，在etcd节点上注册一个Watcher并等待，以后每当配置有更新的时候，etcd都会实时通知订阅者，以此达到获取最新配置信息的目的。

### 2. 分布式日志收集系统

这个系统的核心工作是收集分布在不同机器上的日志。

收集器通常按应用（或主题）来分配收集任务单元，因此可以在etcd上创建一个以应用（或主题）为名目的目录，并将这个应用（或主题）相关的所有机器IP以子目录的形式存储在目录下。然后设置一个递归的etcd Watcher，递归式地监控应用（或主题）目录下所有信息的变动。这样就能够实现在机器IP（消息）发生变动时，系统能够实时接受收集器调整的任务分配。

### 3. 系统中心需要动态自动获取与人工干预修改信息的请求内容

通常的解决方案是对外保留接口（例如JMX接口），来获取一些运行时的信息或提交修改的请求。而引入etcd之后，只需要将这些信息存放在指定的

etcd 目录中，即可通过 HTTP 接口直接被外部访问（如图 2-6 所示）。

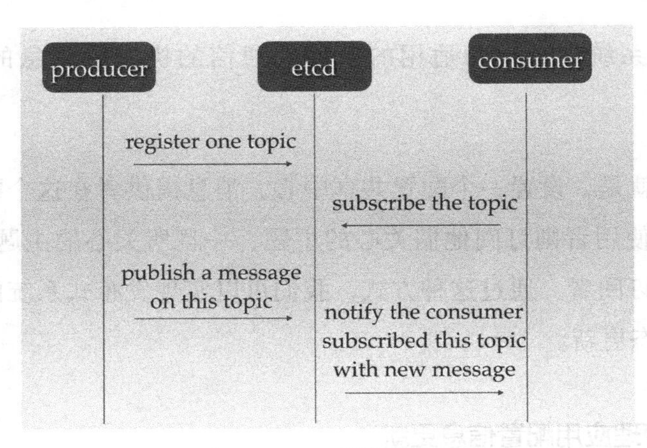


图 2-6　etcd 做消息通知

## 2.3.3 负载均衡

在分布式系统中，为了保证服务的高可用以及数据的一致性，通常都会把数据和服务部署为多份，以此达到对等服务，即使其中的某一个服务失效了，也不会影响使用。

这样的实现虽然会导致一定程度上数据写入性能的下降，但是却能够实现数据访问时的负载均衡。因为每个对等服务节点上都存储有完整的数据，所以所有用户的访问流量都可以分流到不同的机器上。

### 1. etcd 本身分布式架构存储的信息支持负载均衡

etcd 集群化以后，每个 etcd 的核心节点都可以处理用户的请求。所以，把数据量小但是访问频繁的消息数据直接存储到 etcd 是一个不错的选择。比如，业务系统中常用的二级代码表。

二级代码表的工作过程一般是这样的，在表中存储代码，在 etcd 中存储代码所代表的具体含义，如果业务系统要调用查表的过程，就需要查看表中代码的含义。所以把二级代码表中的少量数据存储到etcd中，不仅能够方便修改，也易于大量访问。

### 2. 利用etcd维护一个负载均衡节点表

etcd可以监控一个集群中多个节点的状态，若有一个请求发过来，则可以轮询式地把请求转发给存活的多个节点。这一点类似于KafkaMQ，可通过ZooKeeper来维护生产者和消费者的负载均衡（也可以用etcd来做ZooKeeper的工作）（如图2-7所示）。

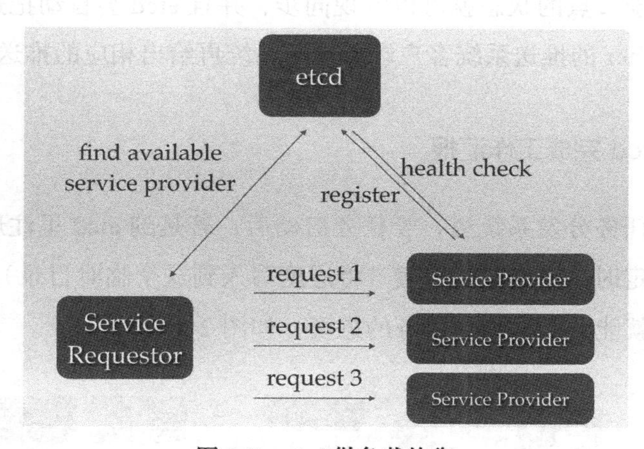


图2-7 etcd做负载均衡

## 2.3.4 分布式通知与协调

这里讨论的分布式通知和协调，与消息发布和订阅有点相似。两者都使用了etcd的Watcher机制，通过注册与异步通知机制，实现分布式环境下不同系统之间的通知与协调，从而对数据变更进行实时处理。

实现方式通常如下不同的系统都在etcd上对同一个目录进行注册，同时设置Watcher监控该目录的变化（如果对子目录的变化也有需求，那么可以设置成递归模式）。若某个系统更新了etcd的目录，那么设置了Watcher的系统就会收到通知，并做出相应的通知，然后进行相应的处理。

### 1. 通过 etcd 进行低耦合的 liveness probe

检测系统和被检测系统通过 etcd 上的某个目录进行管理而不是直接关联起来，这样可以大大降低系统的耦合性。

### 2. 通过 etcd 完成系统调度

某系统由控制台和推送系统两部分组成，控制台的职责是控制推送系统进行相应的推送工作。如果管理人员在控制台做了一些操作，那么只需要修改 etcd 上某些目录节点的状态就可以实现同步，并且 etcd 会自动把这些变化通知给注册了 Watcher 的推送系统客户端，推送系统再给出相应的推送任务。

### 3. 通过 etcd 完成工作汇报

在大部分任务分发系统里，子任务启动后，若是到 etcd 里注册一个临时工作目录，并且定时汇报自己的进度（将进度写入到这个临时目录），那么通过这样任务管理者就能够实时知道任务的进度，如图 2-8 所示。

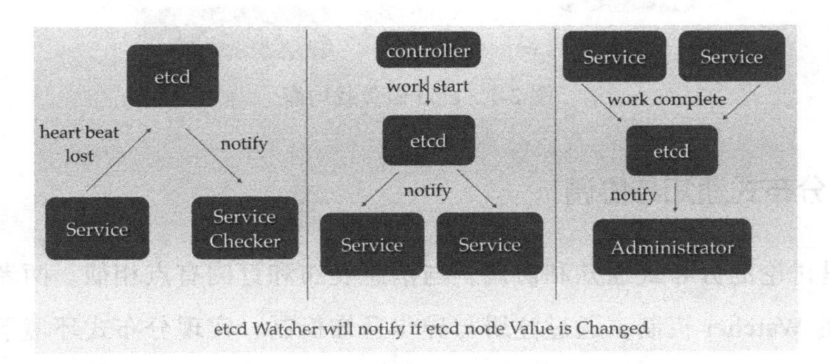


图 2-8 etcd 做任务进度时观测

## 2.3.5 分布式锁

因为 etcd 使用 Raft 算法保持了数据的强一致性，某次操作存储到集群中的值就必然是全局一致的，所以 etcd 很容易实现分布式锁。

锁服务包含两种使用方式，一是保持独占，二是控制时序。

### 1. 保持独占

保持独占即所有试图获取锁的用户最终只有一个可以得到。

etcd 为此提供了一套实现分布式锁原子操作 CAS（ComparaAndSwap）的 API。通过设置 prevExist 值，可以保证在多个节点上同时创建某个目录时，只有一个节点能够成功，而成功的那个即可获得分布式锁。

### 2. 控制时序

试图获取锁的所有用户都会进入等待队列，获得锁的顺序是全局唯一的，同时还能决定队列的执行顺序。

etcd 为此也提供了一套 API（自动创建有序键），它会将一个目录的键值指定为 POST 动作，这样，etcd 就会在目录下生成一个当前最大的值作为键，并存储这个新的值（客户端编号）。

同时还可以使用 API 按顺序列出所有目录下的键值。此时这些键的值就是客户端的时序，而这些键中存储的值则可以是代表客户端的编号。以上过程可以用图 2-9 来表示。

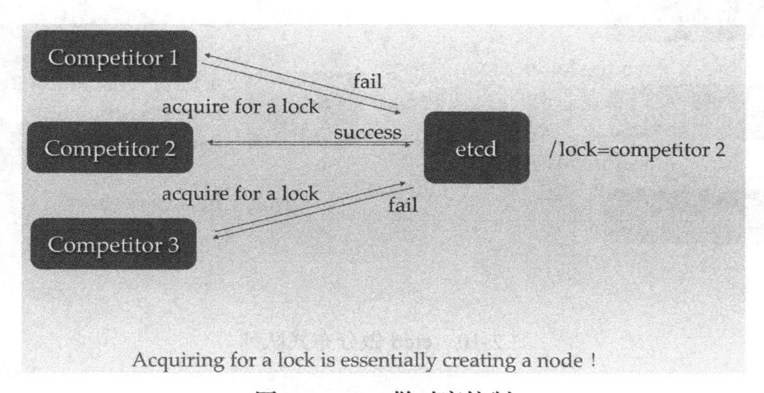


图 2-9 etcd 做时序控制

### 2.3.6 分布式队列

分布式队列的常规用法与分布式锁的控制时序用法类似，即通过创建一个先进先出的队列来保证顺序。

另一种比较有意思的实现是在保证队列达到某个条件时再统一按顺序执行。要实现这种方法，可以在“/queue”目录中另外建立一个“/queue/condition”节点，如图 2-10 所示。关于 condition 节点，具体说明如下。

1）condition 可以表示队列的大小。比如一个大的任务若需要在很多小任务都就绪的情况下才能执行，那么每当有一个小任务就绪时，就将这个 condition 的数值加 1，直到达到大任务规定的数字，然后再开始执行队列里的一系列小任务，直至最终执行大任务。

2）condition 可以表示某个任务不在队列中。这个任务既可以是所有排序任务的首个执行程序，也可以是拓扑结构中没有依赖的点。通常，必须在执行这些任务之后才能执行队列中的其他任务。

3）condition 还可以表示开始执行任务的通知。可以由控制程序来指定，当 condition 发生变化时，开始执行队列任务。

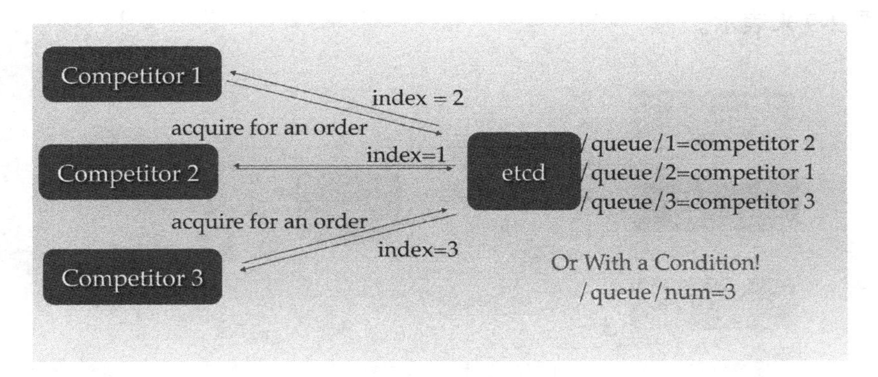


图 2-10 etcd 做分布式队列

## 2.3.7 集群监控与 Leader 竞选

通过 etcd 来进行监控的功能实现起来非常简单并且实时性较强，主要会用到如下两点特性。

- 前面几个场景已经提到了 Watcher 机制，当某个节点消失或发生变动时，Watcher 会第一时间发现并告知用户。
- 节点可以设置 TTL key，比如每隔 30s 向 etcd 发送一次心跳信号，以此代表该节点依然存活着，否则就说明节点已经消失了。

这样就可以第一时间检测到各节点的健康状态，以完成集群的监控要求。

另外，使用分布式锁，还可以完成 Leader 竞选。对于一些需要长时间进行 CPU 计算或使用 I/O 的操作，只需要由竞选出的 Leader 计算或处理一次，再把结果复制给其他的 Follower 即可，从而避免重复劳动，节省计算资源。

Leader 应用的经典场景是在搜索系统中建立全量索引。如果各个机器分别进行索引的建立，那么将很难保证索引的一致性。通过 etcd 的 CAS 机制竞选 Leader，再由 Leader 进行索引计算，最后将计算结果分发到其他节点即可，如图 2-11 所示。

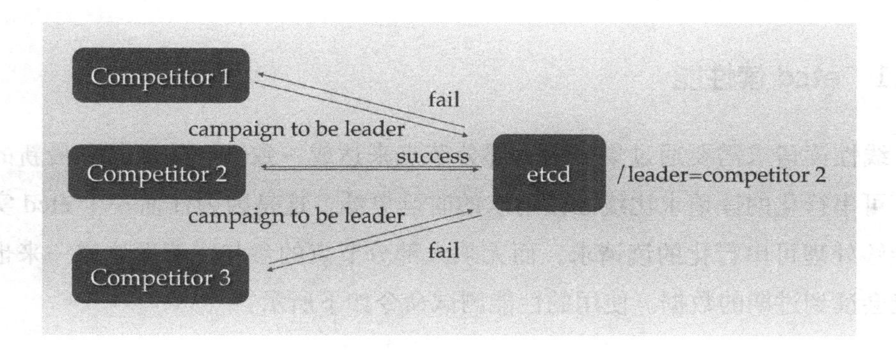


图 2-11 etcd 做集群竞选

### 2.3.8 小结

etcd 经典的应用场景包括服务注册与发现、分布式锁以及 Leader 选主等，比如直接当作分布式数据库（DDS）使用，为分布式消息服务（DMS）中消息队列的实现提供服务发现、服务协调和选主等。同时需要注意的是，相比于 etcd v2，etcd v3 版本的接口是通过 gRPC 提供 RPC 接口的，它放弃了 v2 版本的 HTTP 接口，虽然这种改变可以明显提升连接效率，但使用便利性不如 v2，特别是不便于维护长连接的应用场景。此外，etcd 的定位是通用的一致性 KV 存储，但在面向服务注册与发现的应用场景中，过于广泛的通用性会使得每个应用的服务注册都有自己的元数据格式，不利于互相整合，受限于元数据格式的兼容性问题，也不利于实现更高级的功能。

## 2.4 etcd 性能测试

etcd 自带性能测试命令行工具 benchmark 可用于 etcd 的性能测试。下文提供的 etcd 基线性能测试报告主要基于如下配置。

- ❑ 3 台 GCE 虚拟机，8 核，16GB 内存，50GB 固态硬盘
- ❑ 1 台 GCE 虚拟机，16 核，30GB 内存，50GB 固态硬盘
- ❑ etcd v3 主线版本，Go 1.6.2 编译

### 2.4.1 etcd 读性能

线性读请求需要通过集群的大部分节点来达成一致性，从而获取最新的数据。可串行化的读请求比线性读请求的时延更低，这是因为任何一个 etcd 实例都能够处理可串行化的读请求，而无须大部分节点的参与，然而这样一来也有可能会读到过期的数据。使用的性能测试命令如下所示：

```
# 线性读请求
benchmark --endpoints={IP_1},{IP_2},{IP_3} --conns=1 --clients=1 \
    range YOUR_KEY --consistency=l --total=10000
```

```
benchmark --endpoints={IP_1},{IP_2},{IP_3} --conns=100 --clients=1000 \
    range YOUR_KEY --consistency=l --total=100000

# 对每个etcd节点发起可串行化读请求，并对各个节点的数据求和
for endpoint in {IP_1} {IP_2} {IP_3}; do
    benchmark --endpoints=$endpoint --conns=1 --clients=1 \
        range YOUR_KEY --consistency=s --total=10000
done
for endpoint in {IP_1} {IP_2} {IP_3}; do
    benchmark --endpoints=$endpoint --conns=100 --clients=1000 \
        range YOUR_KEY --consistency=s --total=100000
Done
```

注意　benchmark 是 etcd 项目自带的压测工具，源代码见 https://github.com/coreos/etcd/tree/master/tools/benchmark。

表 2-1 中的内容是 etcd 读性能的实测数据（对比了线性读请求和可串行化读请求）。

表 2-1　etcd 读性能测试数据

| 请求数量 | Key 的大小（字节） | Value 的大小（字节） | 连接数 | 客户端数量 | 并发方式 | 请求平均时延 | QPS |
|---|---|---|---|---|---|---|---|
| 10 000 | 8 | 256 | 1 | 1 | 线性读 | 2ms | 560 |
| 10 000 | 8 | 256 | 1 | 1 | 可串行化读 | 0.4ms | 7500 |
| 100 000 | 8 | 256 | 100 | 1000 | 线性读 | 15ms | 43 000 |

## 2.4.2　etcd 写性能

etcd 写性能使用的性能测试命令如下所示：

```
# 假设IP_1是集群的leader，只对其发起写请求
benchmark --endpoints={IP_1} --conns=1 --clients=1 \
    put --key-size=8 --sequential-keys --total=10000 --val-size=256
benchmark --endpoints={IP_1} --conns=100 --clients=1000 \
    put --key-size=8 --sequential-keys --total=100000 --val-size=256

# 向etcd集群的所有节点发起写请求
benchmark --endpoints={IP_1},{IP_2},{IP_3} --conns=100 --clients=1000 \
    put --key-size=8 --sequential-keys --total=100000 --val-size=256
```

表 2-2 中是 etcd 写性能的实测数据。

表 2-2 etcd 写性能测试数据

| 请求数量 | Key 的大小（字节） | Value 的大小（字节） | 连接数 | 客户端数量 | 请求的 etcd 目标服务器 | QPS | 请求平均时延 | 内存消耗 |
|---|---|---|---|---|---|---|---|---|
| 10 000 | 8 | 256 | 1 | 1 | 只请求 leader 节点 | 525 | 2ms | 35MB |
| 100 000 | 8 | 256 | 100 | 1000 | 只请求 leader 节点 | 25 000 | 20ms | 35MB |
| 100 000 | 8 | 256 | 100 | 1000 | 请求所有节点 | 33 000 | 25ms | 35MB |

建议在一个新环境中搭建 etcd 集群时做一次性能测试，以保证集群满足性能要求。因为即使是很小的环境差异也会影响集群的时延和吞吐率，比如，etcd 和其他高 I/O 的应用程序都部署在同一个节点上，将严重影响 etcd 的读写效率，甚至影响 etcd 集群的稳定性。

## 2.5 etcd 与其他键值存储系统的对比

在决定是否使用 etcd 作为 key-value 存储之前，最好先把 etcd 的主要设计目标在脑子里过一遍。就像上文所说的那样，etcd 被设计成大规模分布式系统的通用底座。这些分布式系统零容忍脑裂甚至愿意牺牲可用性来实现这一目标。etcd 集群想要提供一致性的 key/value 存储，且保证最高等级的稳定性、可扩展性和性能。etcd 目前已经被应用到很多生产环境中来实现容器调度、服务发现以及分布式数据存储等。表 2-3 列出了 etcd 与其他流行的 key/value 存储的对比。

表 2-3 etcd 与其他键值存储系统对比

| | etcd | ZooKeeper | Consul | NewSQL（Cloud Spanner、CockroachDB、TiDB） |
|---|---|---|---|---|
| 并发原语 | 锁和选举的远端过程调用，锁命令行提供锁和选举命令，Go 语言支持 | 需要引入外部的 Apache curator 框架，Java 语言支持 | 原生锁 API | 即使有也很少 |
| Linearizable Read | Y | N | Y | 有时候 |

（续）

| | etcd | ZooKeeper | Consul | NewSQL（Cloud Spanner、CockroachDB、TiDB） |
|---|---|---|---|---|
| 多版本并发控制 | Y | N | N | 有时候 |
| 事务 | 数据内容比较、读或写 | 版本检查，写 | 数据内容比较、锁、读或写 | SQL 式的事务 |
| 用户权限 | 基于角色的权限控制 | 访问控制列表 | 访问控制列表 | 每个数据库的权限和每个表的授权 |
| 数据更新通知 | 历史和当前键范围 | 当前键和目录 | 当前键（支持前缀） | 触发器（有时候） |
| HTTP/JSON API | Y | N | Y | 很少 |
| 节点关系重配置 | Y | >3.5.0 | Y | Y |
| 最大数据库大小 | 几 GB | 几百 MB 到几 GB | 几百 MB 以上 | 几 TB |
| 最小线性读时延 | 网络 RTT | 不支持线性读 | 网络 RTT＋fsync | 取决于系统和网络时钟 |

对于表 2-3 中提到的 Linearizable Read（线性读），通俗地讲，就是读请求需要读到最新的已经提交的数据，不会读到旧数据。

除了功能上的对比之外，如果读者希望对这些 key/value 存储系统的性能对比有一个直观的了解的话，那么可以使用工具 dbtester（https://github.com/coreos/dbtester）进行实测。这个工具并不局限于 ZooKeeper 和 etcd，还包括 Consul、zetcd、cetcd 等多种存储系统多维度的对比。图 2-12 所示的是 etcd、ZooKeeper、Consul 在高并发场景下，时延、吞吐量和资源消耗的对比。

从图 2-12 中可以看出，不论是时延、吞吐率还是资源占用率，etcd 都占有明显的优势。

## 2.5.1 ZooKeeper VS etcd

ZooKeeper 是一个用户维护配置信息、命名、分布式同步以及分组服务的集中式服务框架，它使用 Java 语言编写，通过 Zab 协议来保证节点的一致性。

因为 ZooKeeper 是一个 CP 型系统，所以在发生网络分区问题时，系统不能注册或查找服务。

——Jason Wilder

| | etcd-tip-go1.8.3 | zookeeper-r3.5.3-beta-java8 | consul-v0.8.4-go1.8.3 |
|---:|---:|---:|---:|
| TOTAL-SECONDS | 27.9797 sec | 143.8585 sec | 135.7728 sec |
| TOTAL-REQUEST-NUMBER | 1,000,000 | 1,000,000 | 1,000,000 |
| MAX-THROUGHPUT | 38,526 req/sec | 25,103 req/sec | 15,424 req/sec |
| AVG-THROUGHPUT | 35,740 req/sec | 6,913 req/sec | 7,365 req/sec |
| MIN-THROUGHPUT | 13,418 req/sec | 0 req/sec | 195 req/sec |
| FASTEST-LATENCY | 5.1907 ms | 6.7527 ms | 17.7190 ms |
| AVG-LATENCY | 27.9170 ms | 55.4371 ms | 67.8635 ms |
| SLOWEST-LATENCY | 129.6517 ms | 4427.4805 ms | 2665.0249 ms |
| Latency p10 | 12.783090 ms | 15.327740 ms | 29.877078 ms |
| Latency p25 | 16.081346 ms | 21.706332 ms | 33.992948 ms |
| Latency p50 | 22.047040 ms | 37.275107 ms | 40.148835 ms |
| Latency p75 | 35.297635 ms | 57.453429 ms | 54.282575 ms |
| Latency p90 | 53.916881 ms | 79.224931 ms | 109.468689 ms |
| Latency p95 | 60.144462 ms | 93.233345 ms | 235.236038 ms |
| Latency p99 | 73.229996 ms | 456.307896 ms | 464.681161 ms |
| Latency p99.9 | 94.903421 ms | 2128.132040 ms | 801.018344 ms |
| SERVER-TOTAL-NETWORK-RX-DATA-SUM | 5.0 GB | 5.8 GB | 5.6 GB |
| SERVER-TOTAL-NETWORK-TX-DATA-SUM | 3.8 GB | 4.7 GB | 4.4 GB |
| CLIENT-TOTAL-NETWORK-RX-SUM | 277 MB | 384 MB | 207 MB |
| CLIENT-TOTAL-NETWORK-TX-SUM | 1.4 GB | 1.4 GB | 1.5 GB |
| SERVER-MAX-CPU-USAGE | 406.67 % | 492.00 % | 405.40 % |
| SERVER-MAX-MEMORY-USAGE | 1.2 GB | 17 GB | 4.9 GB |
| CLIENT-MAX-CPU-USAGE | 468.00 % | 208.00 % | 189.00 % |
| CLIENT-MAX-MEMORY-USAGE | 112 MB | 4.2 GB | 87 MB |
| CLIENT-ERROR-COUNT | 0 | 5,451 | 0 |
| SERVER-AVG-READS-COMPLETED-DELTA-SUM | 78 | 247 | 12 |
| SERVER-AVG-SECTORS-READS-DELTA-SUM | 0 | 0 | 0 |
| SERVER-AVG-WRITES-COMPLETED-DELTA-SUM | 97,145 | 335,863 | 660,796 |
| SERVER-AVG-SECTORS-WRITTEN-DELTA-SUM | 20,655,776 | 48,217,560 | 71,342,952 |
| SERVER-AVG-DISK-SPACE-USAGE | 2.6 GB | 10 GB | 2.9 GB |

图 2-12 etcd 与 ZooKeeper、Consul 性能对比

ZooKeeper 和 etcd 可用于解决的问题：分布式系统的协同和元数据存储。然而，etcd 却有着 ZooKeeper 的设计和实现的后见之明，ZooKeeper 最大的问题就是太复杂了，etcd 吸取了 ZooKeeper 的教训后具备更好的工程和运维体验。

etcd 与 ZooKeeper 相比，其改进之处在于如下几个方面。

- 动态的集群节点关系重配置。

- 高负载条件下的稳定读写。
- 多版本并发控制的数据模型。
- 持久、稳定的 watch 而不是简单的单次触发式 watch。ZooKeeper 的单次触发式 watch 是指监听到一次事件之后，需要客户端重新发起监听，这样，ZooKeeper 服务器在接收到客户端的监听请求之前的事件是获取不到的，而且在两次监听请求的时间间隔内发生的事件，客户端也是没法感知的。etcd 的持久监听是每当有事件发生时，就会连续触发，不需要客户端重新发起监听。
- 租约（lease）原语实现了连接和会话的解耦。
- 安全的分布式共享锁 API。

另外，etcd 广泛支持各种各样的语言和框架，但 ZooKeeper 只有它自己的客户端协议——Jute RPC 协议。Jute 是 ZooKeeper 独一无二的协议，且只在特定的语言库（Java 和 C）中绑定。etcd 的客户端协议是 gRPC，它是一个流行的 RPC 框架，支持的语言有 Go、C++、Java 等。gRPC 也能序列化成通过 HTTP 传输的 JSON，所以通用的命令行工具 curl 也能与它进行交互。这就为分布式系统的构建者提供了丰富的选择，他们能够用操作系统原生的工具来构建而不是非得围绕 etcd 用指定的技术。

归根结底，etcd 和 ZooKeeper 的差异是因为设计理念的不同而造成的。etcd 对自己的定位是云计算的基础设施——很多上层系统，例如 Kubernetes、CloudFoundry、Mesos 等都对稳定性、扩展性有更高的要求。由于理念的不同，导致了设计上的很多不同。比如 etcd 会支持稳定的 watch 而不是简单的单次触发式的 watch，因为很多调度系统是需要得到完整历史记录的。etcd 支持 MVCC，因为可能会有协同系统需要无锁操作，等等。etcd（v3）努力做到的每秒 1 万次以上的写和每秒 10 万次以上的读的性能也是因为云基础设施拥有更多的大规模场景。

### 2.5.2 Consul VS etcd

Consul 是一个端到端的服务发现框架，用于提供健康检查、故障检测和 DNS 服务。从 etcd 的角度来看，Consul 的 key-value 存储的性能偏弱，API 让人感觉难以理解。直到 0.7 版本，Consul 的存储系统尚不能进行很好的扩展，当系统中有上百万的 key 时，内存消耗和时延就会变得很高。一些重要的特性会缺失，比如，多版本控制、条件事务和可靠的流 watch 等，而这些特性在分布式系统里都是非常重要的。

etcd 和 Consul 可用于解决不同的问题。如果是为了分布式系统的一致性 key-value 存储的话，那么 etcd 将会是更好的选择。如果是端到端的集群服务发现，那么 etcd 就没有足够的特性，Consul 会是更好的选择。

### 2.5.3 NewSQL（Cloud Spanner、CockroachDB、TiDB）VS etcd

etcd 和那些所谓的 NewSQL（例如，Cockroach、TiDB 和 Google Spanner）都可以提供数据强一致保证和高可用。然而，两者在系统设计上的显著差别导致了明显不同的客户端 API 和性能特点。

NewSQL 数据库的重心在于跨数据中心的水平扩展。这些系统典型地跨多个一致性复制组（分片）划分数据，这些数据在地理上一般是分隔的，而且数据量在 TB 级别。这种类型的扩展让它们在分布式协同方面表现得比较差——因为等待数据同步的时延实在是太高了。这些数据会组织成 SQL 类型的表，因此 NewSQL 比 etcd 具备更高的查询能力，当然，同时也增加了 NewSQL 额外的处理和查询优化的复杂性。

简而言之，etcd 更适合存储元数据或协同分布式应用。而 NewSQL 数据库更适合于存储 GB 级别的数据或需要完整 SQL 查询能力的场景。

etcd 会将所有的数据都复制到一个单独的一致性复制组中，它将对存储多达 GB 的数据用一致性进行排序，这是最高效的方式。集群状态的每次修改（可能改变多个 key），都会赋予这些修改一个独一无二的 ID，该 ID 在 etcd 中称为版本号（revision），出于排序的原因，该版本号是单调递增的。由于只有一个复制组，因此修改请求只需要经过 Raft 协议即可提交。通过限制一致性到一个复制组，etcd 用一个简单的协议就达成了分布式一致性，并且时延低，吞吐高。

不过，etcd 后端的数据因为缺乏数据分片而无法横向扩展。与之对应的是，NewSQL 数据库通常将数据分片分散到不同的一致性复制组，并将数据按照 TB 的级别进行存储。然而，为了对每次修改赋予一个全局的、独一无二的、单调递增的 ID，每个请求都必须经过一个额外的不同复制组之间的协同协议。这种额外的协同步骤可能会导致全局 ID 的冲突，并强制要求顺序请求重试。为了实现严格的请求顺序性，这种复杂做法所导致的结果就是性能较差。

如果主要应用场景是操作元数据或要求元数据的操作是顺序的，例如协同过程，那么选择 etcd 将是没错的。如果应用场景是跨数据中心存储海量数据，并且不用强依赖全局强顺序性，那么这种情况下应选择 NewSQL 数据库。

### 2.5.4 使用 etcd 做分布式协同

etcd 具有分布式协同原语，例如，事件 watch、租约、选举和分布式共享锁等。这些原语都是由 etcd 开发者支持和维护的，etcd 的开发者认为把这些原语丢给外部库相当于变相推卸开发一个基础的分布式软件的责任，会让系统变得不完整。NewSQL 数据库通常希望让第三方库实现分布式协同原语。类似地，ZooKeeper 有一个著名的独立和分开的协同库。而提供原生分布式锁 API 的 Consul 则申明并这不是一个“防弹的方法”。

理论上，可以在任何提供强一致的存储系统之上构建上述的分布式协同原语。但是，分布式协同的算法（分布式锁算法）也不简单，尤其是还要考虑惊群和时钟跳变等问题。此外，etcd 还支持其他的原语，例如事务性内存依赖 etcd 的多版本并发控制数据模型，仅仅依赖强一致性协议是不够的。

因此，对于分布式协同，建议使用 etcd，以避免花费不必要的人力。

### 2.5.5 小结

Consul 的优势在于服务发现，etcd 的优势在于配置信息共享和方便运维，ZooKeeper 的优势在于稳定性。因为设计思路的不同，因此在原生接口和提供服务方式方面，etcd 更适合作为集群配置服务器，用来存储集群中的大关键数据。它所具有的 REST 接口也可以让集群中的任意一个节点在使用 key/value 服务时获取方便。

## 2.6 使用 etcd 的项目

业界有如下一些使用 etcd 的知名项目。

- CoreOS（容器 Linux）：CoreOS 原子、零宕机的 Linux 内核升级。
- 为开源容器编排引擎 Kubernetes 存储各类资源对象，以及作为其后端组件服务发现（使用 etcd 的 watch API 监控集群状态和重要配置的更新）的基础。
- 为开源 PaaS 平台 Cloud Foundry 提供监控模块 hm9000 存储应用状态信息，并为其提供全局锁服务。
- 为 fleet、locksmith、vulcand、Doorman 等项目提供分布式可靠 KV 存储解决方案。

更多详情请参见 https://github.com/coreos/etcd/blob/master/Documentation/production-users.md。

## 2.7　etcd 概念词汇表

- Raft：etcd 所采用的保证分布式系统强一致性的算法。
- Node：一个 Raft 状态机实例。
- Member：一个 etcd 实例。它管理着一个 Node，并且可以为客户端请求提供服务。
- Cluster：由多个 Member 构成的，遵循 Raft 一致性协议的 etcd 集群。
- Peer：对同一个 etcd 集群中另外一个 Member 的叫法。
- Client：凡是连接 etcd 服务器请求服务的，譬如，获取 key-value、写数据或 watch 更新的程序，都统称为 Client。
- Proposal：一个需要经过 Raft 一致性协议的请求，例如，写请求或配置更新请求。
- Quorum：Raft 协议需要的、能够修改集群状态的、活跃的 etcd 集群成员数量称为 Quorum(法定人数)。通俗地讲，即 etcd 集群成员的半数以上。etcd 使用仲裁机制，若集群中存在几个节点，那么集群中有（n+1）/2 个节点达成一致，则操作成功。建议的最优节点数量为 3，5，7。大多数用户场景中，一个包含 7 个节点的集群是足够的。更多的节点（比如 9，11 等）可以最大限度地保证数据安全，但是写性能会受影响，因为需要向更多的集群写入数据。
- WAL：预写式日志，etcd 用于持久化存储的日志格式。
- Snapshot：etcd 集群状态在某一时间点的快照（备份），etcd 为防止 WAL 文件过多而设置的快照，用于存储 etcd 的数据状态。
- Proxy：etcd 的一种模式，为 etcd 集群提供反向代理服务。
- Leader：Raft 算法中通过竞选而产生的处理所有数据提交的节点。
- Follower：竞选失败的节点作为 Raft 中的从属节点，为算法提供强一致性保证。
- Candidate：当 Follower 超过一定的时间还接收不到 Leader 的心跳时转

变为 Candidate 开始竞选。

- ❑ Term：某个节点从成为 Leader 到下一次竞选的时间，称为一个 Term。
- ❑ Index：WAL 日志数据项编号。Raft 中通过 Term 和 Index 来定位数据。
- ❑ Key：用户定义的用于存储和获取用户定义数据的标识符。
- ❑ Key space：键空间，etcd 集群内所有键的集合。
- ❑ Revision：etcd 集群范围内 64 位的计数器，键空间的每次修改都会导致该计数器的增加。
- ❑ Modification Revision：一个 key 最后一次修改的 revision。
- ❑ Lease：一个短时的（会过期），可续订的契约（租约），当它过期时，就会删除与之关联的所有键。
- ❑ Transition：事务，一个自动执行的操作集，要么一块成功，要么一块失败。
- ❑ Watcher：观察者，etcd 最具特色的概念之一。客户端通过打开一个观察者来获取一个给定键范围的更新。
- ❑ Key Range：键范围，一个键的集合，这个集合既可以是只有一个 key 或者是在一个字典区间，例如 (a, b]，或者是大于某个 key 的所有 key。
- ❑ Endpoint：指向 etcd 服务或资源的 URL。
- ❑ Compaction：etcd 的压缩（Compaction）操作，丢弃所有 etcd 的历史数据并且取代一个给定 revision 之前的所有 key。压缩操作通常用于重新声明 etcd 后端数据库的存储空间。其与 Raft 的日志压缩是一个原理。
- ❑ key version：键版本，即一个键从创建开始的写（修改）次数，从 1 开始。一个不存在或已删除的键版本是 0。其与 revision 的概念不同。

## 2.8 etcd 发展里程碑

在撰写本书时，etcd 的最新版本是 3.x。etcd 项目发展至今，有 3 个重要的、可以成为里程碑的版本，分别是 etcd 0.4、etcd 2.0 和 etcd 3.0。

### 2.8.1　etcd 0.4 版本

etcd 0.4 版本是 etcd 对外发布的第一个稳定版本，很多特性均在这个版本成型。比如如下几个特性。

1）使用 Raft 算法做分布式协同。

2）HTTP + JSON 的 API。

3）使用 SSL 客户端证书验证。

4）基准测试在每个实例中每秒写入 1000 次等。

### 2.8.2　etcd 2.0 版本

etcd 2.0 版本是 etcd 第一个真正意义上的大版本，其引入了如下几个重要特性。

1）内部 etcd 协议的优化能够有效避免意外的错误配置。

2）etcdctl 增加了 backup 子命令，便于从集群异常中恢复数据。

3）运行时动态更新集群 member 配置，通过 etcdctl 客户端的 member 子命令：member list/add/remove 动态查看集群信息和调整集群大小。

4）通过 CRC 校验和 append-only 的行为提高了存盘数据的安全性。

5）优化的 Raft 一致性算法实现，该实现会被其他项目，例如 CockroachDB 引用。

6）etcd 的 TCP 2379/2380 端口正式成为 IANA（The Internet Assigned Numbers Authority，互联网数字分配机构）官方分配的端口。

### 2.8.3　etcd 3.0 版本

etcd 3.0 版本在 etcd 2.0 的基础上引入了多处优化，可以说是万众瞩目，千呼万唤始出来，并且一经发布即引起了巨大的轰动。优化内容具体如下。

1）提升了整体吞吐率、降低了时延，通过 gRPC API 降低了 Raft 协议调用的开销，提高了 WAL 的磁盘利用率。

2）全新的存储后端带来了每个 key 平均内存开销的减少。

3）自动的 TLS 配置（可能需要用户提供 ca 证书）。

4）扁平的二进制键空间：摒弃了 v2 的 key-value 层级和目录。

5）全新的 v3 API，支持基于 key 为前缀和范围的 get/watch。

6）多版本的键空间：允许访问历史版本的 key。

7）事务：将对 etcd 服务的多个请求合并成一个操作。

8）租约：允许一组 key 共享一个 TTL。

9）监控 / 告警：通过存储配额保护 etcd 免受偶然发生的超额使用。

如果想要更加细致地了解每个 etcd 发布版本的新特性和重要改变，请查看 etcd 发布的各个版本的 CHANGELOG。

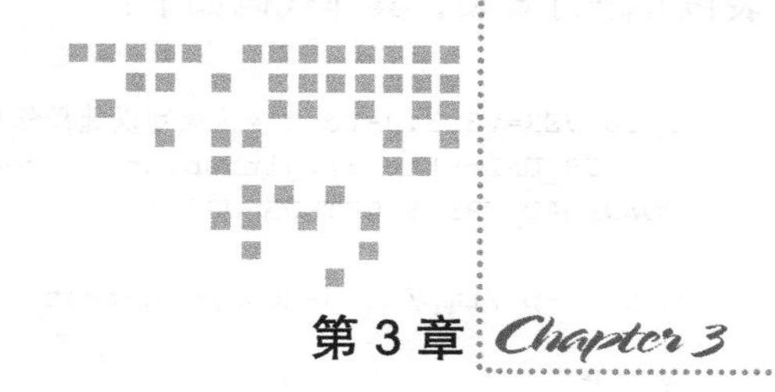

第 3 章 Chapter 3

# etcd 初体验

在初步了解 etcd 之后，本章将介绍 etcd 的安装、部署和简单命令行使用。

## 3.1 单机部署

对于搭建开发和测试环境，最简单和快捷的方式是在本地部署一个单机版或集群版的 etcd 环境。至于生产环境，后面的章节中会详细介绍。

### 3.1.1 单实例 etcd

运行一个单节点的 etcd 并不是什么难事。etcd 社区提供了编译好的 etcd 服务器和客户端的二进制文件以供下载，当然也可以只下载源码自行从头编译。

#### 1. Linux 环境

下面的脚本演示了在 Linux 环境下如何直接下载一个已经编译好的 etcd 安

装包并进行安装，具体代码如下：

```
ETCD_VER=v3.3.0-rc.2 #这里可以选择任意一个etcd版本
GITHUB_URL=https://github.com/coreos/etcd/releases/download
DOWNLOAD_URL=${GITHUB_URL}

mkdir -p /tmp/etcd-download-test

# 下载
curl -L ${DOWNLOAD_URL}/${ETCD_VER}/etcd-${ETCD_VER}-linux-amd64.tar.gz
-o /tmp/etcd-${ETCD_VER}-linux-amd64.tar.gz

# 解压
tar xzvf /tmp/etcd-${ETCD_VER}-linux-amd64.tar.gz -C /tmp/etcd-download-
test --strip-components=1

# 移除安装包
rm -f /tmp/etcd-${ETCD_VER}-linux-amd64.tar.gz
```

可以看出，安装 etcd 非常简单，无须任何额外的依赖，这对简化运维来说是个福音。启动 etcd 只需要一条命令即可（使用默认参数），具体命令如下：

```
/tmp/etcd-download-test/etcd
```

可以通过以下命令检查 etcd server 版本（支持离线查询，即不论 etcd server 是否已经运行）：

```
# 检查etcd server版本
/tmp/etcd-download-test/etcd --version
```

启动的 etcd 进程默认在 2379 端口监听来自客户端的请求。用户可以使用 etcd 的命令行工具 etcdctl 与 etcd server 进行交互，具体命令如下所示：

```
# 写入一个键值对，{foo: bar}
ETCDCTL_API=3 /tmp/etcd-download-test/etcdctl --endpoints=localhost:2379
put foo bar
OK
# 读取键为foo的值
ETCDCTL_API=3 /tmp/etcd-download-test/etcdctl --endpoints=localhost:2379
get foo
bar
```

### 2. macOS（Darwin）环境

下面的脚本演示了如何在MacBook里直接下载一个已经编译好的etcd安装包并进行安装，具体命令如下所示：

```
ETCD_VER=v3.3.0-rc.2 #这里可以选择任意一个etcd版本
GITHUB_URL=https://github.com/coreos/etcd/releases/download
DOWNLOAD_URL=${GITHUB_URL}

rm -f /tmp/etcd-${ETCD_VER}-darwin-amd64.zip
rm -rf /tmp/etcd-download-test && mkdir -p /tmp/etcd-download-test

curl -L ${DOWNLOAD_URL}/${ETCD_VER}/etcd-${ETCD_VER}-darwin-amd64.zip -o
/tmp/etcd-${ETCD_VER}-darwin-amd64.zip
unzip /tmp/etcd-${ETCD_VER}-darwin-amd64.zip -d /tmp && rm -f /tmp/etcd-
${ETCD_VER}-darwin-amd64.zip
mv /tmp/etcd-${ETCD_VER}-darwin-amd64/* /tmp/etcd-download-test && rm -rf
mv /tmp/etcd-${ETCD_VER}-darwin-amd64

# 运行etcd server
/tmp/etcd-download-test/etcd

# 检查etcd server版本
/tmp/etcd-download-test/etcd --version

# 检查etcd命令行工具版本
ETCDCTL_API=3 /tmp/etcd-download-test/etcdctl version
```

### 3. Docker环境

etcd还能在容器里运行，具体命令如下所示：

```
# 下面的这些etcd server启动参数在后面的章节中会有详细说明
docker run \
    -p 2379:2379 \
    -p 2380:2380 \
    --mount type=bind,source=/tmp/etcd-data.tmp,destination=/etcd-data \
    --name etcd-gcr-v3.3.0-rc.2 \
    gcr.io/etcd-development/etcd:v3.3.0-rc.2 \
    /usr/local/bin/etcd \
    --name s1 \
    --data-dir /etcd-data \
    --listen-client-urls http://0.0.0.0:2379 \
```

```
    --advertise-client-urls http://0.0.0.0:2379 \
    --listen-peer-urls http://0.0.0.0:2380 \
    --initial-advertise-peer-urls http://0.0.0.0:2380 \
    --initial-cluster s1=http://0.0.0.0:2380 \
    --initial-cluster-token tkn \
    --initial-cluster-state new

# 检查etcd server版本
docker exec etcd-gcr-v3.3.0-rc.2 /bin/sh -c "/usr/local/bin/etcd
--version"

# 检查etcd命令行工具版本
docker exec etcd-gcr-v3.3.0-rc.2 /bin/sh -c "ETCDCTL_API=3 /usr/local/
bin/etcdctl version"

# 通过etcd命令行检查etcd每个节点的健康状况
docker exec etcd-gcr-v3.3.0-rc.2 /bin/sh -c "ETCDCTL_API=3 /usr/local/
bin/etcdctl endpoint health"

# 测试向etcd读写数据
docker exec etcd-gcr-v3.3.0-rc.2 /bin/sh -c "ETCDCTL_API=3 /usr/local/
bin/etcdctl put foo bar"
docker exec etcd-gcr-v3.3.0-rc.2 /bin/sh -c "ETCDCTL_API=3 /usr/local/
bin/etcdctl get foo"
```

### 3.1.2 多实例 etcd

etcd server 默认使用 2380 端口监听集群中其他 server 的请求，但是如果在同一台机器上有多个 etcd server 都在同一个端口上监听，那么会导致端口冲突。作为示例，我们分别让 3 个 etcd server 监听在 12380、22380、32380 端口上。同理，如果有更多的 etcd server，则需要让它们分别监听在不同的端口上。下面这个例子是利用 goreman 来启动一个有 3 个实例的 etcd 集群，具体命令如下所示：

```
# 安装goreman
$ go get github.com/mattn/goreman
$ cat local-cluster-profile
# etcd1的配置信息
etcd1: bin/etcd --name infra1 --listen-client-urls http://127.0.0.1:2379
    --advertise-client-urls http://127.0.0.1:12379 --listen-peer-
    urls http://127.0.0.1:12380 --initial-advertise-peer-urls
```

```
    http://127.0.0.1:12380 --initial-cluster-token etcd-cluster-1
    --initial-cluster 'infra1=http://127.0.0.1:12380,infra2=http://127.0.
    0.1:22380,infra3=http://127.0.0.1:32380' --initial-cluster-state new
# etcd2的配置信息
etcd2: bin/etcd --name infra2 --listen-client-urls http://127.0.0.1:22379
    --advertise-client-urls http://127.0.0.1:22379 --listen-peer-
    urls http://127.0.0.1:22380 --initial-advertise-peer-urls
    http://127.0.0.1:22380 --initial-cluster-token etcd-cluster-1
    --initial-cluster 'infra1=http://127.0.0.1:12380,infra2=http://127.0.
    0.1:22380,infra3=http://127.0.0.1:32380' --initial-cluster-state new
# etcd3的配置信息
etcd3: bin/etcd --name infra3 --listen-client-urls http://127.0.0.1:32379
    --advertise-client-urls http://127.0.0.1:32379 --listen-peer-
    urls http://127.0.0.1:32380 --initial-advertise-peer-urls
    http://127.0.0.1:32380 --initial-cluster-token etcd-cluster-1
    --initial-cluster 'infra1=http://127.0.0.1:12380,infra2=http://127.0.
    0.1:22380,infra3=http://127.0.0.1:32380' --initial-cluster-state new

# 用goreman启动etcd集群
$ goreman -f local-cluster-profile start
```

同理，为了避免端口冲突，启动的etcd集群的各server分别会在localhost的12379、22379和32379端口上监听来自客户端的请求。

用户可以使用etcd的命令行工具etcdctl与启动的集群进行交互，例如，访问任意一个etcd server获取集群member信息，对应的命令就是member list。etcdctl默认访问localhost:2379，可以通过"--endpoints"参数来指定etcd server的地址，具体命令如下所示：

```
$ etcdctl --endpoints=localhost:12379 member list
6e3bd23ae5f1eae0: name=infra1 peerURLs=http://localhost:12380 clientURLs=h
    ttp://127.0.0.1:12379
924e2e83e93f2560: name=infra2 peerURLs=http://localhost:22380 clientURLs=h
    ttp://127.0.0.1:22379
a8266ecf031671f3: name=infra3 peerURLs=http://localhost:32380 clientURLs=h
    ttp://127.0.0.1:32379
```

其中，peer URLs指的是该etcd server向其他member暴露的通信地址，例如，如果etcd1和etcd2要与etcd3通信，使用的URL就是http://localhost:32380。而clientURLs指的就是该etcd server向客户端暴露的通信地址。例如，如果客户端要与etcd2进行通信，使用的URL则是http://127.0.0.1:32379。

下面测试向etcd集群写入数据，同样可以选择任意节点，这次通过“--endpoints”参数来选择etcd2，具体命令如下所示：

```
$ etcdctl --endpoints=127.0.0.1:22379 put foo bar
OK
```

如果想要提前体验一下etcd的容灾能力，那么可以先杀掉任意一个etcd server，然后看其能否再连接上集群，示例代码如下所示：

```
# 停止etcd1进程
$ goreman run stop etcd1
# 读写数据不受影响
$ etcdctl put key hello
OK
$ etcdctl get key
hello
# 但是如果尝试强制连接被停止的etcd server
$ etcdctl --endpoints=localhost:12379 get key
Error:  grpc: timed out trying to connect
# 重启etcd1
goreman run restart etcd1
# 显式连接etcd1
$ etcdctl --endpoints=localhost:12379 get key
hello
```

从上面的操作可知，一个etcd server的故障并不会影响一个三个节点的etcd集群对外正常服务。

## 3.2 多节点集群化部署

本节将讲述以下两种etcd集群的启动方式。

- 静态配置
- 服务发现

每种启动方式都会创建一个三个节点的etcd集群，节点信息如下所示：

```
| Name   | Address   | Hostname          |
| ------ | --------- | ----------------- |
| infra0 | 10.0.1.10 | infra0.example.com |
| infra1 | 10.0.1.11 | infra1.example.com |
| infra2 | 10.0.1.12 | infra2.example.com |
```

### 3.2.1 静态配置

静态配置这种方式比较适用于线下环境。由于etcd集群中各member需要相互感知到对方，因此在启动时会对集群有一定的要求，具体包括如下两个方面。

- 集群节点个数已知。
- 集群各节点的地址已知。

集群各节点的地址信息是在etcd启动时通过“--initial-cluster”参数传入的。需要注意的是，“--initial-cluster”参数指定的URL就是集群各节点所谓的advertised peer URLs，它们需要与etcd集群对应节点的“--initial-advertise-peer-urls”配置值相匹配。“--initial-cluster”参数的格式是[节点名1=URL，节点名2=URL2...]，多个节点信息之间以逗号进行分隔，例如，“--initial-cluster infra0=http://10.0.1.10:2380，infra1=http://10.0.1.11:2380，infra2=http://10.0.1.12:2380”。

如果在测试过程中频繁地使用相同的配置创建或销毁一个集群，为了避免不同集群的etcd节点进行交互，导致信息紊乱，那么强烈建议为每个集群赋予一个独一无二的token，并通过“--initial-cluster-token”参数传入。这样，即使使用的是同一份配置，etcd也能为每个集群生成独一无二的cluster ID和member ID。

etcd server在“--listen-client-urls”指定的IP/主机名+端口上监听客户端请求。而“--advertise-client-urls”指定的该成员的客户端URL则会向集群的其他成员发布——要知道，etcd server之间是可以重定向请求的，比如，

Follower 节点可将客户端的写请求重定向给 Leader 节点。

---

注意 如果你要使用 etcd 的 proxy 特性，那么请慎用 http://localhost:2379 作为“--advertise-client-urls”的参数，这将导致死循环。因为 etcd proxy 将会优先把请求重定向给自己，直到本节点的内存、文件描述符等资源被耗尽为止。

---

以上三个 etcd 节点的启动参数可以配置成下面这样：

```
# etcd1
$ etcd --name infra0 --initial-advertise-peer-urls http://10.0.1.10:2380 \
    --listen-peer-urls http://10.0.1.10:2380 \
    --listen-client-urls http://10.0.1.10:2379,http://127.0.0.1:2379 \
    --advertise-client-urls http://10.0.1.10:2379 \
    --initial-cluster-token etcd-cluster-1 \
    --initial-cluster
    infra0=http://10.0.1.10:2380,infra1=http://10.0.1.11:2380,infra2=http://10.0.1.12:2380\
    --initial-cluster-state new
# etcd2
$ etcd --name infra1 --initial-advertise-peer-urls http://10.0.1.11:2380 \
    --listen-peer-urls http://10.0.1.11:2380 \
    --listen-client-urls http://10.0.1.11:2379,http://127.0.0.1:2379 \
    --advertise-client-urls http://10.0.1.11:2379 \
    --initial-cluster-token etcd-cluster-1 \
    --initial-cluster
    infra0=http://10.0.1.10:2380,infra1=http://10.0.1.11:2380,infra2=http://10.0.1.12:2380 \
    --initial-cluster-state new
# etcd3
$ etcd --name infra2 --initial-advertise-peer-urls http://10.0.1.12:2380 \
    --listen-peer-urls http://10.0.1.12:2380 \
    --listen-client-urls http://10.0.1.12:2379,http://127.0.0.1:2379 \
    --advertise-client-urls http://10.0.1.12:2379 \
    --initial-cluster-token etcd-cluster-1 \
    --initial-cluster
    infra0=http://10.0.1.10:2380,infra1=http://10.0.1.11:2380,infra2=http://10.0.1.12:2380 \
    --initial-cluster-state new
```

一旦集群启动，后续“--initial-cluster”参数的更新将会被忽略。如果真要修改集群配置，就要用到运行时重配置特性了，下面的章节中会有专门的说明。

**常见错误案例**

例如，有如下示例代码：

```
$ etcd --name infra1 --initial-advertise-peer-urls http://10.0.1.11:2380 \
    --listen-peer-urls https://10.0.1.11:2380 \
    --listen-client-urls http://10.0.1.11:2379,http://127.0.0.1:2379 \
    --advertise-client-urls http://10.0.1.11:2379 \
    --initial-cluster infra0=http://10.0.1.10:2380 \
    --initial-cluster-state new
etcd: infra1 not listed in the initial cluster config
exit 1
```

上面的错误案例是因为 infra1 这个节点没有包含在枚举的 node 列表（初始集群为 member 列表）中。下面再来看一个错误示例代码：

```
$ etcd --name infra0 --initial-advertise-peer-urls http://127.0.0.1:2380 \
    --listen-peer-urls http://10.0.1.10:2380 \
    --listen-client-urls http://10.0.1.10:2379,http://127.0.0.1:2379 \
    --advertise-client-urls http://10.0.1.10:2379 \
    --initial-cluster
        infra0=http://10.0.1.10:2380,infra1=http://10.0.1.11:2380,infra2=
            http://10.0.1.12:2380 \
    --initial-cluster-state=new
etcd: error setting up initial cluster: infra0 has different advertised
    URLs in the cluster and advertised peer URLs list
exit1
```

上面的错误案例是因为节点 infra0 映射的地址是 127.0.0.1:2380，与初始集群 member 列表中 infra0 的地址 http://10.0.1.10:2380 不匹配。etcd 允许在多个地址上监听，但这些地址都要求直接映射到“--initial-cluster”配置参数中。下面再来看一个错误示例代码：

```
$ etcd --name infra3 --initial-advertise-peer-urls http://10.0.1.13:2380 \
    --listen-peer-urls http://10.0.1.13:2380 \
    --listen-client-urls http://10.0.1.13:2379,http://127.0.0.1:2379 \
    --advertise-client-urls http://10.0.1.13:2379 \
    --initial-cluster
    infra0=http://10.0.1.10:2380,infra1=http://10.0.1.11:2380,infra3=http://10.0.1.13:2380 \
    --initial-cluster-state=new
etcd: conflicting cluster ID to the target cluster (c6ab534d07e8fcc4 !=
    bc25ea2a74fb18b0). Exiting.
exit 1
```

上面的错误案例是因为该节点的配置参数与集群的其他 member 不同，且试图加入到集群中。etcd 抛出了一个集群 ID 不匹配的错误就退出了。

### 3.2.2 服务发现

很多场景下，我们无法预知集群中各个成员的地址，比如我们通过云提供商动态地创建节点或者使用 DHCP 网络时是不知道集群成员地址的。这时候就不能使用上面的静态配置方式了，而是需要所谓的“服务自发现”。简单地说，etcd 服务自发现即为使用一个现有的 etcd 集群来启动另一个新的 etcd 集群。服务自发现包含两种模式，具体如下。

- etcd 自发现模式。
- DNS 自发现模式。

下文将逐一进行讨论。

#### 1. etcd 自发现模式

由于一个服务发现 URL 唯一标识一个 etcd 集群，因此在 etcd 自发现模式下，新的集群将不再复用这个已经存在的服务发现 URL，集群内的每个实例都会共享一个新的服务发现 URL 来启动新集群。同样，服务发现 URL 只能用于最初的集群启动，集群启动之后如果要更改集群的 member 信息，则需要参考运行时重配置。

通过自发现的方式启动 etcd 集群需要事先准备一个 etcd 集群。如果已经有了一个 etcd 集群，那么我们可以执行如下命令设定集群的大小，假设要将集群大小设置为 3，则相关代码具体如下：

```
$ curl -X PUT
https://myetcd.local/v2/keys/discovery/6c007a14875d53d9bf0ef5a6fc0257c817
    f0fb83/_config/size -d value=3
```

在这个例子中，服务发现URL是https://myetcd.local/v2/keys/discovery/6c007a14875d53d9bf0ef5a6fc0257c817f0fb83，然后要将这个URL地址作为“--discovery”参数来启动etcd。新的etcd实例会自动使用http://myetcd.local的/v2/keys/discovery/6c007a14875d53d9bf0ef5a6fc0257c817f0fb83目录来进行etcd的启动注册。另外，每个节点都必须要有一个能够唯一标识自己的“--name”选项，否则服务发现会因为重名而失败。最终在节点上执行的etcd启动的命令具体如下所示：

```
$ etcd --name infra0 --initial-advertise-peer-urls http://10.0.1.10:2380 \
    --listen-peer-urls http://10.0.1.10:2380 \
    --listen-client-urls http://10.0.1.10:2379,http://127.0.0.1:2379 \
    --advertise-client-urls http://10.0.1.10:2379 \
    --discovery https://myetcd.local/v2/keys/discovery/6c007a14875d53d9bf
        0ef5a6fc0257c817f0fb83

$ etcd --name infra1 --initial-advertise-peer-urls http://10.0.1.11:2380 \
    --listen-peer-urls http://10.0.1.11:2380 \
    --listen-client-urls http://10.0.1.11:2379,http://127.0.0.1:2379 \
    --advertise-client-urls http://10.0.1.11:2379 \
    --discovery https://myetcd.local/v2/keys/discovery/6c007a14875d53d9bf
        0ef5a6fc0257c817f0fb83

$ etcd --name infra2 --initial-advertise-peer-urls http://10.0.1.12:2380 \
    --listen-peer-urls http://10.0.1.12:2380 \
    --listen-client-urls http://10.0.1.12:2379,http://127.0.0.1:2379 \
    --advertise-client-urls http://10.0.1.12:2379 \
    --discovery https://myetcd.local/v2/keys/discovery/6c007a14875d53d9bf
        0ef5a6fc0257c817f0fb83
```

这样，每个新启动的etcd member都会通过现有的etcd进行自注册，一旦所有的member都注册完成，就组成了一个集群。如果没有现成的etcd集群可用，那么可以使用公网上的etcd（etcd官网提供了一个可以公网访问的etcd存储地址：https://discovery.etcd.io，可免费使用）进行服务发现。使用下面的命令即可创建一个新的服务发现URL，具体代码如下：

```
$ curl https://discovery.etcd.io/new?size=3
# 返回值
https://discovery.etcd.io/3e86b59982e49066c5d813af1c2e2579cbf573de
```

上述命令显示指定初始化集群的大小是3，即在公网etcd的https://discovery.etcd.io/3e86b59982e49066c5d813af1c2e2579cbf573de/_config目录下创建了一个size配置值，然后就可以将生成的URL导入环境变量ETCD_DISCOVERY中，或者直接作为启动参数“--discovery”传入。与使用自部署etcd服务发现不同的是，一些环境需要通过HTTP代理才能访问公网，etcd的启动参数“--discovery-proxy”或环境变量ETCD_DISCOVERY_PROXY支持配置HTTP代理服务器。同样，在完成了集群的初始化之后，这些信息就失去了作用。当需要增加节点时，使用etcdctl来进行操作。

为了安全，请务必于每次启动新etcd集群时，都使用新的discovery token进行注册。另外，如果初始化时启动的节点超过了指定的数量，那么多余的节点会自动转化为Proxy模式的etcd。

### 2. DNS自发现模式

DNS的SRV记录能够用于服务发现，因此etcd还支持使用DNS SRV记录进行启动。关于DNS SRV记录实现服务发现的方式，可以参阅RFC2782，我们要在DNS服务器上进行相应的配置才能实现etcd基于DNS的自发现模式。etcd的“--discovery-srv”选项支持能够查找服务发现SRV记录的DNS域名。DNS的配置步骤具体如下。

1）开启DNS服务器上SRV记录的查询，并添加相应的域名记录，使得查询到的结果类似于如下：

```
$ dig +noall +answer SRV _etcd-server._tcp.example.com
_etcd-server._tcp.example.com. 300 IN  SRV  0 0 2380 infra0.example.com.
_etcd-server._tcp.example.com. 300 IN  SRV  0 0 2380 infra1.example.com.
_etcd-server._tcp.example.com. 300 IN  SRV  0 0 2380 infra2.example.com.
```

2）分别为各个域名配置相关的A记录，并让其指向etcd核心节点对应的机器IP，使得查询结果类似于如下：

```
$ dig +noall +answer infra0.example.com infra1.example.com infra2.example.com
infra0.example.com. 300 IN  A   10.0.1.10
infra1.example.com. 300 IN  A   10.0.1.11
infra2.example.com. 300 IN  A   10.0.1.12
```

做好了上述两步DNS的配置，就可以使用DNS启动etcd集群了。配置DNS解析的url参数为“-discovery-srv”，其中某一个节点的启动命令具体如下：

```
$ etcd -name infra0 \
-discovery-srv example.com \
-initial-advertise-peer-urls http://infra0.example.com:2380 \
-initial-cluster-token etcd-cluster-1 \
-initial-cluster-state new \
-advertise-client-urls http://infra0.example.com:2379 \
-listen-client-urls http://infra0.example.com:2379 \
-listen-peer-urls http://infra0.example.com:2380
```

当然，也可以直接把节点的域名换成IP来启动。

## 3.3 etcdctl常用命令行

用户可以使用etcd的命令行工具etcdctl与etcd服务端进行交互。默认情况下，etcdctl使用v2的API，如果需要使用v3的API，则可以先导入以下环境变量。具体命令如下所示：

```
export ETCDCTL_API=3
```

下文将简单示范一下etcdctl常用命令的具体用法。

### 3.3.1 key的常规操作

#### 1. 写入一个key

所有存储的key都通过Raft协议被复制到etcd集群的所有节点上，Raft协议保证了数据的一致性和可靠性。向一个key写入一个值最简单的一条命令如下所示：

```
$ etcdctl put foo bar
OK
```

如果需要为这个 key 设置一个老化时间，比如 10 分钟，那么可以通过为它绑定一个“租约”(lease) 来实现，具体命令如下所示：

```
$ etcdctl put foo1 bar1 --lease=1234abcd
OK
```

以上命令用到的字符串“1234abcd”引用了一个有效期为 10 分钟的租约。十分钟之后再读取这个 key，就会返回一个 100 错误，表示该 key 不存在。

### 2. 读取一个 key

用户可以从一个 etcd 集群读取一个 key 或一个范围内的 key。假设集群内有如下键值对：

```
foo = bar
foo1 = bar1
foo2 = bar2
foo3 = bar3
```

读取一个 key 的值可以使用如下的命令：

```
$ etcdctl get foo
foo
bar
```

如果只需要打印 value 值，则加上选项“ --print-value-only”，具体命令如下所示：

```
$ etcdctl get foo --print-value-only
bar
```

可使用以下命令读取一个范围内的 key：

```
$ etcdctl get foo foo3
foo
bar
foo1
bar1
foo2
bar2
```

注意，上述命令所用到的范围是一个半开区间（左闭右开）：[foo, foo3 )。

遍历所有以 foo 为前缀的 key，具体命令如下所示：

```
$ etcdctl get --prefix foo
foo
bar
foo1
bar1
foo2
bar2
foo3
bar3
```

如果要限制输出结果的数量，可以使用“--limit”参数，具体命令如下所示：

```
$ etcdctl get --prefix --limit=2 foo
foo
bar
foo1
bar1
```

### 3. 读取老版本的 key

etcd 支持客户端读取老版本的 key，原因是有些应用程序将 etcd 当作一个配置中心来使用，有读取之前版本 key 的需求。例如，一个应用可以利用这个特性回滚到较早的某个版本的配置。因为对 etcd 后端存储的每次修改都会增加 etcd 集群全局的版本号（revision），所以只需要提供指定的版本号就能读取相应版本的 key。

假设 etcd 集群已经具有如下的 key：

```
foo = bar          # revision = 2
foo1 = bar1        # revision = 3
foo = bar_new      # revision = 4
foo1 = bar1_new    # revision = 5
```

以下例子将演示如何访问老版本的 key：

```
# 访问最近（当前）版本的key
$ etcdctl get --prefix foo
foo
bar_new
foo1
bar1_new

# 访问版本号为4时的key
$ etcdctl get --prefix --rev=4 foo
foo
bar_new
foo1
bar1

# 访问版本号为3时的key
$ etcdctl get --prefix --rev=3 foo
foo
bar
foo1
bar1
# 访问版本号为2时的key
$ etcdctl get --prefix --rev=2 foo
foo
bar
# 访问版本号为1时的key
$ etcdctl get --prefix --rev=1 foo
```

### 4. 按 key 的字段序来读取

当客户端希望读取大于或等于 key 的字节值时，可使用“ --from-key”参数来实现。假设 etcd 集群已经具有以下键值对：

```
a = 123
b = 456
z = 789
```

以下命令将读取字典序比 b 大的所有 key：

```
$ etcdctl get --from-key b
b
456
z
789
```

### 5. 删除key

用户可以删除一个etcd集群中的一个key或一个范围内的key。假设集群内有如下所示的键值对：

```
foo = bar
foo1 = bar1
foo3 = bar3
zoo = val
zoo1 = val1
zoo2 = val2
a = 123
b = 456
z = 789
```

依次进行如下操作。

删除一个key：

```
$ etcdctl del foo
1 # 删除key的个数：1
```

删除一个范围内的key：

```
$ etcdctl del foo foo9
2 # 删除key的个数：2
```

如果要在删除某个key的同时返回对应的value，则可以使用“--prev-kv”选项。示例代码如下所示：

```
$ etcdctl del --prev-kv zoo
1   # 删除key的个数：1
zoo # 删除的key
val # 删除的key对应的value
```

与 get 子命令类似，del 子命令也支持用“--prefix”参数删除以某个字符串为前缀的 key：

```
$ etcdctl del --prefix zoo
2 # 将删除2个key：zoo1和zoo2
```

del 子命令“--from-key”将删除字典序大于或等于某个字符串的所有 key：

```
$ etcdctl del --from-key b
2 # 将删除2个key：b和c
```

### 3.3.2 key 的历史与 watch

etcd 具有观察（watch）机制——一旦某个 key 发生变化，客户端就能感知到变化。对应到 etcdctl 就是 watch 子命令，除非该子命令捕获到退出信号量（例如，按 Ctrl+C 快捷键就能向 etcdctl 发送强制退出信号量），否则会一直等待而不会退出，子命令具体如下：

```
$ etcdctl watch foo
# 在另一个终端更新key foo的值
$ etcdctl put foo bar
PUT
foo
bar
```

以上命令演示的是 watch 一个 key，当然也可以 watch 一个范围内的 key，示例代码如下所示：

```
$ etcdctl watch foo foo9
# 在另一个终端更新key foo的值
$ etcdctl put foo bar
PUT
foo
bar
# 在另一个终端更新key foo1的值
$ etcdctl put foo1 bar1
PUT
foo1
bar1
```

watch以某个字符串为前缀的key时使用以下命令：

```
$ etcdctl watch --prefix foo
# 在另一个终端更新key foo的值
$ etcdctl put foo bar
PUT
foo
bar
# 在另一个终端更新key fooz1的值
$ etcdctl put fooz1 barz1
PUT
fooz1
barz1
```

watch子命令还支持交互（interactive）模式，使用“-i”选项可watch多个key，具体命令如下所示：

```
$ etcdctl watch -i
# 输入多个要watch的key
$ watch foo
$ watch zoo
# 在另一个终端更新key foo
$ etcdctl put foo bar
PUT
foo
bar
# 在另一个终端更新key foo1的值
$ etcdctl put foo1 bar1
PUT
zoo
val
```

### 1. 从某个版本号开始观察

watch某个key的所有变化时，这个功能非常有用。例如，一个应用可能希望得到某个key所有变化的通知，如果它一直与etcd保持连接则没问题，但是如果这个应用挂起了，而某个key又恰巧在这个时候发生了变化，那么这个应用会有很大的可能性没法及时接收到这个key的更新。为了保证key的变化不丢失，etcd支持客户端能够在任意时刻观察该key的所有变化。客户端只需要在调用watch API的时候指定一个版本号（就像上文描述的读取历史版本key

那样)，就可以获取这个 key 从该版本号起所有的变化信息。假设我们已经成功执行了以下的操作：

```
$ etcdctl put foo bar          # revision = 2
OK
$ etcdctl put foo1 bar1        # revision = 3
OK
$ etcdctl put foo bar_new      # revision = 4
OK
$ etcdctl put foo1 bar1_new    # revision = 5
OK
```

注意 revision=1 是 etcd 的保留版本号，因此用户的 key 版本号将从 2 开始。

下面的例子演示了从版本号 2 开始观察 key foo 的历史的所有变化，具体命令如下所示：

```
$ etcdctl watch --rev=2 foo
PUT
foo
bar
PUT
foo
bar_new
```

结合以上信息可以看出，foo 这个 key 在历史上经历了两次更新，分别发生在版本号为 2 和版本号为 4 时。watch 子命令的“ --prev-kv”选项指定返回该 key 修改前最近一个版本的 value，具体命令如下所示：

```
$ etcdctl watch --prev-kv foo
# 在另一个终端更新key foo:
$ etcdctl put foo bar_latest
PUT
foo         # key
bar_new     # 更新前的value
foo         # key
bar_latest  # 更新后的value
```

### 2. 压缩 key 版本

为了让客户端能够访问 key 过去任意版本的 value，etcd 会一直保存 key 所有历史版本的value。然而，etcd所占的磁盘空间不能无限膨胀，因此需要为etcd配置压缩key版本号来释放磁盘空间，具体代码如下所示：

```
# 压缩所有key版本号5之前的所有数据
$ etcdctl compact 5

$ etcdctl get --rev=4 foo
Error:  rpc error: code = 11 desc = etcdserver: mvcc: required revision
    has been compacted
```

在压缩key版本之前，用户需要认真权衡，因为压缩后的该版本之前所有key的value都将不可用。用户可以通过get一个key（不论存在与否均可以）来获取当前etcd服务端的版本号，具体代码如下所示：

```
$ etcdctl get mykey -w=json
{"header":{"cluster_id":14841639068965178418,"member_id":1027665774393297
    5437,"revision":15,"raft_term":4}}
```

通过上述代码可以看到，当前etcd的最新版本号是15。

### 3.3.3　租约

租约是etcd v3 API的特性。客户端可以为key授予租约（lease）。当一个key绑定一个租约时，它的生命周期便会与该租约的TTL（time-to-live）保持一致。每个租约都有一个由用户授予的最小TTL值，而租约的实际TTL值至少等于用户授予的TTL值，事实上，它很有可能会大于该值，这一切都由etcd来决定。如果某个租约的TTL超时了，那么该租约就会过期而且上面绑定的所有key都会被自动删除。以下命令将演示如何为一个租约授予一个TTL，以及如何为该租约绑定一个key，具体命令如下所示：

```
$ etcdctl lease grant 10
lease 32695410dcc0ca06 granted with TTL(10s)

$ etcdctl put --lease=32695410dcc0ca06 foo bar
OK
```

### 1. 撤销租约

客户端既然能够授予租约，也就能够撤销租约。下面就来接着上个例子说明一下如何撤销租约，具体命令如下所示：

```
$ etcdctl lease revoke 32695410dcc0ca06
lease 32695410dcc0ca06 revoked

$ etcdctl get foo
# v3 API没有任何输出表明该key在etcd中不存在
```

租约被撤销后将会删除绑定在上面的所有 key。

### 2. 续租

客户端也能通过刷新 TTL 的方式为租约维活，使它不过期。仍以上面的例子为例进行说明，具体命令如下所示：

```
$ etcdctl lease keep-alive 32695410dcc0ca06
lease 32695410dcc0ca06 keepalived with TTL(10)
lease 32695410dcc0ca06 keepalived with TTL(10)
lease 32695410dcc0ca06 keepalived with TTL(10)
......
```

如上代码所示，每次续租都发生在该租约快过期时，且续租的 TTL 等于最初授予的值。

### 3. 获取租约信息

用户可能想知道租约的详细信息，比如查看租约是否存在或过期，以及租期还剩下多长时间，或者查看绑定的所有 key。假设我们已经完成了以下操作：

```
# grant a lease with 500 second TTL
$ etcdctl lease grant 500
lease 694d5765fc71500b granted with TTL(500s)

# attach key zoo1 to lease 694d5765fc71500b
```

```
$ etcdctl put zoo1 val1 --lease=694d5765fc71500b
OK

# attach key zoo2 to lease 694d5765fc71500b
$ etcdctl put zoo2 val2 --lease=694d5765fc71500b
OK
```

以下命令将返回租约的 TTL 以及剩余时间：

```
$ etcdctl lease timetolive 694d5765fc71500b
lease 694d5765fc71500b granted with TTL(500s), remaining(258s)
```

使用“--keys”选项能够输出其上绑定的 keys，具体命令如下所示：

```
$ etcdctl lease timetolive --keys 694d5765fc71500b
lease 694d5765fc71500b granted with TTL(500s), remaining(132s), attached
    keys([zoo2 zoo1])

# 如果该租约不存在或已经过期了，那么这里将会返回以下信息：
Error:  etcdserver: requested lease not found
```

## 3.4 etcd 常用配置参数

etcd 可以通过命令行选项和环境变量配置启动参数。命令行参数选项与环境变量命名的关系是命令行选项的小写字母转换成环境变量的大写字母并加一个“ETCD_”前缀，形如“--my-flag”和“ETCD_MY_FLAG”，这条规则适用于所有配置项。

### 3.4.1 member 相关参数项

etcd member 相关参数及其说明如表 3-1 所示。

表 3-1 etcd member 相关参数项及说明

| 参 数 | 环境变量 | 含 义 | 默认值 | 备 注 |
|---|---|---|---|---|
| --name | ETCD_NAME | 标识该 member 的对人友好的名字 | default | |

（续）

| 参 数 | 环境变量 | 含 义 | 默认值 | 备 注 |
| --- | --- | --- | --- | --- |
| --data-dir | ETCD_DATA_DIR | 数据目录的路径 | ${name}.etcd | |
| --wal-dir | ETCD_WAL_DIR | WAL 文件专用目录 | "" | 如果该值被设置，那么 etcd 就会将 WAL 文件写入该目录，而不是数据目录 |
| --snapshot-count | ETCD_SNAPSHOT_COUNT | 触发一次磁盘快照的提交事务的次数 | 100000 | |
| --heartbeat-interval | ETCD_HEARTBEAT_INTERVAL | Leader 心跳时间间隔 | 100 | 单位：ms |
| --election-timeout | ETCD_ELECTION_TIMEOUT | 一次等待选举的超时时间 | 1000 | 单位：ms |
| --listen-peer-urls | ETCD_LISTEN_PEER_URLS | 集群节点之间通信监听的 URL | http://localhost:2380 | 如果指定的 IP 是 0.0.0.0，那么 etcd 会监听所有网卡的指定端口 |
| --listen-client-urls | ETCD_LISTEN_CLIENT_URLS | 监听客户端请求的 URL | http://localhost:2379 | 如果指定的 IP 是 0.0.0.0，那么 etcd 会监听所有网卡的指定端口 |
| --max-snapshots | ETCD_MAX_SNAPSHOTS | etcd 保存的最大快照文件数 | 5 | 0 代表无限制。Windows 上无限制，但建议定期手动删除 |
| --max-wals | ETCD_MAX_WALS | etcd 保存的 WAL 最大文件数 | 5 | 0 代表无限制。Windows 上无限制，但建议定期手动删除 |
| --cors | ETCD_CORS | 逗号分隔的跨域资源共享（CORS）白名单 | 空 | 0 代表无限制。Windows 上无限制，但建议定期手动删除 |

### 3.4.2 cluster 相关参数项

以“--initial”为前缀的选项用于一个 member 最初的启动过程和运行时，重启时则会被忽略。以“--discovery”为前缀的选项用于服务发现。cluster 相关参数项及说明具体如表 3-2 所示。

表 3-2 cluster 相关参数项列表

| 参数 | 环境变量 | 含义 | 默认值 | 备注 |
|---|---|---|---|---|
| --initial-advertise-peer-urls | ETCD_INITIAL_ADVERTISE_PEER_URLS | 该 member 的 peer URL。这些地址用于 etcd 数据在集群内进行交互 | http://localhost:2380 | 至少一个，必需能够对集群中的所有 member 均可路由，可以是域名 |
| --initial-cluster | ETCD_INITIAL_CLUSTER | 初始启动的集群配置 | default=http://localhost:2380 | key/value 形式，key 指每个节点 --"name"选项的值 |
| --initial-cluster-state | ETCD_INITIAL_CLUSTER_STATE | 初始化集群状态 | new | 当静态启动或当 DNS 服务发现所有 member 都存在时设置成 new。设置成 existing 时，etcd 会尝试加入一个已经存在的集群 |
| --initial-cluster-token | ETCD_INITIAL_CLUSTER_TOKEN | 集群初始化 token | | |
| -- discovery | ETCD_DISCOVERY | 最初创建一个集群的服务发现 URL | 空 | |
| --discovery-srv | ETCD_DISCOVERY_SRV | 最初创建一个集群的服务发现 DNS srv 域名 | 空 | |
| --discovery-fallback | ETCD_DISCOVERY_FALLBACK | 服务发现失败时的行为：proxy 或 exit | proxy | proxy 只支持 v2 的 API |
| --discovery-fallback | ETCD_DISCOVERY_FALLBACK | 服务发现失败时的行为：proxy 或 exit | proxy | proxy 只支持 v2 的 API |
| --discovery-proxy | ETCD_DISCOVERY_PROXY | 服务发现使用的 HTTP 代理 | 空 | |
| --strict-reconfig-check | ETCD_STRICT_RECONFIG_CHECK | 拒绝所有会引起 quorum 丢失的重配置 | false | |
| --auto-compaction-retention | ETCD_AUTO_COMPACTION_RETENTION | MVCC 键值存储不被自动压缩的时间 | 0 | 单位：h（小时）。0 意味着屏蔽自动压缩 |
| --enable-v2 | ETCD_ENABLE_V2 | 接受 etcd v2 的 API 请求 | true | |

## 3.4.3 proxy 相关参数项

以“--proxy”为前缀的选项配置 etcd 运行在 proxy 模式下。proxy 模式只支持 v2 API。相关参数和环境变量说明如表 3-3 所示。

表 3-3 proxy 相关参数项列表

| 参数 | 环境变量 | 含义 | 默认值 | 备注 |
|---|---|---|---|---|
| --proxy | ETCD_PROXY | 设置 proxy 模式与否：off、readonly、on | off | |
| --proxy-failure-wait | ETCD_PROXY_FAILURE_WAIT | 当后端发生错误时 proxy 下次发给它的等待时间 | 5000 | 单位：ms |
| --proxy-refresh-interval | ETCD_PROXY_REFRESH_INTERVAL | 后端刷新时间间隔 | 30 000 | 单位：ms |
| --proxy-dial-timeout | ETCD_PROXY_DIAL_TIMEOUT | 与后端建链的超时时间 | 1000 | 单位：ms。0 代表没有 timeout |
| --proxy-write-timeout | ETCD_PROXY_WRITE_TIMEOUT | 写后端的超时时间 | 5000 | 单位：ms。0 代表没有 timeout |
| --proxy-read-timeout | ETCD_PROXY_READ_TIMEOUT | 读后端的超时时间 | 0 | 单位：ms。0 代表没有 timeout |

## 3.4.4 安全相关参数项

安全相关参数用于构建一个安全的 etcd 集群，具体说明如表 3-4 所示。

表 3-4 安全相关参数项列表

| 参数 | 环境变量 | 含义 | 默认值 | 备注 |
|---|---|---|---|---|
| --ca-file | ETCD_CA_FILE | 客户端服务器 TLS CA 文件路径 | 空 | |
| --cert-file | ETCD_CERT_FILE | 客户端服务器 TLS 证书文件路径 | 空 | |
| --key-file | ETCD_KEY_FILE | 客户端服务器 TLS 密钥（key）文件路径 | 空 | |

(续)

| 参　数 | 环境变量 | 含　义 | 默认值 | 备　注 |
|---|---|---|---|---|
| --client-cert-auth | ETCD_CLIENT_CERT_AUTH | 是否开启客户端证书认证 | false | |
| --trusted-ca-file | ETCD_TRUSTED_CA_FILE | 客户端服务器TLS受信CA文件路径 | 空 | |
| --auto-tls | ETCD_AUTO_TLS | 客户端TLS是否使用自动生成的证书 | false | |
| --peer-cert-file | ETCD_PEER_CERT_FILE | 服务器TLS证书文件路径 | 空 | |
| --peer-key-file | ETCD_PEER_KEY_FILE | 服务器TLSkey文件路径 | 空 | |
| --peer-client-cert-auth | ETCD_PEER_CLIENT_CERT_AUTH | 是否启用peer客户端证书认证 | false | |
| --peer-trusted-ca-file | ETCD_PEER_TRUSTED_CA_FILE | 服务端TLS受信CA文件路径 | 空 | |
| --peer-auto-tls | ETCD_PEER_AUTO_TLS | 是否使用自动生成的证书 | false | |

## 3.4.5 日志相关参数项

etcd日志相关参数项的含义解析如表3-5所示。

表3-5 日志相关参数项列表

| 参　数 | 环境变量 | 含　义 | 默认值 | 备　注 |
|---|---|---|---|---|
| --debug | ETCD_DEBUG | 将etcd所有的子项目日志级别都调整到DEBUG | false | 默认日志级别是INFO |
| --log-package-levels | ETCD_LOG_PACKAGE_LEVELS | 为etcd某个独立的子项目设置日志级别，默认所有子项目的日志级别是INFO | 空 | 例如etcdserver=WARNING,security=DEBUG |

## 3.4.6 不安全参数项

使用不安全选项前请三思，因为这会破坏一致性协议的保证。例如，如果集群内的其他 member 还存活着，则可能会引起异常。表 3-6 中是不安全参数项和环境变量的说明。

**表 3-6 不安全参数项列表**

| 参 数 | 环境变量 | 含 义 | 默认值 | 备 注 |
|---|---|---|---|---|
| --force-new-cluster | ETCD_FORCE_NEW_CLUSTER | 强制创建只有一个节点的 etcd 集群 | false | 该选项会强制移除集群内所有现存的节点（包括自身）。一般与备份恢复配合使用 |

### 3.4.7 统计相关参数项

etcd 统计（包括运行时性能分析和监控数据）相关参数项如表 3-7 所示。

**表 3-7 统计相关参数项列表**

| 参 数 | 环境变量 | 含 义 | 默认值 | 备 注 |
|---|---|---|---|---|
| --enable-pprof | ETCD_ENABLE_PPROF | 启用收集运行时 profile 数据，并通过 HTTP 服务器对外暴露 | false | URL 是 client URL +/debug/pprof/ |
| --metrics | ETCD_METRICS | 设置导出 metric 数据的详细程度 | basic | |

### 3.4.8 认证相关参数项

etcd 认证相关参数项如表 3-8 所示。

**表 3-8 认证相关参数项列表**

| 参 数 | 环境变量 | 含 义 | 默认值 | 备 注 |
|---|---|---|---|---|
| --auth-token | ETCD_AUTH_TOKEN | 指定 token 的类型和选项，并通过 HTTP 服务器对外暴露 | 空 | 格式：type,var1=val1, var2=val2,... |

第 4 章 Chapter 4

# etcd 开放 API 之 v2

etcd v2 主要提供的是读、写 API，读、写 API 的内容具体如下。

1）读 API 主要包括以下操作。

- ❑ 范围查询
- ❑ watch

2）写 API 主要包括以下操作。

- ❑ 更新
- ❑ 删除

在开始介绍 etcd v2 的 API 之前，先来了解一下 etcd 是如何标志一个操作（API）完成的。

一个 etcd 操作完成的标志是它已经通过一致性协议提交并且已经被执行了，即被 etcd 的存储引擎持久化存储了。客户端在接收到 etcd 服务器的响应之后便得知操作已经完成。需要注意的是，如果发生操作超时或网络丢包（客户端与服务器之间或 etcd 节点之间）的情况，客户端将对操作的完成状态一无所知。比如，在选举时，etcd 可能会丢弃一些操作指令，然而 etcd 并不会通知客户端。

## 4.1 API 保证

etcd API 提供的保证包括如下几点。

### 1. 原子性

etcd 所有的 API 都是原子的——一个操作要么全部执行，要么全部不执行。以 watch 请求为例，同一个操作产生的所有事件都在一个 watch 响应中返回。watch 从来不会只观察到一个操作的部分事件。

### 2. 一致性

所有的 etcd API 都保证了顺序一致性——分布式系统中级别最高的一致性保证。不论客户端请求的是哪个 etcd 服务器，它都能够读到相同的事件，而且这些事件的顺序也是保持一致的。如果两个 etcd 服务器完成了相同数量的操作，那么这两个 etcd 服务器的状态机就是一致的。对于 watch 操作，不论客户端请求的是哪个 etcd 服务器，etcd 都会保证只要是相同的 index（索引，下文会详细说明）和键，就能返回相同的值。

etcd 并不会保证 watch 操作的线性一致性。用户需要检查 watch 返回结果的版本号来保证正确的顺序。除 watch 之外的其他操作，etcd 默认均保证线性一致性。

线性一致性，也称原子一致性或外部一致性，介于严格一致性和连续一致性之间，读者可以回顾第 1 章的内容以加深了解。对于线性一致性，假设每个操作都从松同步的全局时钟那里接收到了一个时间戳。当且仅当这些操作完成得就如同它们是连续执行的且每个操作都像是按照既定的顺序完成的一样时，我们才称操作是线性的。此外，如果一个操作的时间戳在另一个操作之前，那么该操作的执行顺序也该在另一个之前。举个例子，假设一个客户端在 t1 时刻完成了一次写操作，那么在 t2（假设 t2>t1）时刻读到的数据至少要和上一次写操作完成时一样新。然而，该读操作可能要在 t3 时刻才完成，此时返回在 t2 时刻开始读的数据相对（t3）就有些陈旧了。

因为在 etcd 中，实现请求的线性一致性必须要经过 Raft 一致性协议，所以要实现线性一致性必须要付出一些性能和时延的代价。为了达成读请求的高吞吐、低时延的请求，客户端可以考虑将请求的一致性模式配置成串行化（serializable）的模式，这时 etcd 可能会读到过期的数据，但是不用担心，任何一个返回的数据都需要得到半数以上节点的确认，这样就能中和掉线性一致性所依赖的现场共识（live consensus）所导致的性能损耗。

与其他分布式系统一样，etcd 也无法保证严格一致性。etcd 无法保证返回集群任意节点上“最新”的数据（即请求在任意节点上一完成就立刻返回），“最新”的数据通常需要在大多数节点上同步之后才会返回。关于这点读者可以回顾第 1 章对一致性模型的介绍。

### 3. 隔离性

etcd 保证可串行化的隔离（serializable isolation），这是分布式系统最高级别的隔离。读操作永远也不会看到任何中间数据。

### 4. 持久性

任何完成的操作都是持久的，所有可访问的数据也都是持久的。读操作永远不会返回未持久化存储的数据。

## 4.2 etcd v2 API

得益于 etcd v2 API 的 HTTP + JSON 格式，我们能够方便地用 curl 来调用 etcd v2 API。下面是对 v2 API 的介绍。

### 4.2.1 集群管理 API

#### 1. 查看 etcd server 版本

某个 etcd server 的版本信息可以通过访问“/version”端点来获得。示例代码如下：

```
curl -L http://127.0.0.1:2379/version
etcd 2.0.12
```

#### 2. 节点健康检查

etcd server 会对外暴露“/health”端点，以方便客户端检查节点的健康状况。检查健康状况的示例代码具体如下：

```
curl http://10.0.0.10:2379/health
{"health": "true"}
```

如果节点健康则返回 true，反之则返回 false。

### 4.2.2 键值 API

etcd 使用类似于文件系统的树状结构来表示键值对，而根节点则用“/”表示。因此，所有 key 都是从“/”开始的。在 etcd 里，我们可以存储两种内容：键和目录。键存储一个字符串，目录则存储一些键和目录。

### 1. 为键赋值

etcd v2 的键（key）通常位于路径“/v2/keys/”路径之下，例如，message 这个键的完整路径就是“/v2/keys/message”。那么为创建 message 这个键，并赋值“Hello”，可以通过以下 curl 命令来实现：

```
curl http://127.0.0.1:2379/v2/keys/message -XPUT -d value="Hello"
```

JSON 格式的 API 返回值具体如下所示：

```
{
    "action": "set",
    "node": {
        "createdIndex": 2,
        "key": "/message",
        "modifiedIndex": 2,
        "value": "Hello"
    }
}
```

API 返回值中的 action 字段表明请求的动作。在上面这个例子中，就是“set”，也就是说试图通过 HTTP 的 PUT 方法去设置 node.value 字段的值。需要注意的是，在 etcd v2 API 中，第一次为某个 key 赋值和更新某个 key 的值，使用的都是 HTTP PUT 方法。

node.key 字段是我们要设置的 key，对应于 HTTP 的请求路径的后缀。

node.value 字段表示处理该请求之后，key 对应的 value。在上面这个例子中，该请求试图将节点“/message”的值设置成“Hello”。

node.createdIndex 字段是一个全局唯一且单调递增的正整数（索引）。每次对 etcd 存储数据的修改都会产生这样一个索引，该索引反映创建这个 key 时 etcd 状态机的逻辑时刻。对客户端来说，第一个 key 的 createdIndex 是 2，而不是 1，并且这个值与集群节点的个数相关。因为 etcd 内部增加和同步 server 也会生成 createdIndex。

node.modifiedIndex 字段与 node.createdIndex 类似。任何改变 etcd 存储的操作，例如，set、delete、update、create、compareAndSwap 和 compareAndDelete 等操作都会引起 modifiedIndex 的增加。由于 get 和 watch 操作不改变 etcd 的存储状态，因此也就不会影响该索引值。node.modifiedIndex 也就是 etcd 全局的索引值。

etcd 会在 API 响应的 HTTP 头部包含 etcd 集群全局的一些信息，形如：

```
X-Etcd-Index: 35
X-Raft-Index: 5398
X-Raft-Term: 1
```

X-Etcd-Index 是 etcd 当前的全局索引值。当请求是 watch 时，X-Etcd-Index 是从 watch 开始的 etcd 当前的全局索引值，这就意味着被 watch 的事件会在 X-Etcd-Index 后发生。

X-Raft-Index 是 etcd 底层 Raft 协议最新一条日志条目的索引值。

X-Raft-Term 是 etcd 底层 Raft 协议的当前任期号。每当 etcd 集群发生选举时，该值就会递增。etcd 返回这个值的意义在于，为客户端提供一个通道用于窥探 etcd 集群风平浪静表面背后波涛汹涌的竞选场景。当 X-Raft-Term 递增过快时，则说明 etcd 节点可能负载（磁盘 I/O 或 CPU）过高或发生了网络拥塞，从而导致 etcd 集群频繁发生选举。这时，用户就需要调整 etcd 的选举超时时间，以保证集群的稳定性。

### 2. 读取键的值

我们可以通过 HTTP GET 方法读取刚刚为键 message 所赋的值，具体命令如下：

```
curl http://127.0.0.1:2379/v2/keys/message
```

返回的结果形如：

```
{
    "action": "get",
    "node": {
        "createdIndex": 2,
        "key": "/message",
        "modifiedIndex": 2,
        "value": "Hello world"
    }
}
```

### 3. 修改键的值

“修改键的值”所用的HTTP方法与上文介绍过的“为键赋值”一样，即HTTP的PUT方法。我们可以使用下面这条curl命令，将刚刚为键message所赋的值“Hello”修改成“Hello World”。

```
curl http://127.0.0.1:2379/v2/keys/message -XPUT -d value="Hello World"
```

返回值如下所示：

```
{
    "action": "set",
    "node": {
        "createdIndex": 3,
        "key": "/message",
        "modifiedIndex": 3,
        "value": "Hello etcd"
    },
    "prevNode": {
        "createdIndex": 2,
        "key": "/message",
        "value": "Hello world",
        "modifiedIndex": 2
    }
}
```

从上面返回的结果可以看出，“修改键的值”与“为键赋值”，在etcd内部的动作都是“set”。

这里引入了一个新的字段 prevNode，该字段代表给定节点在被请求修改之前的状态。prevNode 字段的属性与 node 字段的属性一样，而且不会返回那些不会修改 node 状态的操作。当然，一个 node 刚刚被创建时，由于没有之前的状态，因此也不会返回。

#### 4. 删除键

我们可以通过 HTTP 的 DELETE 操作删除 etcd 的一个键，具体代码如下所示：

```
curl http://127.0.0.1:2379/v2/keys/message -XDELETE
```

返回的结果具体如下：

```
{
    "action": "delete",
    "node": {
        "createdIndex": 3,
        "key": "/message",
        "modifiedIndex": 4
    },
    "prevNode": {
        "key": "/message",
        "value": "Hello etcd",
        "modifiedIndex": 3,
        "createdIndex": 3
    }
}
```

如果成功删除该键，那么返回体将会携带 prevNode 属性值。

### 4.2.3 键的 TTL

etcd 的键可以设置成一段时间后过期。在 etcd v2 中，可以通过 TTL（time to live）来实现，即通过 HTTP PUT 方法为键设置一个 TTL 值，具体命令如下所示。

```
curl http://127.0.0.1:2379/v2/keys/foo -XPUT -d value=bar -d ttl=5
```

上面的示例代码中插入了一条key为“foo”，value为“bar”，ttl为5的记录。默认情况下，etcd会在5s后自动删除这条记录。

```
{
    "action": "set",
    "node": {
        "createdIndex": 5,
        "expiration": "2013-12-04T12:01:21.874888581-08:00",
        "key": "/foo",
        "modifiedIndex": 5,
        "ttl": 5,
        "value": "bar"
    }
}
```

node.expiration的时间戳代表key会在该时刻过期，即被etcd删除。

node.ttl的值代表该key还有多长时间过期，单位是秒。

需要注意的是，只有etcd的Leader才能主动让key过期，因此如果一个member和它的Leader网络断开了，那么该节点上的key一直都不会过期，直到它重新连接上Leader为止。

当发起以下GET请求查询key的信息时：

```
curl http://127.0.0.1:2379/v2/keys/foo
```

如果key过期了，那么这个key就会被删除。GET请求会返回100，表明这个key不存在，如下所示：

```
{
    "cause": "/foo",
    "errorCode": 100,
    "index": 6,
    "message": "Key not found"
}
```

我们可以通过 PUT 请求，即更新操作来刷新 TTL，以避免 key 过期：

```
curl http://127.0.0.1:2379/v2/keys/foo -XPUT -d value=bar -d ttl=3 -d
    prevExist=true
```

返回的结果具体如下：

```
{
    "action": "update",
    "node": {
        "createdIndex": 5,
        "key": "/foo",
        "modifiedIndex": 6,
        "value": "bar"
    },
    "prevNode": {
        "createdIndex": 5,
        "expiration": "2013-12-04T12:01:21.874888581-08:00",
        "key": "/foo",
        "modifiedIndex": 5,
        "ttl": 3,
        "value": "bar"
    }
}
```

etcd 的 TTL 具有以下应用场景：在 agent 掉线后，manager 需要在较短的时间内发现该 agent 断连。通过 etcd TTL 实现的一种方式是 agent 定时 set 值到指定的 etcd 的 key 上，etcd 在经过 TTL 指定的时间后删除该 key，manager 发现该 key 被删除就判定该 agent 断连。

有关 etcd TTL 的实现原理分析如下。

etcd server 在接收客户端的 PUT 请求时，会解析 PUT 请求参数，如果里面包含 TTL 参数，则会将 TTL 的值加上自己系统的当前时间，以此作为 key 的过期时间。由于 etcd server 端既有可能是 Leader，也可能是 Follower，因此系统时间既有可能是 Leader 节点的，也有可能是 Follower 节点的。假设系统当前时间是 1:00:00，TTL 是 10s，则 key 的过期时间是 1:00:10，默认情况下系统会在 1:00:10 时删掉这个 key。

执行完以上操作之后，etcd节点会再次将这个客户端请求通过Raft协议的RPC消息同步到其他节点上。这里有一个有趣的细节，即如果接受客户端请求的是Leader，则直接同步；如果是Follower，则先把请求转发给Leader再由Leader同步给其他节点，但是该key的“expiration”值以接收请求的那个Follower设置的值为准。etcd在将这个请求写盘的同时，会将设置过TTL的key加入到一个有序的map里面，我们姑且称之为ttlKeyHeap。

在Leader中运行一个tick，将会每500ms触发一次，这个tick也因此会产生一个sync消息，这个sync消息里面带有一个Time，这个Time是Leader所在节点的系统时间，姑且称之为syncTime。Leader把sync消息通过Raft协议广播给其他所有节点，这个sync消息就是告诉所有节点把在syncTime之前要过期的key都删除掉。具体就是各个etcd节点查询ttlKeyHeap，把expiration小于syncTime的key都删除掉。

从上面的描述可以看出，如果etcd节点之间系统时钟不同步，准确地说就是接收写请求的节点与Leader的系统时间不一致，就可能会出现定义了TTL的key被早删或晚删的情况。因此，当Follower与Leader的系统时钟相差1秒以上时，etcd就会发出警告，提示两者的时钟有较大的不同步。

我们可以通过在更新TTL值时设置refresh为true来实现key的TTL的刷新。key的TTL值可以动态刷新，默认不会通知给etcd的watch客户端。在刷新TTL的值时，我们无法更新key的value。示例代码具体如下：

```
curl http://127.0.0.1:2379/v2/keys/foo -XPUT -d value=bar -d ttl=5
```

返回的结果具体如下：

```
{
    "action": "set",
    "node": {
        "createdIndex": 5,
        "expiration": "2013-12-04T12:01:21.874888581-08:00",
```

```
        "key": "/foo",
        "modifiedIndex": 5,
        "ttl": 5,
        "value": "bar"
    }
}
```

下面让我们来刷新 key 的 TTL，具体命令如下所示：

```
curl http://127.0.0.1:2379/v2/keys/foo -XPUT -d ttl=5 -d refresh=true -d
    prevExist=true
```

返回的结果具体如下：

```
{
    "action":"update",
    "node":{
        "key":"/foo",
        "value":"bar",
        "expiration": "2013-12-04T12:01:26.874888581-08:00",
        "ttl":5,
        "modifiedIndex":6,
        "createdIndex":5
    },
    "prevNode":{
        "key":"/foo",
        "value":"bar",
        "expiration":"2013-12-04T12:01:21.874888581-08:00",
        "ttl":3,
        "modifiedIndex":5,
        "createdIndex":5
    }
}
```

以上返回信息表明，在“/foo”这个 key 的 TTL 还剩 3 秒时，客户端的更新操作刷新了 key 的 TTL 值（5）。

## 4.2.4 等待变化通知：watch

etcd 为客户程序提供了等待一个 key 的变化并接收通知的机制，该机制称为 watch。watch 应该算是 etcd 最具特色的一个功能了。

etcd watch 是通过一个 long polling（常轮询）机制来实现的。客户端连接到服务器后，服务器端没有数据更新时，会一直保持该连接（服务器对该连接不会超时），即长连接。除非客户端主动取消连接或者出现网络连接问题时，才会导致该连接中断。

etcd 的 watch 既支持 watch 一个 key，也支持 watch 一个目录。当 watch 一个目录时，可以设定参数：recursive=true，表示 watch 该目录下子目录“/key”的变化。下面将演示 watch 的多种用法。

### 1. 初识 watch

在一个终端，发送一个 GET 请求，并设置参数：wait=true，表示开始 watch 某个 key。示例如下：

```
curl http://127.0.0.1:2379/v2/keys/foo?wait=true
```

watch 是个阻塞式命令，它不会主动返回，即使 watch 的 key 一开始根本不存在。除非接收到退出信号量（例如 Ctrl+C）被强制退出。这时，我们就开始等待“/foo”这个 key 的变化。

打开另一个终端，我们通过以下命令将“/foo”的值设置成 bar：

```
curl http://127.0.0.1:2379/v2/keys/foo -XPUT -d value=bar
```

然后，在第一个终端就能收到“/foo”的值发生变化的通知，如下所示：

```
{
    "action": "set",
    "node": {
        "createdIndex": 7,
        "key": "/foo",
        "modifiedIndex": 7,
        "value": "bar"
    },
    "prevNode": {
```

```
        "createdIndex": 6,
        "key": "/foo",
        "modifiedIndex": 6,
        "value": "bar"
    }
}
```

这时候，第一个终端的 watch 请求就正常退出了，后续产生的事件服务端也就接收不到了，如果想继续监听，就要重新发起 watch 请求。我们将以上 watch 方式称为"一次性 watch"，顾名思义，即每监听到一次事件后，客户端需要重新发起 watch 请求——这就非常类似 zookeeper 的事件监听机制了。etcd 还支持"持久式 watch"，即当服务端产生事件时，会连续触发，不需要客户端重新发起 watch 请求。

### 2. 带索引（index）的 watch

带索引（index）的 watch，能够让我们 watch 到"之前"发生的操作，即历史事件。这个类似于"时光机"的功能很有用，能够保证我们在两个 watch 命令之间（比如 watch 连接断开后再次 watch）不会错过任何一个事件（event）——客户端两个连续的"一次性 watch"之间存在丢失服务端事件的可能性，但客户端完全没有机制感知，而带索引（index）的 watch 正好弥补了这个不足。

一般来说，带索引的 watch 的使用可以分两步走。首先，通过 GET 请求，获取 key 当前的状态。然后，再从 key 当前的 modifiedIndex＋1 开始 watch。

例如，首先 GET 到一个 key，此时它的 modifiedIndex 是 8。

```
curl -i http://127.0.0.1:2379/v2/keys/foo
HTTP/1.1 200 OK
Content-Type: application/json
X-Etcd-Cluster-Id: cdf818194e3a8c32
X-Etcd-Index: 8
X-Raft-Index: 9
X-Raft-Term: 2
```

```
Date: Sun, 19 Aug 2018 09:07:04 GMT
Content-Length: 88

{"action":"get","node":{"key":"/foo","value":"xxx","modifiedIndex":8,"crea
    tedIndex":8}}
```

然后，从 index 为 9 开始 watch，如下所示。

```
curl 'http://127.0.0.1:2379/v2/keys/foo?wait=true&waitIndex=9'
```

这时候如果更新“/foo”的值，watch 命令会立刻得到相应的事件。让我们简单分析一下这条 HTTP 请求包含的意义，我们向 etcd 服务器发起查询“/foo”这个 key 的 modifiedIndex 大于或等于 9 的事件，如果有则返回一个最接近 9 的事件，否则 curl 命令会一直挂起，直到有满足条件的事件发生。由于我们需要知道 watch 的起始 index，因此这已经不是一个普通的 watch 请求了，而是与查询相结合的一次事件监听。下文的“持续 watch 最佳实践”部分将会详细讨论这个话题。

再举个例子，假设从 index 为 18 开始 watch：

```
curl 'http://127.0.0.1:2379/v2/keys/foo?wait=true&waitIndex=18'
```

如果 etcd server 端对“/foo”这个 key 的修改，还没有使 modifiedIndex 的值大于或等于 18，则该 curl 请求不会结束且不会返回任何结果；一旦“/foo”的 modifiedIndex 值大于或等于 18，则立刻返回该修改。只要 etcd 的 watch 缓冲区内有“/foo”的 modifiedIndex 值为 18 的事件，该 curl 命令就不会挂起而是立刻返回相应的结果。上面 watch 请求的返回结果如下所示：

```
{"action":"set","node":{"key":"/foo","value":"g","modifiedIndex":18,"creat
    edIndex":18},"prevNode":{"key":"/foo","value":"f","modifiedIndex":17,"
    createdIndex":17}}
```

watch 命令里 waitIndex 的含义是 X-Etcd-Index 值，如果使用 watch 命令时没有指定 waitIndex，其实默认使用的是发起 watch 请求时，etcd 集群当前的 X-Etcd-Index 值。下文会解释 X-Etcd-Index 的意义。

需要注意的是，etcd v2 只会保留最近 1000 条 event（所有 key 的总和）。因此，在使用 etcd 的 watch 时，最好在接收到响应体后立即处理，而不是一直阻塞在那里。因为当 etcd 的 watch 缓冲区满了，新的 event 就会覆盖旧的 event。

如果 waitIndex 对应的事件由于缓冲区溢出等原因被 etcd 服务端丢弃，那么此时尝试 watch 该事件将返回一个 400 的 HTTP 状态码（Bad Request），响应体类似于：

```
{"errorCode":401,"message":"The event in requested index is outdated
    and cleared","cause":"the requested history has been cleared
    [3305/1]","index":4304}
```

### 3. 持久式 watch

持久式 watch 也称流式（stream）watch，和一次性 watch 的区别在于其要在 HTTP 请求的 URL 中加上 stream=true 选项，例如：

```
curl
"http://127.0.0.1:2379/v2/keys/application?wait=true&recursive=true&strea
    m=true"
```

stream watch 的机制是，客户端会和 etcd 服务器之间建立一个 HTTP 长连接，其应答 HTTP 头中的 Transfer-Encoding 为 chunked，类似 server push 和 comet 中的 multipart/x-mixed-replace，该 HTTP 响应体不会结束，后续的每个事件作为 HTTP body 的一部分，在该长连接中将以一个或多个 body chunk 块的形式推送给客户端。可以看到在流式持久监听中 curl 即使收到事件也不会退出，它一直在等待后续将要发生的事件。“一次性 watch” 的 HTTP 头中也是 chunked，但收到一个事件后，etcd 会发送一个结束 chunk（大小为 0，表示 HTTP 响应的结束），因此收到该 chunk 后 watch 客户端会退出。

与一次性监听相比，持久式 watch 的可靠性更高，不会出现前面提到的两次 watch 时间间隔内监听不到事件的情况。持久式 watch 也是用于监听从命令发出之后发生的事件，对于先前的事件，它是监听不到的。

如果在持久监听中加 waitIndex 参数，分两种情况：一种是 waitIndex 的值小于或等于启动监听时 etcd 的当前 index（这个值在 HTTP 头的 X-Etcd-Index 可以看到），此时 curl 接收到满足条件的事件后不退出，但后续再也收不到其他事件，即最多只能收到一个事件；另一种是 waitIndex 的值大于启动监听时 etcd 的当前 index，这时 waitIndex 参数无效，持久监听的行为同没有 waitIndex 参数一样。

### 4. watch 被清除问题

上文已经提到，etcd v2 server 端只缓存 1000 条事件的历史记录（全局的，不是每个 key），因此若发生事件洪泛，例如，瞬间产生超过 1000 条事件而事件监听客户端又处理得比较慢，那么就会发生事件丢失的情况。

举个例子，如果当前 X-Etcd-Index 为 1005，则 X-Etcd-Index 中为 1 到 5 的事件就会被丢弃。如果 waitIndex=5，则服务器会返回错误信息。示例代码如下：

```
curl 'http://192.168.195.111:2379/v2/keys/foo?wait=true&waitIndex=5&recur
    sive=true' -v
{"errorCode":401,"message":"The event in requested index is outdated
    and cleared","cause":"the requested history has been cleared
    [416/5]","index":1415}
```

如上所示，返回的错误码是 401。

错误信息：The event in requested index is outdated and cleared

错误原因：the requested history has been cleared [416/5]

Index：1415

其中 cause 中 [416/5]，意思是 waitIndex 只能大于等于 416。后面的 5 是用户刚刚请求的 waitIndex=5。

Index 是当前 X-Etcd-Index 的值。

下面试着在请求体中设置参数：waitIndex=415。

```
curl 'http://192.168.195.111:2379/v2/keys/foo?wait=true&waitIndex=415&rec
    ursive=true'
{"errorCode":401,"message":"The event in requested index is outdated
    and cleared","cause":"the requested history has been cleared
    [416/415]","index":1415}
```

可以看到，仍然会返回这个错误。

只有当 waitIndex=416 时，才是正确的。1415-416+1=1000，因为从 416 到 1415 正好就是 1000。示例代码如下：

```
curl 'http://192.168.195.111:2379/v2/keys/foo?wait=true&waitIndex=416&rec
    ursive=true'
```

### 5. watch 被清除的场景以及后续处理

来看个例子，先 watch 一个 key 的变化：

```
/foo?wait=true&waitIndex=Windex
```

与此同时，另外一个目录“/boo”，在进行大量的 put/post/delete，使得 X-Etcd-Index 一直在增长。如果前面的 watch 由于网络等问题出错，我们肯定是想重新执行 watch，如果这个时候 waitIndex=Windex，而 X-Etcd-Index 已经比 Windex 大 1000，那么 etcd 服务器就会报错，watch 被清除。

这时该如何处理呢？当出现这种情况时，watch waitIndex 不能设置为之前的 Windex，也不能设置为当前 X-Etcd-Index 值，因为在重新 watch 这个时间段时，我们不知道 watch 的这个“/foo”目录是否发生了改变。

所以我们只能根据业务场景，进行故障恢复处理。如果 etcd 上是保存服务器的配置，则可能需要全量下载一次“/foo”下的配置，并进行配置。

另外，etcd 服务器的故障恢复后，也会将 watch 清除。这时服务器返回的错误码是 400。错误信息是“watcher is cleared due to etcd recovery”。

如果我们错过了 etcd watch 缓存区的 1000 条 event，这时恢复 watch 就需要分两步走。首先，用一个 GET 请求获取要 watch 的 key 的当前值，然后再从 X-Etcd-Index+1 开始 watch。

例如，我们执行 2000 次写“/other=bar”操作，然后尝试从 index=8 处开始 watch。示例如下：

```
curl 'http://127.0.0.1:2379/v2/keys/foo?wait=true&waitIndex=8'
```

这时，etcd server 就会返回以下错误响应，提示该索引（index=8）已经过期。

```
{"errorCode":401,"message":"The event in requested index is outdated
    and cleared","cause":"the requested history has been cleared
    [1008/8]","index":2007}
```

让我们分析一下出错的原因。首先，“/foo”这个 key 的 modifiedIndex=7 没错，如果没有上面那 2000 次的写其他 key 的操作，从 index=8 开始 watch 也不会返回错误。偏偏那 2000 次的写 key 操作挤占了 etcd 的 1000 条 watch 缓存区，因此导致 etcd watch 缓存区最旧的一条历史 event 的 index 也到了 1008（见上面的返回信息），远大于 8。这也是使用 modifiedIndex+1 进行 watch 时，虽然语法上没有问题，但是由于它小于 X-Etcd-Index+1，因此客户端仍有可能接收到“401 EventIndexCleared”的错误。

正确的 watch 步骤应该是，首先通过一个 GET 请求获取 /foo 当前的状态：

```
< HTTP/1.1 200 OK
< Content-Type: application/json
< X-Etcd-Cluster-Id: 7e27652122e8b2ae
< X-Etcd-Index: 2007
< X-Raft-Index: 2615
```

```
< X-Raft-Term: 2
< Date: Mon, 05 Jan 2015 18:54:43 GMT
< Transfer-Encoding: chunked
<
{"action":"get","node":{"key":"/foo","value":"bar","modifiedIndex":7,"crea
tedIndex":7}}
```

如上所示，X-Etcd-Index 的值是 2007，foo 的 modifiedIndex 是 7。etcd watch 的 HTTP 响应头部信息携带的 X-Etcd-Index 是当前 etcd 服务器集群操作的最大计数。etcd 服务器内部会维护一个全局的操作计数，即 X-Etcd-Index。

除了查询 GET 操作，其他的 PUT/POST/DELETE 操作，都会使 X-Etcd-Index 的值递增。

返回的节点内容包括 createIndex 与 modifiedIndex。

- ❑ createIndex：创建该节点时 X-Etcd-Index 的值。
- ❑ modifiedIndex：更新节点时 X-Etcd-Index 的值。

这时候我们需要用 etcd 返回的 X-Etcd-Index+1，即 2008，而不是节点的 modifiedIndex+1=8 或是其他值作为 watch 的 waitIndex 参数。原因分析如下：

X-Etcd-Index >= modifiedIndex 这条性质一直成立。因为 X-Etcd-Index 代表发起 Get 请求时 etcd server 当前的索引，而 modifiedIndex 是已经存储在 etcd 中的某个 event 的索引。为了避免过期，应该选择两者值较大的 X-Etcd-Index。

modifiedIndex 和 X-Etcd-Index 之间的 event 没有一个和我们要 watch 的 key 相关，因此也没法用这些 index 去 watch。

然后，紧接着上面的 GET 操作后，第一个 watch 命令如下所示：

```
curl 'http://127.0.0.1:2379/v2/keys/foo?wait=true&waitIndex=2008'
```

需要注意的是，etcd server 可能在返回 watch event 之前关闭已经建立的长连接，其中的原因既可能是长连接发生超时，也有可能是 etcd server 宕机了。

客户端应该有准备应对连接贸然断开这种场景并且重试 watch。

### 6. 持续 watch 最佳实践

所谓持续 watch，就是客户端一直 watch 某个 key，一旦它发生变化，客户端处理响应，接着继续 watch 这个 key，中途要保证事件的连续性，不丢事件。要实现此功能，有两种方法：一种是直接使用"持久式 watch"（stream=true），另一种是每次启动 watch 时，带上 waitIndex 参数。

在不使用"持久式"watch 进行持续 watch 时，需要注意 waitIndex 的取值。开始执行 watch 命令的时候，应该先对这个 key 执行一次 GET 操作，得到该 key 的最新内容，并得到该时刻的 X-Etcd-Indx。示例如下：

```
$ curl 'http://192.168.195.111:2379/v2/keys/foo' -v
* Hostname was NOT found in DNS cache
* Trying 192.168.195.111...
* Connected to 192.168.195.111 (192.168.195.111) port 2379 (#0)
> GET /v2/keys/foo HTTP/1.1
> User-Agent: curl/7.35.0
> Host: 192.168.195.111:2379
> Accept: */*
>
> < HTTP/1.1 200 OK
> < Content-Type: application/json
> < X-Etcd-Cluster-Id: 33114c3abbb80527
> < X-Etcd-Index: 1415
> < X-Raft-Index: 8543
> < X-Raft-Term: 5
> < Date: Mon, 09 Nov 2015 08:18:13 GMT
>< Content-Length: 307
> <
> {"action":"get","node":{"key":"/foo","dir":true,"nodes":[{"key":"/foo/
    v1","value":"value1","modifiedIndex":8,"createdIndex":8},{"key":"/foo/
    v2","value":"value2","modifiedIndex":9,"createdIndex":9},{"key":"/foo/
    v3","value":"value3","modifiedIndex":14,"createdIndex":14}],"modifiedIn
    dex":7,"createdIndex":7}}
```

创建 watch 时，waitIndex 为 X-Etcd-Index+1。

```
$ curl
'http://192.168.195.111:2379/v2/keys/foo?wait=true&waitIndex=1416&recursive=true'
```

正常处理一次响应后，重新watch，waitIndex是本次watch返回的modifiedIndex+1。上面请求响应的返回如下所示：

```
{"action":"create","node":{"key":"/foo/v4","value":"v4","modifiedIndex":14
    16,"createdIndex":1416}}
```

重新执行watch命令：

```
$ curl
'http://192.168.195.111:2379/v2/keys/foo?wait=true&waitIndex=1417&recursive=true'
```

出现异常后，需要重新执行watch，重新执行watch时waitIndex是异常处理里面获取的X-Etcd-Index+1。

只要连接建立，一个http status即为200，但是http body却为空的http响应体就会从etcd服务器发出，因此客户端在操作watch命令时，需要处理该场景（当http body为空时，继续watch）。

一般情况下在处理watch返回的信息时，最好在单独线程里面进行，这样不会阻塞watch。

### 7. watch目录

除了watch单个key以外，etcd还支持watch目录。只要在watch请求中指定recursive=true参数，则该目录下的内容（不论是子目录还是key）发生变化时，都能被watch到。当然，对key设置recursive=true没有意义。下面的命令将watch目录/foo：

```
curl 'http://127.0.0.1:2379/v2/keys/foo?wait=true&waitIndex=100&recursive
    =true'
```

如果在/foo目录的子目录下创建一个key，那么上面的watch命令会立刻有响应。

```
curl http://127.0.0.1:2379/v2/keys/foo/key -XPUT -d value=" dd"
```

### 8. watch index 比当前 key 的 modifyIndex 小

前面曾提到，当 waitIndex 小于等于 key 的 modifyIndex 时，watch 会立即返回。下文将举例说明这种场景。我们先创建 foo 目录：

```
$ curl 'http://192.168.195.111:2379/v2/keys/foo' -XPUT -d dir=true -v
* Hostname was NOT found in DNS cache
* Trying 192.168.195.111...
* Connected to 192.168.195.111 (192.168.195.111) port 2379 (#0)
> PUT /v2/keys/foo HTTP/1.1
> User-Agent: curl/7.35.0
> Host: 192.168.195.111:2379
> Accept: */*
> Content-Length: 8
> Content-Type: application/x-www-form-urlencoded
>
* upload completely sent off: 8 out of 8 bytes
    < HTTP/1.1 201 Created
    < Content-Type: application/json
    < X-Etcd-Cluster-Id: 33114c3abbb80527
    < X-Etcd-Index: 7
    < X-Raft-Index: 120
    < X-Raft-Term: 5
    < Date: Mon, 09 Nov 2015 07:19:46 GMT
    < Content-Length: 85
    <
{"action":"set","node":{"key":"/foo","dir":true,"modifiedIndex":7,"created
    Index":7}}
* Connection #0 to host 192.168.195.111 left intact
```

如上所示，这里使用 curl 命令创建了名字为 foo 的目录，并使用 -v 选项，观察 HTTP 头部信息。

从响应头部信息可以看到 X-Etcd-Index=7。我们再在 foo 节点下，新建两个子节点，分别为“/foo/v1”与“/foo/v2”。

以下是新建“/foo/v1”的命令。

```
curl 'http://192.168.195.111:2379/v2/keys/foo/v1' -XPUT -d value="value1" -v
{"action":"set","node":{"key":"/foo/v1","value":"value1","modifiedIndex":8
    ,"createdIndex":8}}
```

以下是新建“/foo/v2”的命令。

```
curl 'http://192.168.195.111:2379/v2/keys/foo/v2' -XPUT -d value="value2" -v
{"action":"set","node":{"key":"/foo/v2","value":"value2","modifiedIndex":9
    ,"createdIndex":9}}
```

然后，开始 watch 目录“/foo”。

```
curl 'http://192.168.195.111:2379/v2/keys/foo?wait=true&waitIndex=8&recur
    sive=true' -v
{"action":"set","node":{"key":"/foo/v1","value":"value1","modifiedIndex":8
    ,"createdIndex":8}}
```

可以看到，watch 携带的参数是 wait=true&waitIndex=8&recursive=true，并且响应体立即返回。返回的是“/foo/v1”，因为它的 modifiedIdex=8（大于或等于 waitIndex）。

但是“/foo/v2”却并没有返回。要想获得“/foo/v2”事件，需要使用 waitIndex=9，如下所示：

```
curl 'http://192.168.195.111:2379/v2/keys/foo?wait=true&waitIndex=9&recur
    sive=true'
{"action":"set","node":{"key":"/foo/v2","value":"value2","modifiedIndex":9
    ,"createdIndex":9}}
```

最后再简单提一下，etcd 还支持所谓的“exec-watch”功能，即为某个 key 的事件挂上一个处理函数，当 watch 返回时，执行这个函数。感兴趣的读者可以自行查阅 etcd 的官方文档，这里不再赘述。

## 4.2.5 自动创建有序 key

通过对一个目录发起 POST 请求，我们能够让创建的 key 的名字是有序的。自动创建有序 key 的这个功能在许多场景下都很有用，例如，用于实现一个对处理顺序有严格要求的队列等。

创建一个有序 key 空间的用法比较特别。首先，使用的 HTTP 方法是

POST 而不是 PUT。另外，命令操作的对象是一个目录。虽然我们无法为这个 key 指定名字，但可以为这个 key 设置 value。示例代码如下所示：

```
curl http://127.0.0.1:2379/v2/keys/queue -XPOST -d value=Job1
{
    "action": "create",
    "node": {
        "createdIndex": 6,
        "key": "/queue/00000000000000000006",
        "modifiedIndex": 6,
        "value": "Job1"
    }
}
```

如上代码所示，POST 请求对应到 etcd 的动作就是 create。这里的 “/queue” 是一个目录，且上面的命令执行成功后该目录下自动生成了一个 key 00000000000000000006，value 就是命令里设置的 Job1。如果我们用上述方法再在该目录下创建另一个 key，那么 etcd 将保证自动生成的 key 大于上一个 key。需要注意的是，key 的名字是 etcd 全局的，因此下一个 key 的名字不一定是前一个 key+1。

```
{
    "action": "create",
    "node": {
        "createdIndex": 29,
        "key": "/queue/00000000000000000029",
        "modifiedIndex": 29,
        "value": "Job2"
    }
}
```

如果要列举这个目录下所有的 key，并且按照 key 的名字排序输出的话，则需要加上 sorted=true 参数。示例代码具体如下：

```
curl -s 'http://127.0.0.1:2379/v2/keys/queue?recursive=true&sorted=true'
{
    "action": "get",
    "node": {
        "createdIndex": 2,
        "dir": true,
```

```
            "key": "/queue",
            "modifiedIndex": 2,
            "nodes": [
                {
                    "createdIndex": 2,
                    "key": "/queue/00000000000000000002",
                    "modifiedIndex": 2,
                    "value": "Job1"
                },
                {
                    "createdIndex": 3,
                    "key": "/queue/00000000000000000003",
                    "modifiedIndex": 3,
                    "value": "Job2"
                }
            ]
        }
    }
```

## 4.2.6 目录 TTL

与 key 类似，etcd 中的目录也可以设置成一段时间后过期。我们可以在 PUT 请求创建目录时设置一个 TTL 来实现目录的过期时间。示例代码具体如下：

```
curl http://127.0.0.1:2379/v2/keys/dir -XPUT -d ttl=30 -d dir=true
{
    "action": "set",
    "node": {
        "createdIndex": 17,
        "dir": true,
        "expiration": "2013-12-11T10:37:33.689275857-08:00",
        "key": "/dir",
        "modifiedIndex": 17,
        "ttl": 30
    }
}
```

如上代码所示，该目录的 TTL 被设置成了 30s。目录的 TTL 可以通过一次更新操作来刷新，即在一次 PUT 请求中设置 prevExist=true（表明不是新建一个目录）和一个新的 TTL 值，具体代码如下所示：

```
curl http://127.0.0.1:2379/v2/keys/dir -XPUT -d ttl=20 -d dir=true -d
    prevExist=true
```

在这个目录过期之前，目录下的 key 与其他别的 key 并没有什么不同。但是，当目录过期时，该目录下的 key 会被连带删除，而 watch 该目录（或该目录下 key）的客户端将会收到一个 event，提示 key 已经过期，具体代码如下所示：

```
curl 'http://127.0.0.1:2379/v2/keys/dir?wait=true'
{
    "action": "expire",
    "node": {
        "createdIndex": 8,
        "key": "/dir",
        "modifiedIndex": 15
    },
    "prevNode": {
        "createdIndex": 8,
        "key": "/dir",
        "dir":true,
        "modifiedIndex": 17,
        "expiration": "2013-12-11T10:39:35.689275857-08:00"
    }
}
```

### 4.2.7 原子的 CAS

CAS 即 Compare-And-Swap，表示先比较，如果不一样，再交换。CAS 是用于构建分布式锁服务的一个基本操作。etcd 既然可以作为一个分布式集群的中心协同服务，那么其对 CAS 的支持就属于一个基本功能。

对于 etcd 的 CAS 命令，只有当客户端提供的条件与当前情况相符时，才会设置一个 key 的 value。

需要注意的是，CAS 操作并不适用于目录。如果对目录执行 CAS 命令，那么 etcd 就会返回一个“102 Not a file”的错误。

etcd 支持的 CAS 命令的比较条件包含如下几种。

❑ prevValue：检查 key 之前的 value。

❑ prevIndex：检查 key 之前的 modifiedIndex。

❑ prevExist：检查 key 是否存在。如果存在，则是一个更新操作；如果不存在，则是一个新建操作。

下面来看一个简单的例子。首先，创建一个键值对：foo=one。具体代码如下所示：

```
curl http://127.0.0.1:2379/v2/keys/foo -XPUT -d value=one
{
    "action":"set",
    "node":{
        "key":"/foo",
        "value":"one",
        "modifiedIndex":4,
        "createdIndex":4
    }
}
```

接下来，在另一个 PUT 请求中设置 prevExist=false 来更新已经存在的“/foo”，这个 key 会像我们预期的那样失败，具体如下：

```
curl http://127.0.0.1:2379/v2/keys/foo?prevExist=false -XPUT -d
    value=three
```

下面的错误信息解释了失败原因，即 key 已经存在：

```
{
    "cause": "/foo",
    "errorCode": 105,
    "index": 39776,
    "message": "Key already exists"
}
```

如果我们把上述命令中的 prevExist 参数换成 prevValue，代码如下：

```
curl http://127.0.0.1:2379/v2/keys/foo?prevValue=two -XPUT -d value=three
```

那么，etcd 会比较“ /foo”这个 key 之前的 value 与命令所提供的 value 是否一致。如果一致，就会将“/foo”的 value 更新成 three。显而易见的是，上面那条 CAS 命令会失败，具体如下：

```
{
    "cause": "[two != one]",
    "errorCode": 101,
    "index": 8,
    "message": "Compare failed"
}
```

“cause”里的信息解释了失败的原因。

下面这条命令将被成功执行：

```
curl http://127.0.0.1:2379/v2/keys/foo?prevValue=one -XPUT -d value=two
```

具体响应信息如下所示：

```
{
    "action": "compareAndSwap",
    "node": {
        "createdIndex": 8,
        "key": "/foo",
        "modifiedIndex": 9,
        "value": "two"
    },
    "prevNode": {
        "createdIndex": 8,
        "key": "/foo",
        "modifiedIndex": 8,
        "value": "one"
    }
}
```

由于我们为“/foo”这个 key 提供了正确的 value，因此上面这条命令就会成功地将“/foo”的值 value 从 one 更新为 two。

### 4.2.8　原子的 CAD

CAD 即 Compare-And-Delete，表示先比较客户端提供的条件与当前条件是否相等，如果相等，则删除对应的key。

与CAS类似,CAD命令同样也对目录不适用。如果对目录执行CAD命令，那么etcd就会返回一个“102 Not a file”的错误。

etcd支持的CAD命令的比较条件包含如下几种：

- prevValue：检查key之前的value。
- prevIndex：检查key之前的modifiedIndex。

下面列举一个简单的例子。首先，创建一个键值对：foo=one。具体代码如下所示：

```
curl http://127.0.0.1:2379/v2/keys/foo -XPUT -d value=one
```

与CAS类似，CAD命令会指定一个不匹配的prevValue，例如当prev Value=two时会提示失败，具体如下：

```
curl http://127.0.0.1:2379/v2/keys/foo?prevValue=two -XDELETE
```

错误信息解释了问题的所在：

```
{
    "errorCode": 101,
    "message": "Compare failed",
    "cause": "[two != one]",
    "index": 8
}
```

使用不匹配的prevIndex的CAD命令同样也会失败，示例代码如下所示：

```
curl http://127.0.0.1:2379/v2/keys/foo?prevIndex=1 -XDELETE
{
    "errorCode": 101,
    "message": "Compare failed",
    "cause": "[1 != 8]",
    "index": 8
}
```

下面将演示一个正确的 CAD 命令的用法：

```
curl http://127.0.0.1:2379/v2/keys/foo?prevValue=one -XDELETE
```

上述代码将执行成功并返回如下信息：

```
{
    "action": "compareAndDelete",
    "node": {
        "key": "/foo",
        "modifiedIndex": 9,
        "createdIndex": 8
    },
    "prevNode": {
        "key": "/foo",
        "value": "one",
        "modifiedIndex": 8,
        "createdIndex": 8
    }
}
```

### 4.2.9　创建目录

在大多数情况下，key 的目录都是自动创建的。比如，创建“/foo/bar”这个 key 时，目录“/foo”会由 etcd 自动创建。当然也有手动创建或删除目录的场景。

创建目录的命令与创建 key 的命令类似，但不能提供 value，而且必须设置 dir=true 参数。示例代码如下所示：

```
curl http://127.0.0.1:2379/v2/keys/dir -XPUT -d dir=true
{
    "action": "set",
    "node": {
        "createdIndex": 30,
        "dir": true,
        "key": "/dir",
        "modifiedIndex": 30
    }
}
```

### 4.2.10 罗列目录

假设除了上面的键值对 foo=two，我们还通过以下命令创建了一个键值对：

```
curl http://127.0.0.1:2379/v2/keys/foo_dir/foo -XPUT -d value=bar
{
    "action": "set",
    "node": {
        "createdIndex": 2,
        "key": "/foo_dir/foo",
        "modifiedIndex": 2,
        "value": "bar"
    }
}
```

现在，要通过如下的 GET 命令，列举根目录“/”下的所有 key：

```
curl http://127.0.0.1:2379/v2/keys/
```

客户端应该返回以下数组项：

```
{
    "action": "get",
    "node": {
        "key": "/",
        "dir": true,
        "nodes": [
            {
                "key": "/foo_dir",
                "dir": true,
                "modifiedIndex": 2,
                "createdIndex": 2
            },
            {
                "key": "/foo",
                "value": "two",
                "modifiedIndex": 1,
                "createdIndex": 1
            }
        ]
    }
}
```

从响应信息不难看出，“/foo”是根目录“/”下的一个键值对，而“/foo_dir”

则是根目录“/”下的一个目录。默认情况下，GET 目录只能返回该目录下一级的子目录或 key，如果该目录的子目录下还有嵌套内容，则该目录无法返回。因此，“/”目录的子目录“/foo_dir”下面的 key 在以上返回体中就没有直接打印出来。

通过在 GET 目录的请求中设置 recursive=true 参数，我们能够递归地获取一个目录及其子目录下的所有内容。示例代码具体如下：

```
curl http://127.0.0.1:2379/v2/keys/?recursive=true
{
    "action": "get",
    "node": {
        "key": "/",
        "dir": true,
        "nodes": [
            {
                "key": "/foo_dir",
                "dir": true,
                "nodes": [
                    {
                        "key": "/foo_dir/foo",
                        "value": "bar",
                        "modifiedIndex": 2,
                        "createdIndex": 2
                    }
                ],
                "modifiedIndex": 2,
                "createdIndex": 2
            },
            {
                "key": "/foo",
                "value": "two",
                "modifiedIndex": 1,
                "createdIndex": 1
            }
        ]
    }
}
```

如上代码所示，这次响应体返回了子目录“/foo_dir”下的 key“/foo_dir/foo”。

### 4.2.11 删除目录

我们可以通过 DELETE 方法以及设置参数 dir=true 来删除一个空目录（该目录不包含任何内容）。示例代码具体如下：

```
curl 'http://127.0.0.1:2379/v2/keys/foo_dir?dir=true' -XDELETE

{
    "action": "delete",
    "node": {
        "createdIndex": 30,
        "dir": true,
        "key": "/foo_dir",
        "modifiedIndex": 31
    },
    "prevNode": {
        "createdIndex": 30,
        "key": "/foo_dir",
        "dir": true,
        "modifiedIndex": 30
    }
}
```

如果要删除包含 key 的目录，则必须指定 recursive=true 参数，具体代码如下所示：

```
curl http://127.0.0.1:2379/v2/keys/dir?recursive=true -XDELETE

{
    "action": "delete",
    "node": {
        "createdIndex": 10,
        "dir": true,
        "key": "/dir",
        "modifiedIndex": 11
    },
    "prevNode": {
        "createdIndex": 10,
        "dir": true,
        "key": "/dir",
        "modifiedIndex": 10
    }
}
```

### 4.2.12 获取一个隐藏节点

在 etcd 中，命令前缀带下划线“ _ ”的 key 或目录称为隐藏 key 或隐藏目录。默认情况下，etcd 不会对一个 GET 请求返回隐藏 key 或隐藏目录，请看下面的示例代码。

首先，创建一个名为“/_message”的隐藏 key，具体代码如下所示：

```
curl http://127.0.0.1:2379/v2/keys/message -XPUT -d value="Hello world"
{
    "action": "set",
    "node": {
        "createdIndex": 4,
        "key": "/message",
        "modifiedIndex": 4,
        "value": "Hello world"
    }
}
```

这时候，再获取根目录“/”下的所有 key，具体代码如下所示：

```
curl http://127.0.0.1:2379/v2/keys/
{
    "action": "get",
    "node": {
        "dir": true,
        "key": "/",
        "nodes": [
            {
                "createdIndex": 2,
                "dir": true,
                "key": "/foo_dir",
                "modifiedIndex": 2
            },
            {
                "createdIndex": 4,
                "key": "/message",
                "modifiedIndex": 4,
                "value": "Hello world"
            }
        ]
    }
}
```

以上输出信息也说明了，etcd 对 GET 请求返回了“/message”这个 key，但隐藏了“/_message”这个 key。

### 4.2.13 通过文件设置 key

etcd 也可以用来直接存储一些小的配置文件，比如 JSON 文档、XML 文档等。例如，可以使用 curl 命令上传一个简单的文本文件并进行编码。具体代码如下所示：

```
echo "Hello\nWorld" > afile.txt
curl http://127.0.0.1:2379/v2/keys/afile -XPUT --data-urlencode value@
    afile.txt
...

...json
{
    "action": "get",[get?]
    "node": {
        "createdIndex": 2,
        "key": "/afile",
        "modifiedIndex": 2,
        "value": "Hello\nWorld\n"
    }
}
```

### 4.2.14 线性读

如果希望 etcd 读是完全线性（linearized）的，即发生在写之后的读一定能读到之前写的内容，那么可以在 GET 请求中设置 quorum=true。需要注意的是，这样一来，读操作就会经历与写操作非常类似的数据路径，读性能将下降到与写操作差不多。

## 4.3 统计数据

etcd 会统计集群运行时的一些数据，例如，请求时延、数据带宽、运行时长等。这些数据通过 API 暴露给客户端，客户端通过访问 API 来获取这些数据，以了解集群的运行状况。

### 4.3.1 Leader 数据

etcd 集群 Leader 能够以全局的视角看到集群的全貌，并跟踪记录两项有意思的数据，具体如下。

- 集群中每个节点的时延。
- 失败 / 成功的 Raft RPC 请求次数。

客户端可以通过访问 etcd server 的“/v2/stats/leader”端点来抓取这些数据，具体代码如下所示：

```
curl http://127.0.0.1:2379/v2/stats/leader
{
    "followers": {
        "6e3bd23ae5f1eae0": {
            "counts": {
                "fail": 0,
                "success": 745
            },
            "latency": {
                "average": 0.017039507382550306,
                "current": 0.000138,
                "maximum": 1.007649,
                "minimum": 0,
                "standardDeviation": 0.05289178277920594
            }
        },
        "a8266ecf031671f3": {
            "counts": {
                "fail": 0,
                "success": 735
            },
            "latency": {
                "average": 0.012124141496598642,
                "current": 0.000559,
                "maximum": 0.791547,
                "minimum": 0,
```

```
                "standardDeviation": 0.04187900156583733
            }
        }
    },
    "leader": "924e2e83e93f2560"
}
```

需要注意的是，这些数据都不是持久存储的。

### 4.3.2 节点自身的数据

每个节点自身都会维护以下数据项。

- id：每个节点的唯一标识符。
- leaderInfo.leader：集群当前 Leader 的 id。
- leaderInfo.uptime：集群当前 Leader 的在任时长。
- name：该节点的 name。
- recvAppendRequestCnt：该节点已处理的 append 请求数。
- recvBandwidthRate：该节点每秒收到的字节（只有 Follower 才有）。
- recvPkgRate：该节点每秒收到的请求数（只有 Follower 才有）。
- sendAppendRequestCnt：该节点已发送的 append 请求数。
- sendBandwidthRate ：该节点每秒发送的字节（只有 Follower 才有，且单节点集群没有这项数据）。
- sendPkgRate ：该节点每秒发送的请求数（只有 Follower 才有，并且单节点集群没有这项数据）。
- state：该节点在 Raft 协议里的角色，Leader 或 Follower。
- startTime：该 etcd server 的启动时间。

可通过访问每个节点的“/v2/stats/self”来抓取以上数据，但是访问 Leader 和 Follower 获得的数据会各不相同。

下面是访问 Follower 的数据，具体代码如下所示：

```
curl http://127.0.0.1:2379/v2/stats/self
{
    "id": "eca0338f4ea31566",
    "leaderInfo": {
        "leader": "8a69d5f6b7814500",
        "startTime": "2014-10-24T13:15:51.186620747-07:00",
        "uptime": "10m59.322358947s"
    },
    "name": "node3",
    "recvAppendRequestCnt": 5944,
    "recvBandwidthRate": 570.6254930219969,
    "recvPkgRate": 9.00892789741075,
    "sendAppendRequestCnt": 0,
    "startTime": "2014-10-24T13:15:50.072007085-07:00",
    "state": "StateFollower"
}
```

下面是访问 Leader 的数据，具体代码如下所示：

```
curl http://127.0.0.1:2379/v2/stats/self
   {
    "id": "924e2e83e93f2560",
    "leaderInfo": {
        "leader": "924e2e83e93f2560",
        "startTime": "2015-02-09T11:38:30.177534688-08:00",
        "uptime": "9m33.891343412s"
    },
    "name": "infra3",
    "recvAppendRequestCnt": 0,
    "sendAppendRequestCnt": 6535,
    "sendBandwidthRate": 824.1758351191694,
    "sendPkgRate": 11.111234716807138,
    "startTime": "2015-02-09T11:38:28.972034204-08:00",
    "state": "StateLeader"
}
```

注意 etcd v2 的数据路径是“/v2/xxx”。

### 4.3.3 更多统计数据

更多的统计数据是 etcd server 处理请求的数据。需要注意的是，etcd v2 将这些数据记录在内存中，在 etcd server 重启之后，这些数据也将随之消失。

集群内的全部节点都会记录修改存储状态的操作，例如，创建、删除和更新、记录操作计数等。而 GET 和 watch 操作只会被本地节点记录。通过访问"/v2/stats/store"就能抓取这些数据。示例代码具体如下：

```
curl http://127.0.0.1:2379/v2/stats/store
{
    "compareAndSwapFail": 0,
    "compareAndSwapSuccess": 0,
    "createFail": 0,
    "createSuccess": 2,
    "deleteFail": 0,
    "deleteSuccess": 0,
    "expireCount": 0,
    "getsFail": 4,
    "getsSuccess": 75,
    "setsFail": 2,
    "setsSuccess": 4,
    "updateFail": 0,
    "updateSuccess": 0,
    "watchers": 0
}
```

## 4.4 member API

etcd 集群的节点管理可以通过 member API 来实现。member API 包含四类操作——增、删、改、查，具体是 List member、Add member、delete member 和修改 member 的 peer url。

### 4.4.1 List member

以下 GET 请求可以返回集群内所有 member 的信息，示例代码具体如下：

```
curl http://10.0.0.10:2379/v2/members
{
    "members": [
        {
            "id": "272e204152",
            "name": "infra1",
            "peerURLs": [
                "http://10.0.0.10:2380"
```

```
                ],
                "clientURLs": [
                    "http://10.0.0.10:2379"
                ]
            },
            {
                "id": "2225373f43",
                "name": "infra2",
                "peerURLs": [
                    "http://10.0.0.11:2380"
                ],
                "clientURLs": [
                    "http://10.0.0.11:2379"
                ]
            },
        ]
    }
```

### 4.4.2 加入一个 member

以下 HTTP POST 请求将添加一个 member 到集群：

```
curl http://10.0.0.10:2379/v2/members -XPOST \
-H "Content-Type: application/json" -d '{"peerURLs":["ht
tp://10.0.0.10:2380"]}'
{
    "id": "3777296169",
    "peerURLs": [
        "http://10.0.0.10:2380"
    ]
}
```

### 4.4.3 删除一个 member

从集群中删除一个 member，客户端需要提供一个十六进制的 member ID。当 etcd server 返回一个 204 状态码和一个空内容时，则表明 member 删除成功。如果指定的 member 在集群中并不存在或 etcd server 操作超时，则会返回一个 500（尽管后台可能还在处理）。具体命令如下所示：

```
curl http://10.0.0.10:2379/v2/members/272e204152 -XDELETE
```

### 4.4.4 修改member的peer URL

etcd节点之间通过互相访问peer URL进行通信。修改member的peer URL（一个或多个）可以通过一个HTTP PUT请求来实现，在请求URL中包含的member ID信息用来指定对应的member。如果member不存在，则会返回404错误码。如果要修改的任意一个peer URL在集群中已经存在，那么这里就会返回409错误码。如果etcd server处理请求超时，则会返回一个500（尽管后台可能还在处理）。下面的命令用于修改member ID为272e204152的peerURLs属性：

```
curl http://10.0.0.10:2379/v2/members/272e204152 -XPUT \
-H"Content-Type: application/json" -d '{"peerURLs":["http://10.0.0.10:2380"]}'
```

第5章 Chapter 5

# etcd 开放 API 之 v3

etcd v3.0.0 于 2016 年 6 月 30 日正式发布，该版本标志着 etcd v3 数据模型和 API 正式稳定。etcd v3 存储的数据通过 KV API 对外暴露，并在 API 的层级支持 mini 事务。为了保证向后的兼容性，etcd v3 依然保留了 etcd v2 的协议和 API，同时又提供了一套 v3 的 API。也就是说 etcd v2 和 etcd v3 本质上是共享同一套 Raft 协议代码的两个独立应用，它们的区别在于 API 不同，存储不同，数据互相隔离。如果从 etcd v2 升级到 etcd v3，那么原来 v2 的数据还是只能用 v2 的 API 来访问，通过 v3 API 创建的数据也只能通过 v3 的接口来访问，这也就意味着将 etcd 集群从 v2 升级到 v3 对客户端来讲是透明的。从 etcd v2 升级到 etcd v3，官方也有专门的指导文档，后面的章节也会专门进行介绍。

etcd v3 吸收了 etcd v2 的很多经验，同时又根据 etcd v2 在实际应用中遇到的问题进行了很多重要的改进，尤其是在效率、可靠性，以及性能上进行了各种优化。

## 5.1 从 etcd v2 到 etcd v3

etcd 原本的定位就是解决分布式系统的协调问题，现在 etcd 已经广泛应用于分布式网络、服务发现、配置共享、分布式系统调度和负载均衡等领域。etcd v2 的大部分设计和决策已在实践中证明是非常正确的：专注于 key-value 存储而不是一个完整的数据库，通过 HTTP+JSON 的方式暴露给外部 API，观察者（watch）机制提供持续监听某个 key 变化的功能，以及基于 TTL 的 key 的自动过期机制等。这些特性和设计很好地满足了 etcd 的初步需求。

然而，在实际使用过程中我们也发现了一些问题，比如，客户端需要频繁地与服务端进行通信，集群即使在空闲时间也要承受较大的压力，以及垃圾回收 key 的时间不稳定等。另外，虽然 etcd v2 可以基本满足分布式协调的功能，但是当今的“微服务”架构要求 etcd 能够单集群支撑更大规模的并发。

鉴于以上问题和需求，etcd v3 充分借鉴了 etcd v2 的经验，吸收了 etcd v2 的教训，做出了如下改进和优化。

- 使用 gRPC+protobuf 取代 HTTP+JSON 通信，提高通信效率；另外通过 gRPC gateway 来继续保持对 HTTP JSON 接口的支持。
- 使用更轻量级的基于租约（lease）的 key 自动过期机制，取代了基于 TTL 的 key 的自动过期机制。
- 观察者（watcher）机制也进行了重新设计。etcd v2 的观察者机制是基于 HTTP 长连接的事件驱动机制；而 etcd v3 的观察者机制是基于 HTTP/2 的 server push，并且对事件进行了多路复用（multiplexing）优化。
- etcd v3 的数据模型也发生了较大的改变，etcd v2 是一个简单的 key-value 的内存数据库，而 etcd v3 则是支持事务和多版本并发控制的磁盘数据库。etcd v2 数据不直接落盘，落盘的日志和快照文件只是数据的中间格式而非最终形式，系统通过回放日志文件来构建数据的最终形态。etcd v3 落盘的是数据的最终形态，日志和快照的主要作用是进行分布式的复制。

下面我们将分别阐述 etcd v3 的一些重要特性。

### 5.1.1 gRPC

gRPC 是 Google 开源的一个高性能、跨语言的 RPC 框架，基于 HTTP/2 协议实现。它使用 protobuf 作为序列化和反序列化协议，即基于 protobuf 来声明数据模型和 RPC 接口服务。

### 5.1.2 序列化和反序列化优化

protobuf 的效率很高，远高于 JSON。尽管 etcd v2 的客户端已经对 JSON 的序列化和反序列化进行了大量的优化，但是 etcd v3 的 gRPC 序列化和反序列化的速度依旧是 etcd v2 的两倍多。

### 5.1.3 减少 TCP 连接

etcd v2 的通信协议使用的是 HTTP/1.1，而 gRPC 支持 HTTP/2，HTTP/2 对 HTTP 通信进行了多路复用，可以共享一个 TCP 连接。因此 etcd v3 大大减少了客户端与服务器端的连接数，一个客户端只需要与服务器端建立一个 TCP 连接即可。而对于 etcd v2 来说，一个客户端需要与服务器端建立多个 TCP 连接，每个 HTTP 请求都需要建立一个连接。

### 5.1.4 租约机制

etcd v2 的 key 的自动过期机制是基于 TTL 的：客户端可以为一个 key 设置自动过期时间，一旦 TTL 到了，服务端就会自动删除该 key。如果客户端不想服务器端删除某个 key，就需要定期去更新这个 key 的 TTL。也就是说，即使整个集群都处于空闲状态，也会有很多客户端需要与服务器端进行定期通信，以保证某个 key 不被自动删除。而且 TTL 是设置在 key 上的，那么对于客户端想保留的每个 key，客户端需要对每个 key 都进行定期更新，即使这些 key 的过期时间是一样的。

etcd v3 使用租约（lease）机制，替代了基于 TTL 的自动过期机制。用户可以创建一个租约，然后将这个租约与 key 关联起来。一旦一个租约过期，etcd v3 服务器端就会删除与这个租约关联的所有的 key。也就是说，如果多个 key 的过期时间是一样的，那么这些 key 就可以共享一个租约。这就大大减小了客户端请求的数量，对于过期时间相同，共享了一个租约的所有 key，客户端只需要更新这个租约的过期时间即可，而不是像 etcd v2 一样更新所有 key 的过期时间。

### 5.1.5 etcd v3 的观察者模式

观察者机制使得客户端可以监控一个 key 的变化，当 key 发生变化时，服务器端将通知客户端，而不是让客户端定期向服务器端发送请求去轮询 key 的变化。这一点不像 ZooKeeper 和 Consul，对于每个 watch 请求（实现上是 HTTP GET 请求）只返回一个事件，如果客户端想要继续 watch 之前的 key，就只能再发送一次 watch 请求。而在两次 watch 请求之间，如果 key 发生了变更，那么客户端就会感知不到。etcd 从设计之初就想解决这个问题，支持客户端连续不断地接收所监控的 key 的更新事件。

etcd v2 通过索引的方式支持连续 watch，客户端每次 watch 都可以带上之前的 key 的索引，然后服务端会返回比上一次 watch 更新的数据。然而，etcd v2 的服务端对每个客户端的每个 watch 请求都维持着一个 HTTP 长连接。如果数千个客户端 watch 了数千个 key，那么 etcd v2 服务器端的 socket 和内存等资源很快就会被耗尽。

etcd v3 的改进方法是对来自于同一个客户端的 watch 请求进行了多路复用（multiplexing）。这样的话，同一个客户端只需要与服务器端维护一个 TCP 连接即可，这就大大减轻了服务器端的压力。

### 5.1.6　etcd v3 的数据存储模型

etcd 是一个 key-value 数据库，etcd v2 只保存了 key 的最新的 value，之前的 value 直接被覆盖了。但是有的应用需要知道一个 key 的所有 value 的历史变更记录，因此 etcd v2 维护了一个全局的 key 的历史记录变更的窗口，默认保存最新的 1000 个变更，而且这 1000 个变更不是某一个 key 的，而是整个数据库全局的历史变更记录。由于 etcd v2 最多只能保存 1000 个历史变更，因此在很短的时间内如果有频繁的写操作的话，那么变更记录会很快超过 1000；如果 watch 过慢就会无法得到之前的变更，带来的后果就是 watch 丢失事件。etcd v3 为了支持多纪录，抛弃了这种不稳定的“滑动窗口”式的设计，通过引入 MVCC（多版本并发控制），采用了从历史记录为主索引的存储结构，保存了 key 的所有历史变更记录。etcd v3 可以存储上十万个纪录进行快速查询，并且支持根据用户的要求进行压缩合并。

多版本键值可以减轻用户设计分布式系统的难度。通过对多版本的控制，用户可以获得一个一致的键值空间的快照。用户可以在无锁的状态下查询快照上的键值，从而帮助做出下一步决定。

客户端在 GET 一个 key 的 value 时，可以指定一个版本号，服务器端会返回紧接着这个版本之后的 value。这样的话，有需要的应用就可以知道 key 的所有历史变更记录。客户端也可以指定版本号进行 watch，服务端会连续不断地把该版本号之后的变更都通知给客户端。

etcd v3 除了保存 key 的所有历史变更记录之外，它还在存储的实现上摒弃了 etcd v2 的目录式层级化设计，代之以一个扁平化的设计。这是因为有的应用会针对单个key进行操作，而有的应用则会递归地对一个目录下的所有key进行操作。在实现上，维护一个目录式的层级化存储会带来一些额外的开销，而扁平化的设计也可以支持用户的这些操作，同时还会更加轻量级。etcd v3使用扁平化的设计，用一个线段树（interval tree）来支持范围查询、前缀查询等。对目录的查询操作，在实现上其实是将目录看作是对相同前缀的key的查询操作。

由于etcd v3实现了MVCC，保存了每个key-value pair的历史版本，数据量大了很多，不能将整个数据库都放在内存里了。因此etcd v3摒弃了内存数据库，转为磁盘数据库，整个数据库都存储在磁盘上，底层的存储引擎使用的是BoltDB。

### 5.1.7 etcd v3的迷你事务

etcd v3除了提供读写API以外，还提供组合API，即事务API。

很多情况下，客户端需要同时去读或者写一个key，或者很多个key。提供同步原语来防止数据竞争是非常重要的。出于这个目的，etcd v2提供了条件更新操作，即CAS（Compare-And-Swap）操作。客户端在对一个key进行写操作的时候需要提供该key的版本号或当前值，服务器端会对其进行比较，如果服务器端的key值或者版本号已经更新了，那么CAS操作就会失败。但CAS操作只是针对单个key提供了简单的信号量和有限的原子操作，因此远远不能满足更加复杂的使用场景，尤其是当涉及多个key的变更操作时，比如分布式锁和事务处理。故而etcd v3引入了迷你事务（mini-transaction）的概念。每个迷你事务都可以包含一系列的条件语句，只有在还有条件满足时事务才会执行成功。

迷你事务支持原子地比较多个键值并且操作多个键值。之前的CAS实际上是一个特殊的针对单个key的迷你事务。这里列举一个简单的例子：Tx(compare: A=1 && B=2, success: C=3, D =3, fail: C=0, D=0)。当etcd收到这条事务请求时，etcd 会原子地判断 A 和 B 当前的值和期望的值。如果判断成功，则 C 和 D 的值都会被设置为 3。

### 5.1.8　快照

etcd v2 与其他类似的开源一致性系统一样，最多只能有数十万级别的 key。主要原因是一致性系统都采用了基于 log 的复制。log 不能无限增长，所以在某一时刻系统需要做一个完整的快照，并且将快照存储到磁盘中。在存储快照之后才能将之前的 log 丢弃。每次存储完整的快照是一件非常没有效率的事情，但是对于一致性系统来说，设计增量快照以及传输同步大量数据都是非常烦琐的。etcd v3 通过对 Raft 和存储系统的重构，能够很好地支持增量快照和传输相对较大的快照。目前 etcd v3 可以存储百万到千万级别的 key。

### 5.1.9　大规模 watch

etcd v2 中的每个 Watcher 都会占用一个 TCP 资源和一个 go routine 资源，大概要消耗 30～40KB。etcd v3 通过减小每个 Watcher 带来的资源消耗来支持大规模的 watch。一方面，etcd 利用了 HTTP/2 的 TCP 连接多路复用，这样同一个客户端的不同 Watch 就可以共享同一个 TCP 连接了。另一方面，同一个用户的不同 Watcher 只消耗一个 go routine，这样就再一次减轻了 etcd 服务器的资源消耗。

以上这些便是笔者总结的 etcd v3 相对于 v2 的重大变更，里面的很多特性都会在后面的章节用大量的笔墨展开描述，这里只进行点到为止的简单介绍。

在大概了解 etcd v2 到 v3 的演进之后，下文将试图提供一个 etcd v3 API 的全貌，但不准备也没法做到面面俱到，尤其是对于那些不常用的 API。我们将重点聚焦于那些能够帮助我们理解 etcd v3 的基础 API。

## 5.2 gRPC 服务

发送至 etcd v3 服务器的每一个 API 请求均为 gRPC 远程过程调用。根据各 RPC 的设计功能，etcd v3 将其归类为不同的服务（service），而 service 又可分为方法（method）定义与消息（message）定义。下面列举一个 KV 服务的例子，示例代码如下：

```
service KV {
    // 从键值存储中获取某个范围的key
    rpc Range(RangeRequest) returns (RangeResponse) {}

    // 将给定key写到键值存储
    // put请求增加键值存储的revision，并在事件历史中生成一个事件
    rpc Put(PutRequest) returns (PutResponse) {}

    // 从键值存储中删除给定的范围
    // 删除请求增加键值存储的revision，并在事件历史中为每个被删除的key生成一个删除事件
    rpc DeleteRange(DeleteRangeRequest) returns (DeleteRangeResponse) {}

    // 在单个事务中处理多个请求
    // 一个事务中请求增加键值存储的revision，并为每个完成的请求生成一个带有相同
        revision的事件
    // 不允许在一个txn中多次修改同一个key.
    rpc Txn(TxnRequest) returns (TxnResponse) {}

    // 压缩在etcd键值存储中的事件历史
    // 键值存储应该定期压缩，否则事件历史会无限制地持续增长，消耗系统的大量磁盘空间
    rpc Compact(CompactionRequest) returns (CompactionResponse) {}
}

message PutRequest {
    // key is the key, in bytes, to put into the key-value store.
    bytes key = 1;
    // value is the value, in bytes, to associate with the key in the key-
       value store.
    bytes value = 2;
    // lease is the lease ID to associate with the key in the key-value store.
       A lease
  // value of 0 indicates no lease.
    int64 lease = 3;
    ...
}

message PutResponse {
    ResponseHeader header = 1;
```

```
    // if prev_kv is set in the request, the previous key-value pair will be
        returned.
    mvccpb.KeyValue prev_kv = 2;
}

message ResponseHeader {
    // cluster_id is the ID of the cluster which sent the response.
    uint64 cluster_id = 1;
    // member_id is the ID of the member which sent the response.
    uint64 member_id = 2;
    // revision is the key-value store revision when the request was
        applied.
    int64 revision = 3;
    // raft_term is the raft term when the request was applied.
    uint64 raft_term = 4;
}
```

根据etcd v3所定义的不同服务，其API可分为键值（KV）、集群（Cluster）、维护（Maintenance）、认证/鉴权（Auth）、观察（Watch）与租约（Lease）6大类。

各类服务所包含的方法具体描述了与其对应的API所具备的功能。从大的角度概括，这些服务又可以分成两大类，其中一类是管理集群的API，具体包括如下功能。

- Auth Service可使能或失能某项鉴定过程以及处理鉴定的请求，比如，增加或删除用户、更改用户密码、查询用户信息和获取用户列表，以及授予或撤销用户角色；增加或删除角色、查询角色信息和获取角色列表，以及为角色授予或撤销某项特定的key。
- Cluster Service用于在集群中增加或删除成员，更新成员配置，以及得到集群中包含所有成员的列表。
- Maintenance Service则提供了启动或停止警报以及查询警报的功能，还可查询成员的状态信息，为成员后端的数据库整理碎片，在client的流中发送某成员的完整后端快照等。

另外，还有一大类是处理etcd键值空间的API，具体包括如下内容。

- KV Service：用于创建、更新、获取以及删除键值对。
- Watch Service：用于监测 key 的变化。
- Lease Service：用于消耗客户端 keep-alive 消息的原语。

## 5.3 请求和响应

etcd v3 的所有 RPC 都遵从相同的格式。每个 RPC 都形如一个函数声明，都有一个入参和一个返回值。下面将以 Range RPC 为例进行详细的阐述。以下示例代码是 Range RPC 的声明：

```
rpc Range(RangeRequest) returns (RangeResponse) {}
```

上面的示例代码表示 Range 远端过程调用，从键值存储中获取某个范围内的 key。需要注意的是，etcd v3 即使是获取单个 key，也需要使用 Range 来调用。Range 请求的消息体是 RangeRequest，具体代码如下所示：

```
message RangeRequest {
    enum SortOrder {
        NONE = 0; // 默认，不排序
        ASCEND = 1; // 正序，低的值在前
        DESCEND = 2; // 倒序，高的值在前
    }
    enum SortTarget {
        KEY = 0;
        VERSION = 1;
        CREATE = 2;
        MOD = 3;
        VALUE = 4;
    }
    bytes key = 1;
    bytes range_end = 2;
    int64 limit = 3;
    int64 revision = 4;
    SortOrder sort_order = 5;
    SortTarget sort_target = 6;
    bool serializable = 7;
    bool keys_only = 8;
    bool count_only = 9;
}
```

对于上述请求中字段的具体含义，下面会有专门的解释。Range请求应答的消息体是RangeResponse，示例代码具体如下：

```
message RangeResponse {
    ResponseHeader header = 1;
    repeated mvccpb.KeyValue kvs = 2;
    bool more = 3;
    int64 count = 4;
}
```

etcd v3 API的所有响应都携带有一个响应头部，包含了etcd集群的元数据。示例代码具体如下：

```
message ResponseHeader {
    uint64 cluster_id = 1;
    uint64 member_id = 2;
    int64 revision = 3;
    uint64 raft_term = 4;
}
```

上述代码中各字段的说明具体如下。

1）cluster_id：生成该响应的cluster ID。

2）member_id：生成该响应的member ID。

3）revision：生成该响应的键值存储的版本。修改etcd后台键值存储的每一步操作都会被赋予一个单调递增的版本号（revision）。一个事务可能多次修改后台键值存储，但只会产生一个revision。被操作修改的键值对的revision属性与操作的revision具有相同的值。revision可以用作后台键值存储的逻辑锁。拥有更大revision值的键值对肯定是在revision值较小的键值对之后被修改，两个revision相同的键值对肯定是被某个操作（一般是事务）同时修改。

4）Raft_Term：生成该响应的member所处的Raft协议任期（term）。

客户端可以通过检查Cluster_ID或Member_ID字段的值来确认是否正在与目标集群或节点通信。

客户端可以通过revision的值获取发生该操作时，etcd集群后端键值存储的最新 revision。该信息对于那些希望指定一个历史 revision 然后进行所谓的时间旅行查询的场景非常有用，同时也对那些想知道什么时候发生了数据变化的应用程序非常有用。

客户端可以通过 Raft_Term 的值来检测该 etcd 集群是否完成了一次新的领导人选举。

## 5.4 KV API

KV API 可以被用来处理储存在 etcd v3 内的键值对。需要 etcd v3 来实现的大部分操作通常都是对键值对的增删改查和 watch 请求。下面首先对 etcd v3 的键值对进行简要描述，再对各种操作键值对的调用进行详细说明。

### 5.4.1 键值对

键值对（key-value pair）是 KV API 所能处理的最小单位，每个键值对均包含一些 protobuf 格式的字段，示例代码如下所示：

```
message KeyValue {
    bytes key = 1;
    bytes value = 2;
    int64 create_revision = 3;
    int64 mod_revision = 4;
    int64 version = 5;
    int64 lease = 6;
}
```

上述代码段中各字段的说明具体如下。

- key：表示 bytes 类型，不允许为空。
- value：表示该 key 对应的 value，也是 bytes 类型。
- create_revision：表示该 key 最后一次创建时的版本号。
- mod_revision：表示该 key 最后一次修改时的版本号。

- version：表示该 key 的当前版本。删除动作会使 version 的值归 0，任何修改动作都会使 version 的值递增。
- lease：表示绑定在该 key 上的租约 ID，如果 lease 的值为 0，则表示该 key 没有绑定任何的租约。

从上面的说明可以看出，在 KV message 中，除了 key-value 映射值及其 lease 信息之外，还有一类重要的 revision 元数据（包括 create_revision 和 mod_revision）。这些 revision 信息可以根据创建时间和修改时间对 key 进行排序，这一点对于分布式协同场景下的并发管理非常有用。例如，etcd 客户端的分布式共享锁可使用 create_revision 来等待共享锁所有权的变更。

类似地，mod_revision 则被用于检测软件事务性存储读取设置冲突以及等待 Leader 竞选的更新等场景。

### 5.4.2　revision

etcd 的 revision，本质上就是 etcd 维护的一个在集群范围内有效的 64 位计数器。只要 etcd 的键空间发生变化，revision 的值就会相应地增加。也可以将 revision 看成是全局的逻辑时钟，即将所有针对后端存储的修改操作进行连续的排序。revision 的值是单调递增的，而与某 revision 相关联的数据则是那些改变了后端存储的数据。从内部实现的角度来看，出现一个新的 revision，就意味着将某些修改写入了后端的 B+ 树，而这些修改采用增大的 revision 作为索引。

对于 etcd v3 的多版本并发性控制（multi-version concurrency control，MVCC）后端而言，revision 的价值更是不言而喻。MVCC 模型是指由于保存了键空间的历史，因此可以查看过去某个 revision（时刻）的 key-value 存储。同时，为了实现细粒度的存储管理，集群管理者可自定义配置键空间历史保存策略。通常，etcd v3 会借助于自定义的计时器废弃旧键的版本（revision）——典型的 etcd v3 集群可使被替代的 key 数据保留数小时。因此，etcd v3 具备对客户端长时间断开连接的可靠处理能力，突破了仅能处理暂态网络中断的限制。在这种情况下，watch 客户端可直接根据最近一次观察到的 revision 进行恢复。类似地，如果客户端希望读取某个时间点的 key-value 存储状态，则只需在读请求中附加上某一 revision 的值，即可返回该 revision 提交时间点的 key 空间状态。

### 5.4.3 键区间

etcd v3 数据模型采用了扁平 key 空间，为所有 key 都建立了索引。该模型有别于其他常见的采用层级系统将 key 组建为目录（directory）的 key-value 存储系统（也就是 v2）。key 不再以目录的形式列出，而代之以新的方式——左闭右开的 key 区间（interval），如 [key1, keyN）。

在 etcd v3 术语及源码中，键区间通常被称为 key range（范围，亦称为区间），区间左端的字段为 key，表示 range 的非空首 key，而右端的字段则为 range_end，表示紧接 range 末 key 的后一个 key。区间操作将比目录操作更加强大。

对于 key 区间的操作而言，既保留了对目录形式 key 的查找能力，例如，区间 ['a', 'a\x00') 代表单个 key 'a'，也新增了对单键的查找，更重要的是增加了针对 key 前缀部分的查找能力，例如，区间 ['a', 'b') 代表所有以“ a”为前缀字符的 key。如果 range_end 未指定或为空，则该区间被定义成只包含 key。如果 range_end 是 key+1，例如（ "aa"+1 == "ab", "a\xff"+1 == "b"），那么该 key 区间代表所有以 key 为前缀字符串的 key。如果 key 和 range_end 都是“ \0”，那么该区间代表所有 key。如果 range_end 是“ \0”，那么该区间就代表所有大于或等于 key 的 key。

### 5.4.4 Range API

下文将讨论 etcd v3 的 Range API。

### 1. 读 Range

调用 Range API，可从 key-value 存储中读取 key 信息，其 RangeRequest 消息字段的定义代码具体如下：

```
message RangeRequest {
    enum SortOrder {
        NONE = 0; // default, no sorting
        ASCEND = 1; // lowest target value first
        DESCEND = 2; // highest target value first
    }
    enum SortTarget {
        KEY = 0;
        VERSION = 1;
        CREATE = 2;
        MOD = 3;
        VALUE = 4;
    }
    bytes key = 1;
    bytes range_end = 2;
    int64 limit = 3;
    int64 revision = 4;
    SortOrder sort_order = 5;
    SortTarget sort_target = 6;
    bool serializable = 7;
    bool keys_only = 8;
    bool count_only = 9;
    int64 min_mod_revision = 10;
    int64 max_mod_revision = 11;
    int64 min_create_revision = 12;
    int64 max_create_revision = 13;
}
```

上述代码段中各字段的说明具体如下。

- key 和 range_end 分别表示键区间的左右端。
- limit：表示一次请求所能返回的最大 key 数量，0 代表无限制。
- revision：表示该 range 请求的 key-value 后台存储的时间点。
- sort_order：表示已排序请求的顺序。
- sort_target：表示需要排序的 key-value 字段。
- serializable：bool 类型，表示设置 range 请求通过可串行化（serializable）

的方式从接受请求的节点读取本地数据。默认情况下，range 请求是可线性化的，它反映了当前集群的一致性。为了获得更好的性能和可用性，可以考虑使用可串行化的读，以有一定的概率读到过期数据为代价，不需要经过一致性协议与集群中其他节点的协同，而是直接从本地节点读数据。

- ❑ keys_only：bool 类型，表示是否只返回 key 而不返回 value。
- ❑ count_only：bool 类型，表示是否只返回 range 请求返回的 key 的数量。
- ❑ min_mod_revision：key mod_revision 的下界，用于过滤掉比这个值小的 mod_revision。
- ❑ max_mod_revision：key mod_revision 的上界，用于过滤掉比这个值大的 mod_revision。
- ❑ min_create_revision：key create_revision 的下界，用于过滤掉比这个值小的 create_revision。
- ❑ max_create_revision：key create_revision 的上界，用于过滤掉比这个值大的 create_revision。

client 从 range 的调用过程中接收到 RangeResponse 消息，其字段定义代码具体如下：

```
message RangeResponse {
    ResponseHeader header = 1;
    repeated mvccpb.KeyValue kvs = 2;
    bool more = 3;
    int64 count = 4;
}
```

上述代码段中各字段的说明具体如下。

- ❑ kvs：表示符合 range 请求的 key-value 对列表。如果 Count_Only 设置为 true，则 kvs 就为空。
- ❑ more：bool 类型，表明是否还有更多的 key 没有在响应结果中返回。
- ❑ count：表示满足 range request 的 key 的总数。

### 2. Delete Range

通过 DeleteRange 调用 DeleteRangeRequest，可删除 key 区间。其 DeleteRangeRequest 消息的字段定义代码具体如下：

```
message DeleteRangeRequest {
    bytes key = 1;
    bytes range_end = 2;
    bool prev_kv = 3;
}
```

上述代码段中各字段的说明具体如下。

- key 和 range_end：分别代表欲删除 key range 的左端和右端。
- prev_kv：bool 类型，如果被设置成 true，则会在 response 中返回所有被删除的键值对。

client 在 DeleteRange 调用过程中接收的 DeleteRangeResponse 消息，其字段定义代码具体如下：

```
message DeleteRangeResponse {
    ResponseHeader header = 1;
    int64 deleted = 2;
    repeated mvccpb.KeyValue prev_kvs = 3;
}
```

上述代码段中各字段的说明具体如下。

- deleted：表示被删除的 key 的数目。
- prev_kvs：表示所有被删除的键值对列表。

## 5.4.5 PUT 调用

通过 PUT 调用，可在 key-value 存储中写入或修改 key。该过程所携 PutRequest 消息的字段定义代码具体如下：

```
message PutRequest {
```

```
    bytes key = 1;
    bytes value = 2;
    int64 lease = 3;
    bool prev_kv = 4;
    bool ignore_value = 5;
    bool ignore_lease = 6;
}
```

上述代码段中各字段的说明具体如下。

- key：表示待写入 key-value 存储的 key。
- value：表示 PUT 操作 key 在 key-value 存储中所对应的 value。
- lease：表示关联在 key 上的租约 ID，如果 lease 的值为 0，就代表没有租约。
- prev_kv：bool 类型，设置后，会返回该 PUT 请求修改前的 key-value 对数据。
- ignore_value：bool 类型，设置后，只更新 key，但不修改当前的 value，如果 key 不存在，则会返回一个错误。
- ignore_lease：bool 类型，设置后，PUT 操作更新 key 时不改变当前的租约（lease）。如果 key 不存在，则会返回一个错误。

client 将在调用 PUT 之后，接收到 PutResponse 消息，其字段定义代码具体如下：

```
message PutResponse {
    ResponseHeader header = 1;
    mvccpb.KeyValue prev_kv = 2;
}
```

若 PutRequest 设置 prev_kv 为 true，则该 prev_kv 表示被 PUT 覆盖的 key-value 对，也就是 PUT 动作发生之前的键值对。

### 5.4.6 事务

在 etcd v3 中，事务就是一个原子的、针对 key-value 存储操作的 If/Then/

Else结构。事务提供了一个原语，用于将请求归并到一起放在原子块中（例如then/else），这些原子块的执行条件（例如if）以key-value存储里的内容为依据。事务可以用来保护key不受其他并发更新操作的修改，也可构建CAS（Compare And Swap）操作，并以此作为更高层次（应用层）并发控制的基础。

在一个事务请求中etcd可以自动处理多个普通的请求。若对于那些修改key-value存储的请求，若用同一个事务封装则意味着该事务成功执行之后，后台存储的revision只增长一次，而且该事务所有操作产生的事件都拥有同样的revision。然而，在一个事务中多次修改同一个key是被禁止的。

所有事务都由一个比较“连接”（conjunction）来守护，类似于“if”声明。每个比较会检查后台存储中的一个key。这个检查可以是如下内容：该key在后台存储是否有value？该key的value是否等于某个给定的值？除了value，还可以检查这个key的revision或version。有的比较都是原子地执行的。如果所有的比较都返回true，那么就说该事务成功了，并且会执行该事务success请求块里面的操作，反之就说该事务失败了，转而执行该事务failure请求块里面的操作。

所有的比较都由一个Compare消息表示。示例代码具体如下：

```
message Compare {
    enum CompareResult {
        EQUAL = 0;
        GREATER = 1;
        LESS = 2;
        NOT_EQUAL = 3;
    }
    enum CompareTarget {
        VERSION = 0;
        CREATE = 1;
        MOD = 2;
        VALUE= 3;
    }
    CompareResult result = 1;
    // target is the key-value field to inspect for the comparison.
    CompareTarget target = 2;
```

```
    // key is the subject key for the comparison operation.
    bytes key = 3;
    oneof target_union {
        int64 version = 4;
        int64 create_revision = 5;
        int64 mod_revision = 6;
        bytes value = 7;
    }
}
```

上述代码段中各字段的说明具体如下。

- ❑ result：该逻辑比较操作的类型，例如，等于、小于等。
- ❑ target：待比较的key-value字段。可以是key的version、create revision、mod revision或value。
- ❑ key：待比较的key。
- ❑ target_union：用于比较的用户相关的数据。

在处理完比较块之后，事务开始应用请求块里面的操作。请求块就是一个RequestOp消息的列表。示例代码具体如下：

```
message RequestOp {
    // request is a union of request types accepted by a transaction.
    oneof request {
        RangeRequest request_range = 1;
        PutRequest request_put = 2;
        DeleteRangeRequest request_delete_range = 3;
    }
}
```

上述代码段中各字段的说明具体如下。

- ❑ request_range：表示一个RangeRequest。
- ❑ request_put：表示一个PutRequest。这些key必须是独一无二的。这个操作应该不会与其他PUT或DELETE操作共享key。
- ❑ request_delete_range：表示一个DeleteRangeRequest。这个操作应该也不会与其他PUT或DELETE操作共享key。

一个事务在etcd中就是一个Txn API调用，请求体TxnRequest定义代码具体如下：

```
message TxnRequest {
    repeated Compare compare = 1;
    repeated RequestOp success = 2;
    repeated RequestOp failure = 3;
}
```

上述代码段中各字段的说明具体如下。

- Compare：比较，表示一组条件的“连接”(conjunction)，用于守护事务。
- Success：表示一个待处理的请求列表，若所有的比较测试的结果均为真，则执行。
- Failure：表示一个待处理的请求列表，只要任意一个比较测试的结果返回为假，就执行。

客户端从Txn调用接收到一个TxnResponse消息。示例代码具体如下：

```
message TxnResponse {
    ResponseHeader header = 1;
    bool succeeded = 2;
    repeated ResponseOp responses = 3;
}
```

上述代码段中各字段的说明具体如下。

- 布尔型的succeeded：表明Compare的结果是否返回真。
- Responses：表示一个响应体列表，对应于应用success模块或failure模块的结果。

Responses列表对应于应用RequestOp列表的结果，每个响应体都编码成ResponseOp，示例代码具体如下所示：

```
message ResponseOp {
    oneof response {
        RangeResponse response_range = 1;
```

```
            PutResponse response_put = 2;
            DeleteRangeResponse response_delete_range = 3;
        }
    }
```

### 5.4.7 Compact 调用

Compact 远程调用压缩在 etcd 键值存储的事件历史中。键值存储应该定期压缩，否则事件历史会无限制地持续增长。Compact 远程调用代码具体如下所示：

```
rpc Compact(CompactionRequest) returns (CompactionResponse) {}
```

Compact 远程调用的消息体是 CompactionRequest，具体代码如下所示：

```
message CompactionRequest {
    int64 revision = 1;
    bool physical = 2;
}
```

上述代码段中各字段的具体说明如下。

- revision：用于比较操作的键值存储的修订版本。
- physical：设置为 true 时，RPC 将会等待直到压缩物理性地应用到本地数据库，之后被压缩的项将完全从后端数据库中移除。

应答的消息体是 PutResponse，具体代码如下所示：

```
message CompactionResponse {
    ResponseHeader header = 1;
}
```

没有多余的字段，只有一个 ResponseHeader。

## 5.5 watch API

Watch API 提供了基于事件（event）的接口，用于异步监测 key 的变化。

etcd v3 的 watch 机制会针对某一给定的 revision 进行连续监测，等待 key 的变化出现，并最终将 key 的更新信息传回 client。这里的 revision 既可以采用当前的 revision，也可以采用历史的 revision。

### 5.5.1　Event

对于每个 key 而言，发生的每一个变化都以 Event 消息进行表示。一个 Event 消息提供了变化的类型与对应改变的数据，其字段定义代码具体如下：

```
message Event {
    enum EventType {
        PUT = 0;
        DELETE = 1;
    }
    EventType type = 1;
    KeyValue kv = 2; // 与Event关联的key-value
    KeyValue prev_kv = 3; // 对应紧接Event之前revision的key-value
}
```

上述代码段中各字段的说明具体如下。

- type：Event 的类型，分为 PUT 类型和 DELETE 类型。PUT 类型表明新的数据已经存储到相应的 key，DELETE 类型表明 key 已经被删除了。
- KV：与 Event 关联的 key-value。一个 PUT Event 包含当前的 KV，一个 Version=1 的 PUT Event 表明这个 key 是新建的。一个 DELETE Event 包含被删除的 key 和该 key 被删除时的 modification revision。
- Prev_KV：该 key 在发生此 Event 之前最近一刻 revision 的 key-value 对。为了节约带宽，只有在 watch 请求中显式地启用该选项时才会在响应中返回该值。

### 5.5.2　流式 watch

watch 操作是长期持续存在的请求，并且它使用 gRPC 流来传输 Event 数据。注意，这里的 watch 流是双向的。一方面，Client 通过写入流来创建

watch；另一方面，Client通过读取流来接收watch到的Event。单个watch流可以通过使用pre-watch标识符来标记Event，以达到在一个watch流中多路传输多个不同的watch Event的目的。多路复用watch流能够帮助减少etcd集群的内存占用与连接开销。

etcd3的watch机制确保了监测到的Event具有有序、可靠与原子化的特点，各个特点对应的意义分别如下。

1）有序：Event按照revision排序，后发生的Event不会在前面的Event之前出现在watch流中。

2）可靠：某个事件序列不会遗漏其中任意的子序列，假设有三个Event，按发生的时间依次排序分别为a< b < c，而如果watch接收到Event a和c，那么就能保证b也已经被接收了。

3）原子性：Event列表确保包含完整的revision，在相同revision的多个key上，更新不会分裂为几个事件列表。

客户端通过在watch返回的流上发送WatchCreateRequest消息创建一个watch，WatchCreateRequest的字段定义代码具体如下：

```
message WatchCreateRequest {
    bytes key = 1;
    bytes range_end = 2;
    int64 start_revision = 3;
    bool progress_notify = 4;
    enum FilterType {
        NOPUT = 0;
        NODELETE = 1;
    }
    repeated FilterType filters = 5;
    bool prev_kv = 6;
}
```

上述代码段中各字段的说明具体如下。

- Key 和 Range_End：组成了 watch 的 key 的范围。
- Start_Revision：表示一个可选的 watch 的起始 revision，指定从该 revision 起开始连续 watch。如果不指定，就从 watch 流中建立响应头 revision 开始 watch。如果从最后一次 revision 压缩后的版本开始，则能 watch 所有 Event 历史。
- Progress_Notify：设置后，若近期无 Event，则 watch 将周期性地接收到无 Event 的 WatchResponse 消息。这在客户端希望从最近的一个已知 revision 处恢复断开的 watcher 的时候非常有用。至于多久发送一次通知，则取决于 etcd Server 的当前负载。
- Filters：在 Server 侧需滤除 Event 类型的列表。
- Prev_Kv：设置后，watch 可接收 Event 发生前的 key-value 数据。这对于想知道数据被覆盖之前的值非常有用。

在响应某个 WatchCreateRequest 消息，或者某些已经建立起来的 watch 监测到新的 Event 时，Client 将接收 WatchReponse 消息，具体代码如下所示：

```
message WatchResponse {
    ResponseHeader header = 1;
    int64 watch_id = 2;
    bool created = 3;
    bool canceled = 4;
    int64 compact_revision = 5;
    …
    repeated mvccpb.Event events = 11;
}
```

上述代码段中各字段的说明具体如下。

- watch_id：表示对应 watch response 的 ID。
- Created：若 response 对应于一个创建 watch 的请求，则设为 true。客户端应该记录 watch id 并且期望在流上接收该 watch 的 Event。所有发给新创建的 Watcher 客户端的 Event 都是同一个 watch_id。
- Canceled：若 response 对应于取消 watch 请求，则设为 true。以后，不

会再有 Event 发送到一个已经取消的 Watcher 上。

- Compact_Revision：如果一个 Watcher 尝试 watch 一个已经被压缩的历史版本，那么 Compact_Revision 就会被设置成一个当前 etcd 可用的最小历史版本，并且 Watcher 会被取消。当 Watcher 无法跟上 etcd 键值存储的处理速度时，也会发生以上情况。两个相同的 start_revision 的 watch 最多只会成功一个。
- Events：对应于给定 watch ID 的新 Event 有序列表。

若 Client 对 watch 停止接收 Event，则需要发出 WatchCancelRequest 消息，具体代码如下所示：

```
message WatchCancelRequest {
    int64 watch_id = 1; // 被取消watch的ID
}
```

## 5.6 Lease API

租约（Lease）是一种检测客户端活跃度（liveness）的机制。Lease 机制的应用比较广泛，如用于授权进行同步等操作，用于分布式锁等场景。租约是有生存时间的，集群为租约授予一个 TTL（time-to-live）。当 key 被授予某个 Lease 时，它的生存时间即为 Lease 的生存时间。Lease 的实际 TTL 值不低于最小 TTL，而该最小值是由 etcd 集群选择的。当 Lease 的 TTL 到期时，所有与之相关联的 key 都将被删除。如果 etcd 集群在一个给定 TTL 周期内没有收到一个 keepAlive 消息来维持租约，那么该租约将过期。etcd3 所支持的租约（Lease）机制可为 etcd 集群中的某一个或多个 key 关联租约，一个 key 最多关联一个租约。当一个租约过期或被撤销时，所有关联的 key 都会被自动删除。每个过期的 key 都会生成一个“删除”事件。

### 5.6.1 获得租约

租约可通过调用 LeaseGrant API 得到，该远端过程调用将产生 LeaseGrant-

Request 消息，具体代码如下所示：

```
message LeaseGrantRequest {
    int64 TTL = 1;
    int64 ID = 2; // 为Lease请求的ID
}
```

上述代码段中各字段的说明具体如下。

- ❑ TTL：客户端请求的 time-to-live 值，单位是秒。
- ❑ ID：为 Lease 请求的 ID，默认值是 0，如果置空，那么 etcd 将为该 Lease 选择一个 ID。

通过 LeaseGrant 调用，Client 将接收到 LeaseGrantResponse 消息，具体代码如下所示：

```
message LeaseGrantResponse {
    ResponseHeader header = 1;
    int64 ID = 2;
    int64 TTL = 3;
}
```

上述代码段中各字段的说明具体如下。

- ❑ ID：服务端授予的 Lease 的 ID。
- ❑ TTL：服务端为该 Lease 选取的 TTL 值，单位是秒。

LeaseRevokeRequest 调用被用来撤销某个租约。示例代码具体如下：

```
message LeaseRevokeRequest {
    int64 ID = 1;
}
```

请求中的 ID 为要撤销的 Lease ID。当撤销该 Lease 时，所有关联的 key 都会自动删除。

### 5.6.2 Keep Alives

etcd 的租约可以通过 LeaseKeepAlive API 调用产生的双向流来刷新，可视为续约的过程。当 Client 希望刷新 Lease 时，将在流上发送 LeaseKeep-AliveRequest 消息。示例代码具体如下：

```
message LeaseKeepAliveRequest {
    int64 ID = 1; // 保持存活的Lease ID
}
```

请求体中的 ID 对应于需要保持存活的 Lease ID。

对应地，server 端则以 LeaseKeepAliveResponse 消息响应：

```
message LeaseKeepAliveResponse {
    ResponseHeader header = 1;
    int64 ID = 2;
    int64 TTL = 3; // 新的TTL，表示Lease继续存在的时间
}
```

上述代码段中各字段的说明具体如下。

- ID：表示一个被新的 TTL 刷新的 Lease ID。
- TTL：表示一个新的 TTL 值，单位是秒，表示该 Lease 继续存在的时间。

## 5.7 API 使用示例

etcd v3 API 不再支持 RESTful API，因此也没法直观地用 curl 命令演示。下面的例子将基于 Go 语言，示范 etcd v3 API 的用法。对 etcd v3 的所有操作，都是基于一个 etcd v3 的 Client。下面的代码示范了如何创建一个 etcd v3 Client：

```
import "github.com/coreos/etcd/clientv3"
```

```
cli, err := clientv3.New(clientv3.Config{
    Endpoints:   []string{"localhost:2379", "localhost:22379", "localhost:32379"},
    DialTimeout: 5 * time.Second,
})
if err != nil {
    // handle error!
}
defer cli.Close()
```

如上代码所示，首先要导入etcd官方的v3客户端Golang包。然后再通过clientv3.New新建一个客户端实例（连接）cli。我们可以在new函数里指定Endpoints参数和DialTimeout等参数。Endpoints是一个url数组，如果指定了多个Endpoint，那么客户端的行为将是轮询。DialTimeout用于指定客户端与Server端的建链超时时间。

请确保使用完该客户端后关闭它，否则该连接会导致资源（Go协程）泄漏。

如果要指定客户端请求超时时间，那么可以为每个API传入context.WithTimeout。示例代码具体如下：

```
ctx, cancel := context.WithTimeout(context.Background(), timeout)
resp, err := kvc.Put(ctx, "sample_key", "sample_value")
cancel()
if err != nil {
    // handle error!
}
// use the response
```

从上面的代码段可以看出，请求超时时间针对的是每个API的请求，而不是一个客户端，这与建链超时时间不同。etcd的客户端实例都关联了一些内部资源，例如，Watcher和Lease（租约），因此这里推荐重用etcd的客户端实例而不是在需要的时候重复创建。

因为是gRPC，所以如果不设置超时时间的话，那么该请求将永远不会返回，直到Server端成功处理。如果Server端发生异常，那么客户端就会一直挂起。

etcd 客户端会返回两种类型的错误，具体如下。

- context error: canceled or deadline exceeded（如果设置了超时时间）
- gRPC error: see https://github.com/coreos/etcd/blob/master/etcdserver/api/v3rpc/rpctypes/error.go（etcd 内部错误）

下面是一个处理 etcd v3 客户端返回错误的例子，示例代码具体如下。

```
resp, err := kvc.Put(ctx, "", "")
if err != nil {
    if err == context.Canceled {
        // ctx is canceled by another routine
    } else if err == context.DeadlineExceeded {
        // ctx is attached with a deadline and it exceeded
    } else if verr, ok := err.(*v3rpc.ErrEmptyKey); ok {
        // process (verr.Errors)
    } else {
        // bad cluster endpoints, which are not etcd servers
    }
}
```

第 6 章 Chapter 6

# etcd 集群运维与稳定性

本章将提供 etcd 集群运维与稳定性相关的指导经验。

## 6.1 etcd 升级

### 6.1.1 etcd 从 2.3 升级到 3.0

一般来说，etcd 从 2.3 升级到 3.0 时无须停机，并且是滚动升级的，即一个一个来，先停一个 2.3 的进程，然后用对应的 3.0 的 etcd 进程替换，再停换下一个进程直到全部替换完毕。虽然升级过程比较简单，但还是建议大家学完本章之后再开始操作，因为升级操作是不可逆的。

#### 1. 升级前的自查

想要升级到 3.0 版本，前提要求是正在运行的 etcd 集群版本是 2.3 及以上。为了实现平滑滚动升级，要求正在运行的 etcd 集群是健康的。在开始操作之前，可以使用以下命令检查集群的健康状态：

```
etcdctl cluster-health
```

在生产环境下部署升级的etcd之前，最好先在一个隔离的环境中测试依赖etcd的应用。升级之前，请先备份etcd的数据目录，若在升级过程中碰到问题，还可以使用备份的数据降级到之前的etcd版本。

升级过程中，etcd支持集群内的节点存在混合版本，并且使用最低版本的协议进行通信。当集群内所有节点的版本都升级至3.0才算整个集群都升级完毕。集群内部的节点通过相互通信来决定集群的总体版本，这个总体版本就是对外报告的版本以及提供特性的依据。

当数据量较大（大于50MB）时，刚升级的节点需要花费数分钟的时间来同步当前集群的数据。对此，可以先检查最新快照文件的大小预估总数据量。换句话说，在升级各个节点的中间等待几分钟会比较安全。对于那些更大的数据量（大于100MB），每次升级都会花费更多的时间。

如果集群中还有节点是2.3版本的，那么该集群以及操作都还是2.3版本的，这时候还有可能从混合版本集群退回到2.3版本，只要在所有节点上将二进制文件替换成2.3版本即可。但如果集群内的所有节点都升级到了3.0，那么这也就意味着该集群升级到3.0了，这时候若还想要降级就已经是不可能的了。

### 2. 升级流程

下面将演示一个3节点的2.3版本etcd集群升级到3.0版本的全过程。

（1）前提要求

检查etcd集群版本是否为2.3.x。示例代码具体如下：

```
$ curl http://localhost:2379/version
```

```
{"etcdserver":"2.3.x","etcdcluster":"2.3.0"}
```

检查这个集群是否健康，具体命令如下所示：

```
$ etcdctl cluster-health
member 6e3bd23ae5f1eae0 is healthy: got healthy result from http://
    localhost:22379
member 924e2e83e93f2560 is healthy: got healthy result from http://
    localhost:32379
member 8211f1d0f64f3269 is healthy: got healthy result from http://
    localhost:12379
cluster is healthy
```

（2）停止当前etcd进程

停止任意一个etcd进程时，etcd集群的其他实例就会打印出如下错误信息：

```
2016-06-27 15:21:48.624124 E | rafthttp: failed to dial 8211f1d0f64f3269
    on stream Message (dial tcp 127.0.0.1:12380: getsockopt: connection
    refused)
2016-06-27 15:21:48.624175 I | rafthttp: the connection with
    8211f1d0f64f3269 became inactive
```

这是正常的，因为etcd实例间的连接断开了。在这个时间点就可以备份整个etcd数据目录了，未来发生任何问题都能用得上。备份命令具体如下：

```
$ etcdctl backup \
    --data-dir /var/lib/etcd \
    --backup-dir /tmp/etcd_backup
```

（3）利用新的etcd二进制启动etcd进程

在新的etcd 3.0进程启动之后，其会向集群发布自己的信息，具体信息如下所示：

```
09:58:25.938673 I | etcdserver: published {Name:infra1
    ClientURLs:[http://localhost:12379]} to cluster 524400597fb1d5f6
```

然后检查新加入的一个3.0版本的etcd实例之后，整个集群的所有实例是否都是健康的。示例代码具体如下：

```
$ etcdctl cluster-health
member 6e3bd23ae5f1eae0 is healthy: got healthy result from http://
    localhost:22379
member 924e2e83e93f2560 is healthy: got healthy result from http://
    localhost:32379
member 8211f1d0f64f3269 is healthy: got healthy result from http://
    localhost:12379
cluster is healthy
```

升级后的节点会打印以下警告日志直到集群全部升级完毕，具体如下：

```
2016-06-27 15:22:05.679644 W | etcdserver: the local etcd version 2.3.7
    is not up-to-date
2016-06-27 15:22:05.679660 W | etcdserver: member 8211f1d0f64f3269 has a
    higher version 3.0.0
```

（4）处理 etcd 的其他节点

对 etcd 的其他节点重复（2）和（3）中操作。

（5）升级完毕

待 etcd 所有实例均升级完毕之后，集群会打印以下日志表明已成功升级到 3.0：

```
2016-06-27 15:22:19.873751 N | membership: updated the cluster version from 2.3
    to 3.0
2016-06-27 15:22:19.914574 I | api: enabled capabilities for version 3.0.0
```

然后会使用以下命令检查集群是否处于健康状态：

```
$ ETCDCTL_API=3 etcdctl endpoint health
127.0.0.1:12379 is healthy: successfully committed proposal: took =
    18.440155ms
127.0.0.1:32379 is healthy: successfully committed proposal: took =
    13.651368ms
127.0.0.1:22379 is healthy: successfully committed proposal: took =
    18.513301ms
```

注意 如果使用 ETCDCTL_API=2 etcdctl cluster-health，则能够返回正确的响应，而使用 ETCDCTL_API=3 etcdctl endpoints health 却会返回如下错误：

```
Error: grpc: timed out when dialing
```

因此，请确保这里使用的已经是新的环境变量（v2 的环境变量与 v3 的不一样）。

## 6.1.2　etcd 从 3.0 升级到 3.1

与从 2.3 升级到 3.0 类似，etcd 从 3.0 升级到 3.1 也是一个接一个地滚动升级，无须使 etcd 集群停机。

### 1. 升级前的自查

若想要升级到 3.1 版本，则要求正在运行的 etcd 集群版本是 3.0 及以上。如果不是，那么请先升级到 3.0。为了实现平滑滚动升级，必须要求正在运行的 etcd 集群是健康的。至于升级前的自查，与从 2.3 升级到 3.0 类似，这里不再赘述，请读者自行参考前文。

如果还有节点是 3.0 版本的，那么该集群以及操作都还是 3.0 版本的，这时候还有可能从混合版本集群退回至 3.0 版本，只要将所有节点上的二进制文件都替换成 3.0 版本即可。如果已经备份过了，那么即使已经升级完毕了，也还是有可能回退版本的。如果集群的所有节点都升级到了 3.1 版本，那么该集群就升级到 3.1 版本了，这时候降级就不可能了。

### 2. 升级流程

下面将演示一个 3 节点的 3.0 版本 etcd 集群升级到 3.1 版本的全过程。

（1）检查升级的前提条件

检查 etcd 集群版本是否为 3.0.x。示例代码具体如下：

```
$ curl http://localhost:2379/version
{"etcdserver":"3.0.16","etcdcluster":"3.0.0"}
```

通过以下命令检查这个集群是否健康：

```
$ ETCDCTL_API=3 etcdctl endpoint health
    --endpoints=localhost:2379,localhost:22379,localhost:32379
localhost:2379 is healthy: successfully committed proposal: took = 6.600684ms
localhost:22379 is healthy: successfully committed proposal: took = 8.540064ms
localhost:32379 is healthy: successfully committed proposal: took = 8.763432ms
```

（2）停止当前 etcd 进程

当要停止任意一个 etcd 进程时，etcd 集群的其他实例就会打印出如下错误信息：

```
2017-01-17 09:34:18.352662 I | raft: raft.node: 1640829d9eea5cfb elected
    leader 1640829d9eea5cfb at term 5
2017-01-17 09:34:18.359630 W | etcdserver: failed to reach the
    peerURL(http://localhost:2380) of member fd32987dcd0511e0 (Get
    http://localhost:2380/version: dial tcp 127.0.0.1:2380: getsockopt:
    connection refused)
2017-01-17 09:34:18.359679 W | etcdserver: cannot get the version of
    member fd32987dcd0511e0 (Get http://localhost:2380/version: dial tcp
    127.0.0.1:2380: getsockopt: connection refused)
2017-01-17 09:34:18.548116 W | rafthttp: lost the TCP streaming
    connection with peer fd32987dcd0511e0 (stream Message writer)
2017-01-17 09:34:19.147816 W | rafthttp: lost the TCP streaming
    connection with peer fd32987dcd0511e0 (stream MsgApp v2 writer)
2017-01-17 09:34:34.364907 W | etcdserver: failed to reach the
    peerURL(http://localhost:2380) of member fd32987dcd0511e0 (Get
    http://localhost:2380/version: dial tcp 127.0.0.1:2380: getsockopt:
    connection refused)
```

这是正常的，因为 etcd 实例间的连接断开了。在这个时间点可以备份整个 etcd 数据目录，未来发生任何问题都能用得上。备份命令具体如下：

```
$ etcdctl snapshot save backup.db
```

（3）用新的 etcd 二进制启动 etcd 进程

待新的 etcd 3.1 进程启动之后，会向集群发布自己的信息，具体代码如下所示：

```
2017-01-17 09:36:00.996590 I | etcdserver: published {Name:my-etcd-1
ClientURLs:[http://localhost:2379]} to cluster 46bc3ce73049e678
```

然后检查新加入一个3.1版本的etcd实例之后，整个集群的所有实例是否都健康，具体代码如下所示：

```
$ ETCDCTL_API=3 /etcdctl endpoint health
    --endpoints=localhost:2379,localhost:22379,localhost:32379
localhost:22379 is healthy: successfully committed proposal: took = 5.540129ms
localhost:32379 is healthy: successfully committed proposal: took = 7.321671ms
localhost:2379 is healthy: successfully committed proposal: took = 10.629901ms
```

升级后的节点会打印以下警告日志直到集群全部升级完毕，具体如下：

```
2017-01-17 09:36:38.406268 W | etcdserver: the local etcd version 3.0.16 is not
    up-to-date
2017-01-17 09:36:38.406295 W | etcdserver: member fd32987dcd0511e0 has a higher
    version 3.1.0
2017-01-17 09:36:42.407695 W | etcdserver: the local etcd version 3.0.16 is not up-
    to-date
2017-01-17 09:36:42.407730 W | etcdserver: member fd32987dcd0511e0 has
    a higher version 3.1.0 xxxxxxxxxx 2016-06-27 15:22:05.679644 W |
    etcdserver: the local etcd version 2.3.7 is not up-to-date2016-06-27
    15:22:05.679660 W | etcdserver: member 8211f1d0f64f3269 has a higher
    version 3.0.0
```

（4）处理etcd的其他节点

对etcd的其他节点重复（2）和（3）中操作。

（5）升级完毕

etcd所有的实例均升级完毕之后，集群就会打印以下日志表明已成功升级到3.1，具体如下：

```
2017-01-17 09:37:03.100015 I | etcdserver: updating the cluster version
    from 3.0 to 3.1
2017-01-17 09:37:03.104263 N | etcdserver/membership: updated the cluster
    version from 3.0 to 3.1
2017-01-17 09:37:03.104374 I | etcdserver/api: enabled capabilities for
    version 3.1 xxxxxxxxxx 2016-06-27 15:22:19.873751 N | membership:
    updated the cluster version from 2.3 to 3.02016-06-27 15:22:19.914574
    I | api: enabled capabilities for version 3.0.0
```

使用以下命令检查集群的健康状况，具体如下：

```
$ ETCDCTL_API=3 /etcdctl endpoint health
    --endpoints=localhost:2379,localhost:22379,localhost:32379
localhost:2379 is healthy: successfully committed proposal: took =
    2.312897ms
localhost:22379 is healthy: successfully committed proposal: took =
    2.553476ms
localhost:32379 is healthy: successfully committed proposal: took =
    2.516902ms
```

## 6.2 从 etcd v2 切换到 v3

即使升级到 etcd v3，v2 的数据存储依然能够通过 v2 的 API 对外使用。因此，即使 etcd 升级到了 v3，之前使用 v2 API 的应用依然也能够运行。对于 etcd v3，应用会使用新的 gRPC API 来访问 MVCC 存储，MVCC 存储提供了更多的特性和性能上的提升。MVCC 存储与旧的 v2 存储是隔离的，向 MVCC 存储写数据不会影响 v2 存储，同理，向 v2 存储写数据也不会影响 MVCC 存储。

应用从 etcd v2 切换到 v3 包含如下两个步骤。

1）切客户端代码。

2）数据迁移。

如果应用自己能够重建数据，那就无须迁移旧的数据。

### 6.2.1 切换客户端代码

v3 的 API 与 v2 的不兼容，因此应用开发者需要使用 v3 的客户端代码发送 v3 API 请求。v3 API 与 v2 API 的显著差异具体表现在如下几个方面。

- 事务。etcd v3 提供多键（key）的条件性事务。客户端程序应该用事务代替 v2 的 Compare-And-Swap 操作。

- 扁平的键（key）空间。v3 的 API 没有目录的概念，只有键（key）。例如，“/a/b/c/” 就是一个 key。范围查询支持获取匹配给定前缀的所有 key。
- 请求响应被精简。一些操作比如删除不再返回之前的值。如果要获取被删除的值，则可以使用一个事务，该事务首先获取某个 key，然后再删除该 key。
- 租约。v3 引入的租约是为了替代 v2 的 TTL。租约具有 TTL 属性并且还会绑定到 key 上。当 TTL 过期时，该租约被收回且绑定的所有 key 都会被删除。

### 6.2.2　数据迁移

应用的数据可以通过线上或线下的方式进行迁移。线下迁移比线上迁移更简单，因此推荐使用线下迁移。

#### 1. 线下迁移

线下迁移比较简单，当然，会要求 etcd 先暂停。如果允许 etcd 停机几分钟的话，那么线下迁移就是一个很好的选择，而且容易进行自动化操作。

首先，etcd 集群的所有节点必须要处于相同状态机中——停止往 etcd 中写数据就能实现。

为了检查 etcd 节点的状态机是否已经一致了，可以使用以下命令：

```
ETCDCTL_API=3 etcdctl endpoint status
```

这里会确认每个节点的 Raft index 是否一致（或者最多相差 1，内部 raft 同步命令导致的）。如果应用要求不能停止的话，可以对 etcd 配置监听不同客户的 URL，然后重启所有的 etcd 节点。

之后，使用如下命令：

```
ETCDCTL_API=3 etcdctl migrate
```

将 etcd v2 的数据迁移到 v3。该迁移命令会将 v2 里存储的数据转换成 v3 的数据，然后再写入 MVCC 存储。最后，重启 etcd 节点就能用了。

### 2. 线上迁移

如果应用无法容忍 etcd 的停机，那就只能使用线上迁移了。etcd 本身并未提供工具进行线上迁移，需要应用程序自行实现。应用程序的实现方式有很多种，但总体思想是一样的。

首先，应用程序使用 v3 API 编写。该应用程序要求支持两种模式：迁移模式和普通模式。迁移时，应用程序从迁移模式启动。运行在迁移模式时，应用程序首先通过 v3 API 读取 key，如果找不到，则使用 v2 API 重试。在普通模式下，应用只使用 v3 API 读取 key。在两个模式下，应用都使用 v3 API 写数据。为了识别自己所在的模式，需要专门创建一个 key 表示所在的模式。应用 watch 这个 key，通过这个 key 的值识别所在的模式。

然后，启动一个后台作业调用 v2 API 读取 v2 存储的数据，之后再转换成 v3 的数据，最后调用 v3 API 写入 MVCC 存储。

数据迁移完成后，后台作业修改上文提到的那个 key 表示的模式，通知应用可以切换运行模式了。

当应用的业务逻辑依赖 v2 存储的索引（index）时，线上迁移就会变得困难。应用程序需要额外的逻辑将后台 MVCC 存储的版本号（revision）转换成 v2 存储的索引。

## 6.3 运行时重配置

etcd 支持增量的运行时重配置，即允许用户在运行时更新集群的节点关系（增加节点、移除节点等）。运行时重配置要求集群的大部分节点都能够正常工作。

强烈建议生产环境中的etcd集群至少包含3个节点，因为从一个2节点的集群移除一个节点是不安全的操作，2节点的集群大多数节点都只有2个，如果在移除节点的过程中发生异常，集群将变得不可用。我们先来了解下运行时重配置的设计思想。运行时重配置是分布式系统中比较困难也比较容易出错的一环，尤其是像etcd这样要求数据强一致的系统。

### 6.3.1　两阶段配置更新保证集群安全

出于安全的考虑，etcd所有运行时的重配置都必须要经过两个阶段：广播新的配置和启动新的集群。例如，要增加一个member，首先要通知etcd集群新的配置，然后再启动新的节点。

#### 1. 阶段1：通知集群新的配置

要向etcd集群增加一个member，需要调用一次用于向集群增加member的API。这是增加节点的必经之路。只有当集群同意该配置更新之后，该API才能正确返回。

#### 2. 阶段2：启动新集群

为了将etcd节点加入一个现有集群，需要指定正确的initial-cluster，并将initial-cluster-state设置成existing。待新节点启动之后，首先它会连一次现有集群，并验证当前集群的配置是否与启动参数initial-cluster指定的匹配。在新节点成功启动之后，集群就会实现期望的配置。

将以上过程强制拆分成两个阶段，用户就能意识到集群的节点关系发生了变化。这事实上为用户提供了更多的灵活性，也更容易定位问题的所在。例如，如果一个与现有集群的节点ID相同的节点尝试加入到该集群，那么该行为就会在阶段1立刻失败，而不会影响正在运行的集群。这样也能防止将新节点误加到集群中。在配置更新被集群接受之前，该新的etcd节点是不允许加入集群中的。

如果没有以上显式的检查步骤，etcd将很容易因为不可预知的集群节点关系的更新而受到攻击。例如，如果etcd由init系统（例如，systemd）运行，那么etcd就会在被member API移除后重启，然后尝试重新加入原集群中。若集群周而复始地启动失败，那么systemd将重新启动etcd节点循环。

etcd的设计者认为运行时重配置不是经常发送的操作，将该操作设计成由用户显式触发的目的就是为了保证配置的安全性以及保持集群在显式控制下的平滑运行。

## 6.3.2 永久性失去半数以上member

如果一个集群永久性地失去它的大多数member，那么就需要从旧数据目录启动一个新的集群来恢复之前的状态。

我们当然也可以通过强制移除挂掉的节点的方式来进行恢复。但是，etcd并不支持这种方法，因为它绕过了正常的一致性提交阶段，这很不安全。因为如果被移除的节点并没有真正"死掉"，或者是被同集群其他节点强制移除的，那么etcd就会用相同的集群ID启动一个分裂的集群。这非常危险而且日后也会很难定位。

在一个正确部署的etcd集群中，永久性丢失大多数节点的概率非常低。但这些小概率事件也值得引起高度重视。

需要提醒的是，不要使用公共服务发现来做运行时重配置，公共服务发现只适合用于最初部署etcd集群，如果要把节点加入一个现有的集群中，可使用运行时重配置 API。

## 6.4　参数调优

etcd 的默认配置在本地网络环境（localhost）下通常能够运行得很好，因为时延很低。然而，当跨数据中心部署 etcd 或网络时延很高时，etcd 的心跳间隔和选举超时时间等参数需要根据实际情况进行调整。

网络并不是导致延时的唯一来源。不论是 Follower 还是 Leader，其请求和响应都受磁盘 I/O 时延的影响。每个 timeout 都代表从请求发起到成功返回响应的总时间。

### 6.4.1　时间参数

etcd 底层的分布式一致性协议依赖两个时间参数来保证节点之间能够在部分节点掉线的情况下依然能够正确处理主节点的选举。第一个参数就是所谓的心跳间隔，即主节点通知从节点它还是领导者的频率。实践数据表明，该参数应该设置成节点之间 RTT 的时间。etcd 的心跳间隔默认是 100 毫秒。第二个参数是选举超时时间，即从节点等待多久没收到主节点的心跳就尝试去竞选领导者。etcd 的选举超时时间默认是 1000 毫秒。

调整这些数值是有条件的，此消彼长。心跳间隔值推荐设置为临近节点间 RTT 的最大值，通常是 0.5～1.5 倍 RTT 值。如果心跳间隔设得太短，那么 etcd 就会发送没必要的心跳信息，从而增加 CPU 和网络资源的消耗；如果设得太长，就会导致选举等待时间的超时。如果选举等待时间设置得过长，就会导致节点异常检测时间过长。评估 RTT 值的最简单的方法是使用 ping 操作。

选举超时时间应该基于心跳间隔和节点之间的平均 RTT 值。选举超时必须至少是 RTT 10 倍的时间以便应对网络波动。例如，如果 RTT 的值是 10 毫秒，那么选举超时时间必须至少是100毫秒。选举超时时间的上限是50 000毫秒（50秒），这个时间只能适用于全球范围内分布式部署的etcd集群。美国大陆的一个RTT的合理时间大约是130毫秒，美国和日本的RTT大约是350～400毫秒。如果算上网络的波动和重试的时间，那么5秒是一次环球RTT的安全上限。因为选举超时时间应该是心跳包广播时间的10倍，所以50秒的选举超时时间是全局分布式部署etcd集群的合理上限值。

心跳间隔和选举超时时间的值对同一个etcd集群的所有节点都生效，如果各个节点都不同的话，就会导致集群发生不可预知的不稳定性。etcd启动时通过传入启动参数或环境变量覆盖默认值，单位是毫秒。示例代码具体如下：

```
# 启动参数
$ etcd --heartbeat-interval=100 --election-timeout=500
# 环境变量
$ ETCD_HEARTBEAT_INTERVAL=100 ETCD_ELECTION_TIMEOUT=500 etcd
```

### 6.4.2 快照

etcd总是向日志文件中追加key的改动，这样一来，日志文件会随着key的改动而线性增长。当etcd集群使用较少时，保存完整的日志历史记录是没问题的，但如果etcd集群是重度使用的，那么集群就会携带很大的日志文件。为了避免携带庞大的日志文件，etcd需要做周期性的快照。快照提供了一种通过保存系统的当前状态并移除旧日志文件的方式来压缩日志文件。

为v2后端存储创建快照的代价是很高的，所以只有当修改积累到一定的数量时，etcd才会新建快照文件。默认情况下，修改数量达到10 000时才会建立快照。如果etcd的内存使用和磁盘使用过高，那么应该尝试调低快照触发的阈值，具体请参考如下命令：

```
# 启动参数
$ etcd --snapshot-count=5000
# 环境变量
$ ETCD_SNAPSHOT_COUNT=5000 etcd
```

### 6.4.3　磁盘

etcd集群对磁盘I/O的时延非常敏感。因为etcd必须持久化它的日志，当其他I/O密集型的进程也在占用磁盘I/O的带宽时，就会导致fsync时延非常高。这将导致etcd丢失心跳包、请求超时或暂时性的Leader丢失。这时可以适当为etcd服务器赋予更高的磁盘I/O权限，让etcd更稳定地运行。在Linux系统中，磁盘I/O权限可以通过ionice命令进行调整。示例代码具体如下：

```
# best effort, highest priority
$ sudo ionice -c2 -n0 -p `pgrep etcd`
```

### 6.4.4　网络

如果etcd的主节点要处理大规模并发的客户端请求，就有可能因为网络拥塞的原因延迟对从节点的响应。下面的内容显示了从节点发送缓冲区的错误日志信息：

```
dropped MsgProp to 247ae21ff9436b2d since streamMsg's sending buffer is full
dropped MsgAppResp to 247ae21ff9436b2d since streamMsg's sending buffer is full
```

以上错误可以通过提高etcd节点之间节点通信的网络带宽优先级来减少。在Linux上，可以用tc工具调整网络带宽和优先级。示例代码具体如下：

```
tc qdisc add dev eth0 root handle 1: prio bands 3
tc filter add dev eth0 parent 1: protocol ip prio 1 u32 match ip sport 2380
    0xffff flowid 1:1
tc filter add dev eth0 parent 1: protocol ip prio 1 u32 match ip dport
    2380 0xffff flowid 1:1
tc filter add dev eth0 parent 1: protocol ip prio 2 u32 match ip sport 2739
    0xffff flowid 1:1
tc filter add dev eth0 parent 1: protocol ip prio 2 u32 match ip dport 2739
    0xffff flowid 1:1
```

## 6.5　监控

etcd服务端会在客户端端口的metrics路径上暴露其metrics数据，故而可以实现监控，这些数据可以用 curl 命令访问。示例代码具体如下：

```
$ curl -L http://localhost:2379/metrics

# HELP etcd_debugging_mvcc_keys_total Total number of keys.
# TYPE etcd_debugging_mvcc_keys_total gauge
etcd_debugging_mvcc_keys_total 0
# HELP etcd_debugging_mvcc_pending_events_total Total number of pending
    events to be sent.
# TYPE etcd_debugging_mvcc_pending_events_total gauge
etcd_debugging_mvcc_pending_events_total 0
……
```

## 6.6 维护

etcd 集群少不了日常维护来保持其可用性。这些运维操作一般都是自动化的且操作期间 etcd 不会停止对外服务，或者严重影响 etcd 集群的性能。

所有的运维管理都在操作 etcd 的存储空间。存储空间的配额用于控制 etcd 数据空间的大小，如果 etcd 节点磁盘空间不足了，配额会触发告警，然后 etcd 系统将进入操作受限的维护模式。为了避免存储空间消耗完导致写不进去，应该定期清理 key 的历史版本。在清理 etcd 节点存储碎片之后，存储空间会重新进行调整。最后，定期对 etcd 节点状态做快照备份，以便在错误的运维操作引起数据丢失或数据不一致时进行数据恢复。

### 6.6.1 压缩历史版本

由于 etcd 为每个 key 都保存了历史版本，因此这些历史版本需要进行周期性地压缩，以避免出现性能问题或存储空间耗尽的问题。压缩历史版本会丢弃该 key 给定版本之前的所有信息，节省出来的空间可以用于后续的写操作。

key 的历史版本可以通过 etcd 带时间窗口的历史版本来保留策略自动压缩，或者通过 etcdctl 命令行进行手动操作。etcd 启动参数“ --auto-compaction”支持自动压缩 key 的历史版本，其以小时为单位。示例代码具体如下：

```
# 保留1个小时的历史版本
$ etcd --auto-compaction-retention=1
```

用 etcdctl 命令行压缩的示例代码具体如下：

```
# 压缩至版本号3
$ etcdctl compact 3
```

压缩之后，版本号 3 之前的 key 版本都变得不可用，具体如下：

```
$ etcdctl get --rev=2 somekey
Error:  rpc error: code = 11 desc = etcdserver: mvcc: required revision
    has been compacted
```

### 6.6.2 消除碎片化

压缩历史版本之后，后台数据库将会存在内部的碎片。这些碎片无法被后台存储使用，却仍占据节点的存储空间。因此消除碎片化的过程就是释放这些存储空间。压缩旧的历史版本会对后台数据库打个“洞”，从而导致碎片的产生。这些碎片空间对 etcd 是可用的，但对宿主机文件系统是不可用的。

使用 etcdctl 命令行的 defrag 子命令可以清理 etcd 节点的存储碎片，示例代码具体如下：

```
$ etcdctl defrag
Finished defragmenting etcd member[127.0.0.1:2379]
```

### 6.6.3 存储配额

etcd 的存储配额可保证集群操作的可靠性。如果没有存储配额，那么 etcd 的性能就会因为存储空间的持续增长而严重下降，甚至有耗完集群磁盘空间导致不可预测集群行为的风险。一旦其中一个节点的后台数据库的存储空间超出了存储配额，etcd 就会触发集群范围的告警，并将集群置于只接受读 key 和删除 key 的维护模式。只有在释放足够的空间和消除后端数据库的碎片之后，清除存储配额警报，集群才能恢复正常操作。

默认情况下，etcd 已经设置了一个适用于大部分应用的存储配额值，当然这个值也可以通过命令行进行配置，单位是字节。示例代码具体如下：

```
$ etcd --quota-backend-bytes=$((16*1024*1024))
```

以上命令设置了一个 16MB 的存储配额。

下面将示范如何触发该存储配额，具体代码如下所示：

```
# 填充存储空间
$ while [ 1 ]; do dd if=/dev/urandom bs=1024 count=1024  | ETCDCTL_API=3
    etcdctl put key  || break; done
...
Error:  rpc error: code = 8 desc = etcdserver: mvcc: database space
   exceeded
# 确认是否超出了存储配额
$ ETCDCTL_API=3 etcdctl --write-out=table endpoint status
+----------------+------------------+-----------+---------+-----------+--
   ---------+------------+
|  ENDPOINT    |        ID        |  VERSION  | DB SIZE | IS LEADER |
     RAFT TERM | RAFT INDEX |
+----------------+------------------+-----------+---------+-----------+--
   ---------+------------+
| 127.0.0.1:2379 | bf9071f4639c75cc | 2.3.0+git | 18 MB   | true      |
   2 |      3332 |
+----------------+------------------+-----------+---------+-----------+--
   ---------+------------+
# 确认告警是否触发
$ ETCDCTL_API=3 etcdctl alarm list
memberID:13803658152347727308 alarm:NOSPACE
```

移除超出的数据并消除后台数据库的碎片之后就可以将 etcd 的存储空间降低到配额值以下。示例代码具体如下：

```
# 获取当前版本号
$ rev=$(ETCDCTL_API=3 etcdctl --endpoints=:2379 endpoint status --write-
   out="json" | egrep -o '"revision":[0-9]*' | egrep -o '[0-9]*')
# 压缩旧的版本号
$ ETCDCTL_API=3 etcdctl compact $rev
```

```
compacted revision 1516
# 消除超出的存储空间的碎片
$ ETCDCTL_API=3 etcdctl defrag
Finished defragmenting etcd member[127.0.0.1:2379]
# 消除告警
$ ETCDCTL_API=3 etcdctl alarm disarm
memberID:13803658152347727308 alarm:NOSPACE
# 测试写操作是否恢复正常
$ ETCDCTL_API=3 etcdctl put newkey 123
OK
```

### 6.6.4　快照备份

在一个基线上为 etcd 集群做快照能够实现 etcd 数据的冗余备份。通过定期地为 etcd 节点后端数据库做快照，etcd 集群就能从一个已知的良好状态的时间点进行恢复。下面的命令行演示了如何将集群快照保存在 backup.db 中，然后再查询快照信息：

```
$ etcdctl snapshot save backup.db
$ etcdctl --write-out=table snapshot status backup.db
+----------+----------+------------+------------+
|   HASH   | REVISION | TOTAL KEYS | TOTAL SIZE |
+----------+----------+------------+------------+
| fe01cf57 |       10 |          7 | 2.1 MB     |
+----------+----------+------------+------------+
```

## 6.7　灾难恢复

etcd 被设计为有一定的容灾能力，并且能够自动从临时故障的恢复（例如，节点重启）。对于一个 N 节点的集群，允许最多出现 (N-1)/2 个节点发生永久性故障（比如，硬件故障或磁盘损耗）之后还能正常对外服务。当永久性故障的节点个数超过 (N-1)/2 时，就会陷入不可逆地失去仲裁的境地。一旦仲裁丢失，集群就会无法保证一致性，因此也就无法再接收更新请求了。为了从灾难性故障中恢复，etcd v3 提供了快照和恢复机制来重建一个新的 etcd 集群。对于 v2 的集群，请参考 v2 的管理文档。

### 6.7.1 快照

恢复一个集群之前需要对etcd节点上的数据先做快照。快照可以通过etcdctl snapshot save命令从一个正在运行的etcd节点中获取，具体代码如下所示：

```
# 将$ENDPOINT指向的etcd数据保存到快照文件snapshot.db
$ ETCDCTL_API=3 etcdctl --endpoints $ENDPOINT snapshot save snapshot.db
```

然后，集群就可以通过复制etcd节点数据目录的member/snap/db文件来获得快照了。

### 6.7.2 恢复集群

只要一个快照文件，就能恢复etcd集群。使用etcdctl snapshot restore命令，创建一个新的etcd数据目录，所有节点都将从同一个快照文件进行恢复。恢复会覆写快照文件中的一些元数据，例如，member ID和cluster ID，这些节点也就丢失了它们之前的身份信息。抹掉元数据是为了防止新节点不小心加入别的etcd集群。

快照文件的完整性校验一般会在恢复时进行。使用etcdctl snapshot save命令做一个快照时，就会生成一个Hash值，用于在执行etcdctl snapshot restore命令时进行校验。如果快照文件是从数据目录中直接复制过来的，那就没有一致性Hash值，需要在恢复时使用“--skip-hash-check”选项跳过。

恢复操作会初始化一个新的etcd节点，该etcd节点保留了之前的数据，并且配置将通过启动参数传入。接上面的例子，下面将演示为一个3节点的集群创建新的etcd数据目录（m1.etcd，m2.etcd，m3.etcd）的过程，具体代码如下所示：

```
$ ETCDCTL_API=3 etcdctl snapshot restore snapshot.db \
    --name m1 \
```

```
    --initial-cluster m1=http://host1:2380,m2=http://host2:2380,m3=http://
      host3:2380 \
    --initial-cluster-token etcd-cluster-1 \
    --initial-advertise-peer-urls http://host1:2380
$ ETCDCTL_API=3 etcdctl snapshot restore snapshot.db \
    --name m2 \
    --initial-cluster m1=http://host1:2380,m2=http://host2:2380,m3=http://
      host3:2380 \
    --initial-cluster-token etcd-cluster-1 \
    --initial-advertise-peer-urls http://host2:2380
$ ETCDCTL_API=3 etcdctl snapshot restore snapshot.db \
    --name m3 \
    --initial-cluster m1=http://host1:2380,m2=http://host2:2380,m3=http://
      host3:2380 \
    --initial-cluster-token etcd-cluster-1 \
    --initial-advertise-peer-urls http://host3:2380
```

下面再用新的数据目录启动 etcd 进程，具体代码如下所示：

```
$ etcd \
    --name m1 \
    --listen-client-urls http://host1:2379 \
    --advertise-client-urls http://host1:2379 \
    --listen-peer-urls http://host1:2380 &
$ etcd \
    --name m2 \
    --listen-client-urls http://host2:2379 \
    --advertise-client-urls http://host2:2379 \
    --listen-peer-urls http://host2:2380 &
$ etcd \
    --name m3 \
    --listen-client-urls http://host3:2379 \
    --advertise-client-urls http://host3:2379 \
    --listen-peer-urls http://host3:2380 &
```

三个 etcd 进程都启动之后，etcd 集群就能在快照数据的基础上对外提供服务了。

## 6.8 etcd 网关

etcd 网关是一个简单的 TCP 代理，可用于向 etcd 集群转发网络数据。etcd 网关对用户透明且是无状态的。与其他代理一样，etcd 网关不会修改客户端请求和服务端响应。

etcd 网关支持多个后端 etcd 服务器，并且只支持轮询的负载均衡策略，它只会将流量路由到可用的后端并且向客户端隐藏错误。至于带权重的轮询策略，日后可能会加上。

### 6.8.1 什么时候使用 etcd 网关

访问 etcd 的每个应用首先都要获取到 etcd 集群客户端端点的地址，即 etcd 集群的广播客户端端点地址。如果 etcd 集群重配置导致后端地址发生了变化，那么每个应用程序都需要同步更新其 etcd 服务器列表，否则会影响应用程序的可用性。etcd 网关就是用来解决这个问题的，它监听在一个固定的本地地址上，每个应用程序都与它的本地 etcd 网关相连。这种方法使得只有 etcd 网关需要更新其后端的服务器列表，对应用来说，后端服务器的更新是透明的。

总的来说，为了自动广播 etcd 集群端点信息的更新，推荐的做法是在每个节点上运行一个 etcd 网关。应用可通过这个网关访问 etcd 集群。

### 6.8.2 什么时候不该使用 etcd 网关

#### 1. 性能

etcd 网关并不是为提升 etcd 性能而设计的，它并不提供缓存、watch 合并或批处理等提升性能的特性，所以高性能场景下并不推荐使用 etcd 网关。

#### 2. 已经有服务发现机制

一些高级的集群管理系统本身就支持服务发现。应用可以通过 DNS 域名或由集群管理的虚 IP 访问 etcd 集群，因此在已经有服务发现支持的场景下不推荐再使用 etcd 网关。

### 6.8.3 启动etcd网关

假设一个etcd集群具有如下静态后端节点：

```
| Name   | Address   | Hostname          |
| ------ | --------- | ----------------- |
| infra0 | 10.0.1.10 | infra0.example.com |
| infra1 | 10.0.1.11 | infra1.example.com |
| infra2 | 10.0.1.12 | infra2.example.com |
```

使用上述静态节点启动etcd网关时，可运行以下命令：

```
$ etcd gateway start
    --endpoints=infra0.example.com,infra1.example.com,infra2.example.com
2016-08-16 11:21:18.867350 I | tcpproxy: ready to proxy client requests to [...]
```

如果使用DNS作为服务发现，假设有以下DNS SRV记录：

```
$ dig +noall +answer SRV _etcd-client._tcp.example.com
_etcd-client._tcp.example.com. 300 IN SRV 0 0 2379 infra0.example.com.
_etcd-client._tcp.example.com. 300 IN SRV 0 0 2379 infra1.example.com.
_etcd-client._tcp.example.com. 300 IN SRV 0 0 2379 infra2.example.com.
```

A记录如下所示：

```
$ dig +noall +answer infra0.example.com infra1.example.com infra2.example.com
infra0.example.com.  300  IN  A  10.0.1.10
infra1.example.com.  300  IN  A  10.0.1.11
infra2.example.com.  300  IN  A  10.0.1.12
```

那么，可启动etcd网关通过DNS SRV记录去获取后端服务器，示例代码具体如下：

```
$ etcd gateway --discovery-srv=example.com
2016-08-16 11:21:18.867350 I | tcpproxy: ready to proxy client requests to [...]
```

## 6.9 gRPC代理

gRPC代理是一个运行在gRPC层（L7）、无状态的etcd反向代理。它被设计成一个降低核心 etcd 集群的请求负载。对于横向扩展，gRPC 代理会合并 watch 以及为 API 请求绑定一个过期租约。此外，它还可以保护集群免受大流量的冲击，缓存 range request 的结果。

gRPC 代理支持多 etcd 服务后端。当它启动时，gRPC 会随机选择一个 etcd 服务后端，该服务后端接收所有的请求，直到代理检测到该后端故障为止。一旦检测到某个后端故障，代理就会尝试切换到其他后端。如果能够找到新的后端，它就会向客户端隐藏其中的错误并进行切换。其他的重试策略，譬如带权重的轮询，日后也会支持。

### 6.9.1 可扩展的 watch API

gRPC 代理可以将同一个 key 或同一个范围上多个客户端的 watch 请求（c-watcher）合并成单个连接到 etcd 服务器的 watch 请求（s-watcher）。然后，再将 s-watcher 上的所有事件都广播到 c-watcher。

假设有 N 个客户端 watch 同一个 key，那么 gRPC 代理能够将 etcd 服务器的 watch 负担从 N 减轻到 1，也可以部署多个 gRPC 代理分发服务器的负载。

在下面的例子中，三个客户端 watch 在 key A 上，gRPC 代理将合并这三个 watch，并创建一个 watch 挂载在 etcd 服务器上，具体代码如下所示：

```
          +-------------+
          | etcd server |
          +------+------+
              ^ watch key A (s-watcher)
              |
          +-------+-----+
          | gRPC proxy  | <-------+
          |               |           |
          ++-----+------+          |watch key
A (c-watcher)
watch key A ^      ^ watch key A    |
(c-watcher) |      | (c-watcher)    |
    +-------+-+ ++--------+  +----+----+
```

```
| client || |  client |  | client  |
|          | |          | |          |
+----------+ +----------+ +----------+
```

## 6.9.2　限制

为了有效地将多个客户端 watch 请求合并成一个，gRPC 代理会尽可能地将一条新的 c-watcher 合并到已有的 s-watcher 中。但是，在合并时，s-watcher 上的数据与 etcd 服务器上的数据可能会因为网络时延或缓存而产生数据不一致的问题。当 watch 的版本号未指定时，gRPC 代理并不保证 c-watcher 会从最近的存储版本开始 watch。例如，客户端向 etcd 服务器从版本号 1000 开始 watch，那么 watch 就从版本号 1000 开始。如果客户端向 gRPC 代理 watch，那么其可能从版本号 990 开始。

类似的限制同样适用于取消。当 Watcher 取消时，etcd 服务器的版本号可能会大于取消响应的版本号。上述两个限制在大部分场景下一般不会导致问题。未来，如果需要更精确的响应版本，可能需要额外的选项强制 Watcher 绕过 gRPC 代理。

## 6.9.3　可扩展的带租约的 API

为了保持租约可用，客户端必须至少建立一条连接 etcd 服务器的 gRPC 流用于定期发送心跳。一旦客户端变多，这些流就会显著增加 etcd 的 CPU 负载。为了减轻核心 etcd 集群的 gRPC 流总数，gRPC 代理支持带租约流的合并。

假设有 N 个客户端正在更新租约，那么它们将会严重影响 etcd 的 CPU 负载，但若使用了 gRPC 代理，那么这个现象就会得到改善，因为它能够将 etcd 服务器的流负载从 N 降到 1。如有需要，可以部署额外的 gRPC 代理在多个代理之间分发流。

在下面的例子中，三个客户端会独立更新租约（L1、L2 和 L3）。gRPC 代理将三个客户端租约流（c-stream）合并成一个挂载在 etcd 服务器上的租约维活流（s-stream）上。该代理将客户端租约心跳从 c-stream 转发到 s-stream，然后将服务端响应返回给响应的 c-stream，具体代码如下所示：

```
          +-------------+
          | etcd server |
          +------+------+
                 ^
                 | heartbeat L1, L2, L3
                 | (s-stream)
                 v
          +------+------+
          | gRPC proxy  +<-----------+
          +---+------+---+            |
heartbeat L3
                 ^       ^            |
 (c-stream)
heartbeat L1 |       | heartbeat L2  |
(c-stream)    v       v (c-stream)    v
    +------+-+  ++--------+  +-----+--+
    | client |  | client |  | client |
    +--------+  +--------+  +--------+
```

## 6.9.4 服务端保护

gRPC 代理会在不破坏数据一致性的前提下，缓存请求的响应，其能减轻 etcd 服务器的负担。

## 6.9.5 启动 gRPC 代理

假设 etcd 集群包含如下三个后端节点，具体如下：

```
| Name   | Address    | Hostname           |
|------- |----------- |------------------- |
| infra0 | 10.0.1.10 | infra0.example.com |
| infra1 | 10.0.1.11 | infra1.example.com |
| infra2 | 10.0.1.12 | infra2.example.com |
```

那么，可用如下命令启动 gRPC 代理：

```
$ etcd grpc-proxy start
    --endpoints=infra0.example.com,infra1.example.com,infra2.example.com
    --listen-addr=127.0.0.1:2379
```

gRPC代理会启动并监听本地8080端口，它将客户端请求转发给上面3个etcd后端节点中的一个。客户端通过代理发送请求。示例代码具体如下：

```
$ ETCDCTL_API=3 ./etcdctl --endpoints=127.0.0.1:2379 put foo bar
OK
$ ETCDCTL_API=3 ./etcdctl --endpoints=127.0.0.1:2379 get foo
foo
bar
```

### 6.9.6 客户端节点同步和域名解析

gRPC代理支持注册它的后端节点用于服务发现，其通过编写一个用户定义的后端节点来实现的。这么做有如下两个目的。

- 高可用。允许客户端与gRPC代理的后端节点同步它们的后端节点。
- 由etcd提供访问端点。

下面提供一个用户定义的前缀注册代理，示例代码具体如下：

```
$ etcd grpc-proxy start --endpoints=localhost:2379 \
    --listen-addr=127.0.0.1:23790 \
    --advertise-client-url=127.0.0.1:23790 \
    --resolver-prefix="___grpc_proxy_endpoint" \
    --resolver-ttl=60

$ etcd grpc-proxy start --endpoints=localhost:2379 \
    --listen-addr=127.0.0.1:23791 \
    --advertise-client-url=127.0.0.1:23791 \
    --resolver-prefix="___grpc_proxy_endpoint" \
    --resolver-ttl=60
```

该代理将会列举etcd节点列表，具体如下：

```
ETCDCTL_API=3 ./bin/etcdctl --endpoints=http://localhost:23790 member
    list --write-out table

+----+---------+--------------------------------+------------+-----------------+
| ID | STATUS  |              NAME              | PEER ADDRS |  CLIENT ADDRS   |
```

```
+----+---------+--------------------------------+-----------+----------------+
|  0 | started | Gyu-Hos-MBP.sfo.coreos.systems |           | 127.0.0.1:23791 |
|  0 | started | Gyu-Hos-MBP.sfo.coreos.systems |           | 127.0.0.1:23790 |
+----+---------+--------------------------------+-----------+----------------+
```

客户端代码调用 Sync 方法就能自动发现 proxy 的后端节点。示例代码具体如下：

```
cli, err := clientv3.New(clientv3.Config{
    Endpoints: []string{"http://localhost:23790"},
})
if err != nil {
    log.Fatal(err)
}
defer cli.Close()


// fetch registered grpc-proxy endpoints
if err := cli.Sync(context.Background()); err != nil {
    log.Fatal(err)
}
```

需要注意的是，如果代理没有配置域名解析前缀，示例代码如下所示：

```
$ etcd grpc-proxy start --endpoints=localhost:2379 \
    --listen-addr=127.0.0.1:23792 \
    --advertise-client-url=127.0.0.1:23792
```

那么代理返回的 member list 结果就是它自己的 advertise-client-url，具体如下：

```
ETCDCTL_API=3 ./bin/etcdctl --endpoints=http://localhost:23792 member
    list --write-out table
+----+---------+--------------------------------+------------+-----------------+
| ID | STATUS  |              NAME              | PEER ADDRS |  CLIENT ADDRS   |
+----+---------+--------------------------------+------------+-----------------+
|  0 | started | Gyu-Hos-MBP.sfo.coreos.systems |            | 127.0.0.1:23792 |
+----+---------+--------------------------------+------------+-----------------+
```

## 6.9.7 名字空间

假设一个应用期望对整个 etcd 数据空间具有完全的访问权限，但是该 etcd

集群却是与其他应用共享的，那么为了让所有应用在运行过程中不会相互影响，可使用 gRPC proxy 隔离 etcd 的数据空间，这样每个客户端看到的就仿佛是整个数据空间。当 gRPC proxy 加上“--namespace”参数启动时，所有经过 proxy 的客户端请求的 key 都会被自动转换成带有用户定义的路径前缀。proxy 访问 etcd 集群将会带有该路径前缀，代理返回给客户端时则会去掉该前缀。因此，前缀对用户来说是透明的。下面的命令将用一个自定义的前缀启动 proxy，具体如下：

```
$ etcd grpc-proxy start --endpoints=localhost:2379 \
  --listen-addr=127.0.0.1:23790 \
  --namespace=my-prefix/
```

访问 proxy 的请求都将自动加上该路径前缀，具体代码如下所示：

```
# 访问proxy
$ ETCDCTL_API=3 etcdctl --endpoints=localhost:23790 put my-key abc
# OK
$ ETCDCTL_API=3 etcdctl --endpoints=localhost:23790 get my-key
# my-key
# abc
# 直接访问etcd核心服务器
$ ETCDCTL_API=3 etcdctl --endpoints=localhost:2379 get my-prefix/my-key
# my-prefix/my-key
# abc
```

## 6.10　故障恢复

在规模部署的集群环境中，各种软硬件的故障源可分为很多种，很难一一枚举。本节会将错误进行分类，以便用户能够将特定的错误映射到相应的类别中。不过，建议还是定期备份 etcd 数据，以免碰到不可恢复的错误。

### 6.10.1　小部分从节点故障

当小于半数的从节点发生故障时，etcd 集群仍然能够正常处理用户的请求。例如，两个从节点的故障不会影响一个 5 节点 etcd 集群的正常操作，然而，客户端会丢失与故障节点的连接。etcd的客户端对用户的读请求隐藏了这些影响并自动重连其他节点，这会对其他节点带来增加负载的影响。

### 6.10.2 主节点故障

当etcd主节点发生了故障，etcd集群会自动选举出一个新的主节点。这个选举操作并不会马上发生，由于选举模型是基于超时机制的，因此会等待下一个选举超时周期并开始新一轮的选举。

选举期间，etcd集群无法处理任何写操作，客户端的写请求会缓存到队列中，直到新的主节点产生为止。选举期间发送给旧主节点的写请求若还包含没有提交的数据则可能会丢失，因为新的主节点有权利覆盖旧的主节点的所有未提交的数据。从用户的角度来看，在选主期间，一些写请求会超时。所有已提交的写数据都不会丢失。

新的主节点会自动延伸所有的客户端租约，这一机制保障了租约不会因为其是旧的主节点授予的而提前过期。

### 6.10.3 大部分节点故障

当etcd集群大部分节点都发生故障时，etcd集群就会失败且无法接收写请求。只有当集群的大部分节点变得可用后，etcd才能恢复。如果无法恢复大部分节点，那么运维人员就只能通过灾难恢复操作来恢复集群了。

一旦etcd集群的大部分节点恢复正常之后，它们就会自动选举一个新的主节点并恢复健康状态。

### 6.10.4 网络分区

网络分区与上文讨论的“小部分从节点故障”和“主节点故障”类似。网络分隔将 etcd 集群分割成两部分，一部分拥有大部分节点，另一部分拥有小部分节点。大部分节点一侧变成可用集群，小部分节点一侧则变得不可用（小于半数节点无法组建一个集群），因此 etcd 中不存在“脑裂”。如果主节点在大部分节点的一侧，那么从大部分节点的角度来看，该故障就是小部分从节点故障。如果主节点在小部分节点一侧，那么该故障就是主节点故障，该主节点就会自动退位，然后大部分节点那一侧会选举出一个新的主节点。

一旦网络分隔解除，那么小部分节点那侧会自动感知到位于大部分节点那侧的主节点，然后恢复正常状态。

### 6.10.5 集群启动异常

只有当集群所需的所有节点都正常启动时，集群才能启动成功。一旦集群启动过程中发生错误，它就会删除所有节点上的数据目录，并用一个新的集群 token 或服务发现 token 重启 etcd。

当然，也可以像恢复一个已经运行的集群那样恢复一个启动失败的集群，但这样做没有太大的必要，因为此时还没有客户数据。

## 6.11 硬件

在开发和测试的场景下，etcd 通常被运行在有限资源的环境下，比如一台笔记本或者一台廉价的虚拟机。然而，需要在生产环境上运行 etcd 集群的时候，以下硬件资源配置指导会有助于集群的稳定运行管理。这些意见并非硬性条件，但是它可以保障生产环境健壮稳定地运行。通常，在生产环境下进行正式部署前还应该进行模拟负载测试。

### 1. CPU

etcd 需要大量的 CPU 资源。典型的集群需要 2 个或 4 个核才能确保系统流畅地运行。高负载的场景下，比如需要服务上千个客户端或者处理每秒上万请求的情况，往往要求 CPU 资源能够匹配处理来自内存的所有请求。这种高负载部署场景下通常需要 8 个或16 个核。

### 2. 内存

etcd 的内存占用相对较小，但其性能还是取决于是否有足够的内存资源。etcd 服务会尽可能地缓存 key-value 数据，并且尽可能地用剩下的内存来跟踪 Watcher。典型的场景下，8GB 内存就足够了，在有上千 Watcher 和上百万 key 的场景下，相应地需要分配 16～64GB 内存。

### 3. 磁盘

磁盘的 I/O 性能是影响 etcd 性能和稳定性最关键的因素。

磁盘性能不足会增加 etcd 请求时延，并且会破坏集群的稳定性。etcd 的一致性协议依赖于持久化元数据到日志文件，并且大多数 etcd 集群成员需要将每一个请求都写到磁盘中。此外，etcd 需要持续不断地检测磁盘的状态，以按需截断日志。如果这些写磁盘操作花费了太长的时间，那么心跳检测就会超时并触发重新选举，从而破坏集群的稳定性。

etcd 对写磁盘的时延非常敏感。典型的场景下要求配备高于 50 串行 IOPS 的磁盘（如 7200 转的普通磁盘）。对于高负载集群，建议配备高于 500 串行 IOPS 的磁盘设备（如特定的本地 SSD 或者高性能的虚拟块设备）。需要注意的是，当前大多数云供应商提供的都是并行 IOPS 设备而不是串行 IOPS 设备，并行 IOPS 设备的速度是串行 IOPS 设备的 10 倍以上。对于串行 IOPS 的检测方法，推荐使用磁盘基准测试工具，如 diskbench 或 fio。

etcd 只需要适当的磁盘带宽就能正常运行，但是更大的磁盘带宽可以让一个失败的集群成员更快地加回到集群当中。通常 10MB/s 的情况下，可以在 15 秒内恢复 100MB 的数据。对于大规模集群而言，100MB/s 或者更高的磁盘带宽，可以支撑在 15 秒内恢复 1GB 的数据。

如果条件允许的话，应尽可能地使用 SSD 作为 etcd 的数据存储盘。SSD 相较于旋转磁盘，可以提供更低的写磁盘时延以及更可靠的一致性，这一点对于提供 etcd 的稳定性和可靠性非常有帮助。如果要用旋转磁盘，那就使用最快规格的（15 000 RPM）。使用 RAID 0 同样能有效地提高磁盘速度，这一点对旋转磁盘和 SSD 都有效。在 3 个成员的最小集群规模下，不需要镜像或奇偶校验的 RAID，etcd 的一致性复制已经能够满足高可用要求。

### 4. 网络

快速可靠的网络条件，对于多成员的 etcd 集群非常有帮助。etcd 需要同时支持数据一致性和分区容错，不可靠的网络条件下，etcd 的可用性也会非常差。低时延可以确保 etcd 集群成员之间的快速通信。高速带宽可以减少一个失败的 etcd 成员恢复正常的时间。1GbE 的带宽条件可以满足一般的 etcd 集群部署运行。对于更大的 etcd 集群，10GbE 的网络可以有效减少失败集群成员的平均恢复时间。

### 5. 硬件配置示例

以下将列举一些在 AWS 和 GCE 环境上的硬件资源配置例子。虽然前面已经提到过，但是这里必须要再次强调一下，在应用于生产环境之前，管理员应该在仿真环境上进行部署和运行测试。

请注意，这些配置是假设机器资源完全供 etcd 使用的情况，如果在机器上同时运行其他应用程序，可能会产生资源争夺从而导致集群不稳定。

（1）小型集群

小型集群是指可以服务于不超过 100 个客户端，请求数小于 200 个 / 秒，同时存储的数据不超过 100MB 的 etcd 集群。

以下示例是 50 节点的 Kubernetes 集群：

| 供应商 | 类型 | vCPUS | 内存（GB） | 最大并行IOPS | 磁盘带宽（MB/s） |
|---|---|---|---|---|---|
| AWS | m4.large | 2 | 8 | 3600 | 56.25 |
| GCE | n1-standard-1+50GB PD SSD | 2 | 7.5 | 1500 | 25 |

（2）中型集群

中型集群是指可以服务于不超过 500 个客户端，请求数小于 1000 个 / 秒，同时存储数据不超过 500MB 的 etcd 集群。

以下示例是 250 节点的 Kubernetes 集群：

| 供应商 | 类型 | vCPUS | 内存（GB） | 最大并行IOPS | 磁盘带宽（MB/s） |
|---|---|---|---|---|---|
| AWS | m4.xlarge | 4 | 16 | 6000 | 93.75 |
| GCE | n1-standard-4+150GB PD SSD | 5 | 15 | 4500 | 75 |

（3）大型集群

大型集群是指可以服务于不超过 1500 个客户端，请求数小于 10 000 个 / 秒，同时存储数据不超过 1GB 的 etcd 集群。

以下示例是 1000 节点的 Kubernetes 集群：

| 供应商 | 类型 | vCPUS | 内存（GB） | 最大并行IOPS | 磁盘带宽（MB/s） |
|---|---|---|---|---|---|
| AWS | m4.2xlarge | 8 | 32 | 8000 | 125 |
| GCE | n1-standard-8+250GB PD SSD | 8 | 30 | 7500 | 125 |

（4）超大型集群

超大型集群是指可以服务于超过 1500 个客户端，请求数超过 10 000 个 / 秒，存储数据可以超过 1GB 的 etcd 集群。

以下示例是 3000 节点的 Kubernetes 集群：

| 供应商 | 类型 | vCPUS | 内存（GB） | 最大并行IOPS | 磁盘带宽（MB/s） |
|---|---|---|---|---|---|
| AWS | m4.4xlarge | 16 | 64 | 16000 | 250 |
| GCE | n1-standard-16+500GB PD SSD | 16 | 60 | 15000 | 250 |

一个由硬件导致的具体问题是，etcd 使用的协议是基于 Leader 的协商一致性来实现一致的数据复制和日志执行的。集群 member 会共同选举一个 Leader，所有其他 member 成为这个 Leader 的 Followers。集群的 Leader 必须定期向其 Followers 发出心跳，以保持领导地位。如果在选举间隔内 Followers 没有收到 Leader 发来的心跳，Followers 就会推断当前 Leader 的状态已经坏了，从而引发新的选举。如果 Leader 没有及时发送心跳，但实际上仍在运行，那么触发的选举就是虚假的，而造成这种情况的原因有很大的可能是由于资源不足。为了捕捉这些异常，如果 Leader 在两个心跳间隔时间内都没有发送成功，etcd 就会发出“failed to send out heartbeat on time”的告警。

通常，发生上述问题最可能的原因是磁盘缓慢。在 Leader 发送附有元数据的心跳之前，需要先将元数据保存到磁盘。该磁盘 I/O 资源可能被 etcd 和其他服务抢用，或者磁盘本身过于慢（例如，共享虚拟化磁盘）。如果要解决由于磁盘缓慢而引起的上述警告，就需要监视 wal_fsync_duration_seconds（p99 持续时间应小于 10 毫秒）以确认磁盘速度相当快。如果磁盘速度太慢，就为 etcd 分配专用磁盘或使用更快的磁盘。

第二个常见的原因是 CPU 不足。实时监控服务器的 CPU 使用率，若发现 CPU 利用率很高，那么就可能没有为 etcd 提供足够的处理能力等。把 etcd 迁移到 etcd 专用服务器上，通过 cgroup 建立进程资源隔离，或者将 etcd 服务器进程转化为更高优先级通常可以解决这个问题。

网络缓慢也可能导致此问题。如果机器之间的网络指标显示延迟较大或丢包率较高，就很可能是没有足够的网络容量等。将 etcd 迁移到网络状况良好的服务器集群上可以解决这个问题。但是，如果在数据中心部署了 etcd 集群，那么成员之间的长时间延迟是提前预测的。这种情况下，可以调整 etcd 集群心跳间隔的配置，以便大致匹配机器之间的往返时间，并将选择超时配置设置为至少 5 倍的心跳间隔时间。

第 7 章 Chapter 7

# etcd 安全

etcd 安全是指安全模式下 etcd 的运行状态，本章将从访问安全和传输安全这两个方面进行阐述。访问安全包括用户的认证和授权，传输安全是指使用 SSL/TLS 来加密数据信道。

## 7.1 访问安全

用户权限功能是在 etcd 2.1 版本中增加的功能，在 2.1 版本之前，etcd 是一个完全开放的系统，任何用户都可以通过 REST API 修改 etcd 存储的数据。etcd 在 2.1 版本中增加了用户（User）和角色（Role）的概念，引入了用户认证的功能。为了保持向后兼容性和可升级性，etcd 的用户权限功能默认是关闭的。

无论数据信道是否经过加密（SSL/TLS，下文会详细讨论），etcd 都支持安全认证以及权限管理。etcd 的权限管理借鉴了操作系统的权限管理思想，存在用户和角色（分组）两种权限管理方法。在操作系统中，默认存在一个超级管理员 root，拥有最高权限，其余所有的用户权限都派生自 root。另外，系统还默认存在一个访客（guest）分组，该分组用于授予无认证登录的用户，并且该分组默认可以新增、修改以及删除其为该角色创建的数据。

etcd 认证体系分为 User 和 Role，Role 被授予给 User，代表 User 拥有某项权利。etcd 的认证体系中有一个特殊的用户和角色，那就是 root。

root 用户拥有对 etcd 访问的全部权限，并且必须在启动认证之前预先创建。设置 root 用户的初衷是为了方便管理——管理角色和普通用户。root 用户必须是 root 角色。

root 角色可以授予任何用户。一旦某个用户被授予了 root 角色，它就拥有全局的读写权限以及修改集群认证配置的权限。一般情况下，root 角色所赋予的特权用于集群维护，例如，修改集群 member 关系，存储碎片整理，做数据快照等。

etcd 包含三种类型的资源，具体如下。

- 权限资源（permission resources）：表示用户（User）和角色（Role）信息。
- 键值资源（key-value resources）：表示键值对数据信息。
- 配置资源（settings resources）：安全配置信息、权限配置信息和 etcd 集群动态配置信息（选举 / 心跳等）。

下面将分别针对上述三种类型资源进行解释。

### 7.1.1 权限资源

#### 1. User

User（用户）是一个被授予权限的身份，每一个用户都可以拥有多个角色（Role，下文会专门讨论）。用户操作资源的权限（例如读资源或写资源）是根据该用户所具有的角色来确定的。用户分为root用户和非root用户。

root用户是etcd提供的一个特殊用户。在安全功能被激活之前必须创建root用户，否则会无法启用身份认证功能。root用户具有root角色功能并允许对etcd内部进行任何操作。root用户的主要目的是为了进行恢复——它会生成一个密码并存储在某个地方，并且会被授予root角色来承担系统管理员的功能。root用户在我们对etcd集群进行故障排除和恢复时非常有用。

### 2. Role

Role（角色）用来关联权限。etcd的每个角色（Role）都具有相对应的权限列表，这个权限列表定义了角色对键值资源的访问权限。在etcd中，角色主要分三类：root角色、guest角色和普通角色。etcd默认会创建其中两种特殊的角色——root和guest。

etcd默认创建root用户时即创建了root角色，并为其绑定了该角色，该角色拥有所有权限；guest角色，默认自动创建，主要用于非认证使用。普通角色，由root用户创建，并由root用户分配指定权限。

root角色具有对所有键值资源的完整权限，而且只有root角色具有管理用户资源和配置资源的权限（例如，修改etcd集群的成员信息）。root角色是内置的，不需要被创建而且不能被修改，但是可以授予任何用户相同的权限。

另外一个特殊的角色是guest，这个角色会被自动创建。guest角色针对未经身份验证的请求提供了访问etcd的权限，即如果没有指定任何验证方式和用户访问etcd数据库，那么请求方默认会被设定为guest角色。默认情况下，etcd的guest角色具有对etcd所有键值资源的全局访问权限——默认情况下允许访问整个key空间是考虑到向后兼容，etcd 2.1以前的版本未设置对任何操作进行验证的功能。如果不希望未授权就获取或修改etcd的数据，那么，guest角色可以被持有 root 角色的用户在任何时间进行修改、撤销，甚至是删除该角色，以减少未经授权的用户的能力。例如，可通过以下命令来撤销 guest 的权限：

```
etcdctl role revoke guest
```

### 3. Permission

etcd 提供了两种类型的权限（permission）：读和写。对权限的所有管理和设置都需要通过 root 角色来实现。权限列表是一个许可的特定权限（读或写）的列表，目前只支持 ALLOW 前缀，支持 DENY 前缀会变得更复杂，此功能还在开发之中。

## 7.1.2 键值资源

键值资源是指存储在 etcd 中的键值对信息。给定一个用于匹配的模式（pattern）列表，当用户请求的 key 值匹配模式列表中的某项时，相应的权限就会被授予。

当前，etcd 只支持 key 值的前缀和精确匹配，其中前缀字符串以“*”结尾。例如“/foo”表示一个精确的 key 值或目录，那么只能为该 key 值或目录授予权限，而不能为它的子节点授予权限，而“/foo*”表示所有以 foo 开头的 key 值或目录都具有该权限（例如“/foobar”，注意“/foo*”与“/foo/*”的区别）。单独一个“*”表示具有所有键值资源的完整权限。

## 7.1.3 配置资源

配置资源存放着整个集群的特定配置信息，包括添加 / 删除的集群成员、启动 / 禁用认证功能、替换证书和其他由管理员（root 角色持有者）维护的动态配置信息等。

## 7.2 etcd访问控制实践

### 7.2.1 User相关命令

可使用etcdctl的子命令User来处理与用户相关的操作。示例如下。

1）获取Users账号列表的命令如下：

```
$ etcdctl user list
```

2）创建一个User的命令如下：

```
$ etcdctl user add myusername
```

与Linux系统类似，新建一个用户会提示输入一个新的密码。当传入参数"--interactive= false"时，表示支持从标准输入读取密码字符串。

3）授予用户对应的Role和撤销用户所拥有的Role（允许部分撤销）时，可使用如下命令：

```
$ etcdctl user grant myusername -roles foo,bar,baz
$ etcdctl user revoke myusername -roles bar,baz
```

4）一个用户的详细信息可以通过下面的命令进行获取：

```
$ etcdctl user get myusername
```

5）与Linux系统类似，修改密码使用passwd关键字，命令如下：

```
$ etcdctl user passwd myusername
```

这时会提示输入新的密码。与新建用户一样，当传入参数"--interactive=false"时，表示支持从标准输入读取新的密码字符串。

6）删除一个用户的命令如下：

```
$ etcdctl user remove myusername
```

## 7.2.2 Role 相关命令

与 User 子命令类似，Role 子命令可用来处理与角色相关的操作。可使用 etcdctl 的子命令 Role 来为对应的 Role 角色指定相应的权限，然后将 Role 角色授予相应的 User，从而使 User 具有相应的权限，示例如下。

1）列出系统所有角色的命令如下：

```
$ etcdctl role list
```

2）创建一个 Role 角色的命令如下：

```
$ etcdctl role add myrolename
```

一个角色没有密码，它定义了一组访问权限。etcd 里的角色被授予访问一个或一个范围内的 key。这个范围可以由一个区间 [start-key, end-key] 指定，其中起始值“start-key”的字典顺序要求小于“end-key”。

访问权限可以是读、写或者可读可写。Role 角色能够指定键空间下不同部分的访问权限，不过一次只能设置一个 path 或一组 paths（使用前缀 +“*”来表示，具体规则前面已描述过）的访问权限（读和写的权限）。

3）授予对 key“/foo”的只读权限时，可使用如下命令：

```
$ etcdctl role grant-permission myrolename read /foo
```

4）授予以“/foo/”为前缀的 key 的只读权限，等同于范围 [/foo/, /foo0)，示例代码具体如下：

```
$ etcdctl role grant-permission myrolename --prefix=true read /foo/
```

5）授予对 key“/foo/bar”的只写权限时，可使用如下命令：

```
$ etcdctl role grant-permission myrolename write /foo/bar
```

6）授予 key 范围 [key1, key5）内的读写权限时，可使用如下命令：

```
$ etcdctl role grant-permission myrolename readwrite key1 key5
```

7）授予以“/pub/”为前缀的key的读写权限时，可使用如下命令：

```
$ etcdctl role grant myrolename -path '/pub/*' -readwrite
```

8）如果想要查看一个Role所赋予的权限，则可使用如下所示的命令：

```
$ etcdctl role get myrolename
```

9）如果要收回一个Role的某个权限，则可参考如下所示的命令：

```
$ etcdctl role revoke-permission myrolename /foo/bar
```

10）如果要完全移除一个Role（包括Role的所有权限），则可参考如下所示的命令：

```
$ etcdctl role remove myrolename
```

### 7.2.3 启用用户权限功能

可使用etcdctl的子命令auth启动/禁用权限功能，etcd管理员可以在认证开启前后创建用户和角色。

1）要确认root用户已经创建，可使用如下命令：

```
$ etcdctl user add root
```

2）启用权限功能的命令具体如下：

```
$ etcdctl auth enable
```

上一条命令成功执行之后，etcd就运行在认证开启模式之下了。如果想要关闭认证，则使用相反的命令即可：

```
$ etcdctl -u root:rootpw auth disable
```

需要注意的是，启用权限功能之后，如果想要查询特殊的guest角色的权限（任何没有被授予权限的用户都具有guest角色），那么需要根据具体情况使用下述命令进行查询并修改：

```
$ etcdctl -u root:rootpw role get guest
```

3）使用用户名和密码对 etcd 进行授权的访问时，可使用如下命令：

```
$ etcdctl -u user:password get foo
或
$ etcdctl -u user get foo
```

以上命令的密码字符串可以通过命令行输入。

最后，我们总结一下访问控制设置的一般步骤，具体如表 7-1 所示。

表 7-1 访问控制设置的步骤及命令

| 顺序 | 步骤 | 命令 |
|---|---|---|
| 1 | 一般情况下默认添加 root 用户 | etcdctl user add root |
| 2 | 开启认证 | etcdctl auth enable |
| 3 | 添加非 root 用户 | etcdctl user add <user> |
| 4 | 添加角色 | etcdctl --username root:<passwd> role add <role> |
| 5 | 为角色授权（只读、只写、可读写） | etcdctl --username root:<passwd> role grant --readwrite --path <path> <role> |
| 6 | 为用户分配角色（即分配了与角色对应的权限） | etcdctl --username root:<passwd> user grant --roles <role> <user> |

## 7.3 传输安全

etcd 支持 TLS 协议加密通信。TLS 通道既能用于加密 etcd 集群内部通信，也能加密客户端与服务端的通信。如果 etcd 服务启动时传入参数“--client-cert-auth=true”，那么客户端 TLS 证书的 CN 字段就能被用于标识一个 etcd 用户，默认使用该证书登录的用户即为权限管理系统中对应的用户，这样就无须在客户端再输入密码来进行权限认证了。

etcd 的传输层安全模型使用了常见的非对称加密模型，其由公开密钥、私有密钥和证书三部分组成。通信的基础是公私钥以及证书系统，因此，下文将首先介绍生成公 / 私钥以及证书的过程，然后利用生成好的公私钥和证书配置 etcd 传输层的安全。

在介绍 etcd 的传输安全之前，让我们先来简单回顾一下 TLS/SSL 的工作原理。

### 7.3.1　TLS/SSL 工作原理

最新版本的 TLS（Transport Layer Security，传输层安全协议）是 IETF（Internet Engi-neering Task Force，Internet 工程任务组）制定的一种新协议，TLS 建立在 SSL 3.0 协议规范之上，是 SSL 3.0 的后续版本。TLS 与 SSL3.0 之间的差异主要是它们所支持的加密算法不同，但其基本原理相同。因此，下面将以 SSL 为例进行介绍。

SSL 是一个安全协议，它为基于 TCP/IP 的通信应用程序提供了隐私与完整性。HTTPS 便是使用 SSL 来实现安全通信的。在客户端与服务器之间传输的数据是通过对称算法（如 DES 或 RC4）进行加密的。公用密钥算法（通常为 RSA）是用来获得加密密钥交换和数字签名的，此算法使用服务器的 SSL 数字证书中的公用密钥。有了服务器的 SSL 数字证书，客户端便可以验证服务器的身份了。

SSL/TSL 认证分为单向认证和双向认证两种方式。SSL 协议的版本 1 和版本 2 只提供客户端对服务器的认证，即单向认证。版本 3 支持客户端和服务器端互相进行身份认证，即双向认证，此认证同时需要客户端和服务器端的数字证书。例如，我们登录淘宝买东西，为了防止登录的是假淘宝网站，浏览器会验证我们登录的网站是否为真的淘宝网站，而淘宝网站不关心我们是否“合法”，这就是单向认证。而双向认证则是服务器端也需要对客户端做出认证。

SSL 连接总是由客户端启动的。在 SSL 会话开始时会先进行 SSL 握手。客户端和服务器端的 SSL 握手流程如图 7-1 所示。

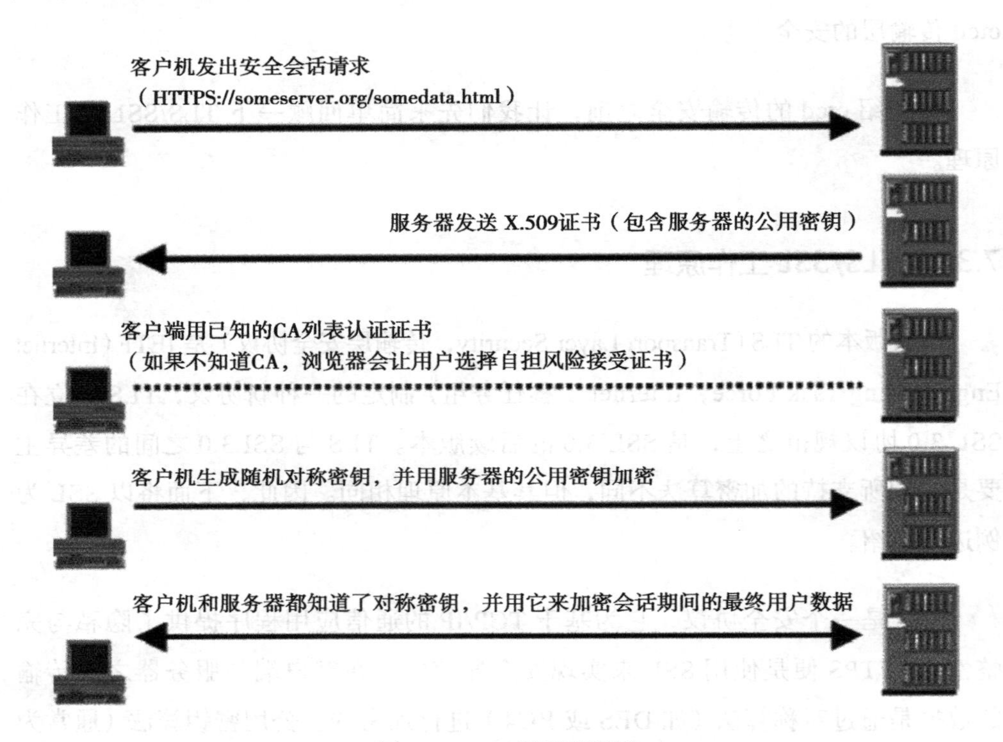
客户机发出安全会话请求
（HTTPS://someserver.org/somedata.html）
服务器发送 X.509证书（包含服务器的公用密钥）
客户端用已知的CA列表认证证书
（如果不知道CA，浏览器会让用户选择自担风险接受证书）
客户机生成随机对称密钥，并用服务器的公用密钥加密
客户机和服务器都知道了对称密钥，并用它来加密会话期间的最终用户数据

图 7-1 SSL 握手流程图

1）客户端向服务器发送消息“您好”（以客户端首选项顺序排序），消息中包含 SSL 的版本、客户端支持的密码对（加密套件）和客户端支持的数据压缩方法（哈希函数）等。此外，还包含 28 字节的随机数。

2）服务器端以消息“您好”响应客户端，此消息包含密码方法（密码对）和由服务器选择的数据压缩方法，以及会话标识和另一个随机数。

> 注意 客户端和服务器至少必须支持一个公共密码对，否则握手会失败。服务器一般选择最大的公共密码对。

3）服务器端向客户端发送其 SSL 数字证书（服务器使用带有 SSL 的 X.509

V3 数字证书）。如果服务器端需要通过数字证书与客户端进行认证，则客户端会发出“数字证书请求”的消息。在“数字证书请求”消息中，服务器端发出支持的客户端数字证书类型的列表和可接受的 CA 的名称。

4）服务器端发出“您好完成”的消息并等待客户端响应。

5）一接收到服务器的“您好完成”消息，客户端（Web 浏览器）就会验证服务器的 SSL 数字证书的有效性，并检查服务器的“你好”消息参数是否可以接受。如果服务器请求客户端数字证书，那么客户端将发送其数字证书；如果没有合适的数字证书是可用的，那么客户端将发送“没有数字证书”的警告。此警告仅仅是警告而已，但是如果客户端数字证书认证是强制性的话，那么服务器应用程序将会使会话失败。

6）客户端发送“客户端密钥交换”消息。此消息包含 pre-master secret（一个用于对称加密密钥生成中的 46 字节的随机数字）和消息认证代码（MAC）密钥（用服务器的公用密钥加密的）。如果客户端向服务器发送了数字证书，客户端将发出签有客户端的专用密钥的“数字证书验证”消息。通过验证此消息的签名，服务器可以显示验证客户端数字证书的所有权。

> 注意　如果服务器没有属于数字证书的专用密钥，它将无法解密 pre-master 密码，也无法创建对称加密算法的正确密钥，而且握手也将失败。

7）客户端使用一系列的加密运算将 pre-master secret 转化为 master secret，其中将派生出所有用于加密和消息认证的密钥。然后，客户端将发出“更改密码规范”消息将服务器转换为新协商的密码对。客户端发出的下一个消息（“未完成”的消息）为用此密码方法和密钥加密的第一条消息。

8）服务器以自己的“更改密码规范”和“已完成”消息进行响应。

9）SSL 握手结束，并且可以发送加密的应用程序数据。

### 7.3.2　使用 TLS 加密 etcd 通信

本节将展示一个例子说明如何创建一个使用 TLS 进行通信的 etcd 集群。

etcd 集群支持基于证书的 TLS（安全信道）和认证，在 etcd 中，需要配置两方面的访问安全：服务器对客户端的通信以及集群节点间的通信。

用户可以自己准备服务器 / 客户端证书或者使用官方推荐的 cfssl 工具来自建 CA 并签发证书。当然也可以用众人熟知的 OpenSSL 或者 easy-rsa。

下面将以 cfssl 为例，生成 etcd 集群的 TLS 密钥对。

### 1. 生成 TLS 证书

#### （1）下载 cfssl

直接下载 cfssl 工具到本地并安装，具体命令如下：

```
mkdir ~/bin
curl -sL -o ~/bin/cfssl https://pkg.cfssl.org/R1.2/cfssl_linux-amd64
curl -sL -o ~/bin/cfssljson https://pkg.cfssl.org/R1.2/cfssljson_linux-
    amd64
chmod +x ~/bin/{cfssl,cfssljson}
export PATH=$PATH:~/bin
```

#### （2）初始化证书颁发机构（CA）

下面将初始化本机的证书颁发机构（CA），具体命令如下：

```
mkdir ~/cfssl
cd ~/cfssl
cfssl print-defaults config > ca-config.json
cfssl print-defaults csr > ca-csr.json
```

etcd 用到的三类证书具体如下。

- client certificate：用于通过服务器验证客户端。例如，etcdctl、etcd proxy 等。
- server certificate：由服务器使用，用于通过客户端验证服务器身份。例如，etcd 服务器。
- peer certificate：由 etcd 集群成员使用，用于加密它们之间的通信。

### （3）配置 CA 选项

配置 CA 选项的代码具体如下：

```
$ cat << EOF > ca-config.json
{
"signing":{
"default":{
"expiry":"43800h"
},
"profiles":{
"server":{
"expiry":"43800h",
"usages":[
"signing",
"key encipherment",
"server auth"
]
},
"client":{
"expiry":"43800h",
"usages":[
"signing",
"key encipherment",
"client auth"
]
},
"peer":{
"expiry":"43800h",
"usages":[
"signing",
"key encipherment",
"server auth",
"client auth"
]
}
}
}
}
```

```
$ cat << EOF > ca-csr.json
{
"CN":"My own CA",
"key":{
"algo":"rsa",
"size":2048
```

```
},
"names":[
{
"C":"US",
"L":"CA",
"O":"My Company Name",
"ST":"San Francisco",
"OU":"Org Unit 1",
"OU":"Org Unit 2"
}
]
}
```

使用下面的命令生成 CA 证书：

```
$ cfssl gencert -initca ca-csr.json | cfssljson -bare ca -
```

上面的命令执行成功后会生成以下几个文件：

```
ca-key.pem
ca.csr
ca.pem
```

请务必保证私钥文件 ca-key.pem 文件的安全，整个过程中都不会使用“*.csr”文件。

### （4）为每个 etcd 成员生成对等证书

为每个 etcd 成员生成对等证书的代码具体如下：

```
$ echo
'{"CN":"member1","hosts":["10.93.81.17","127.0.0.1"],"key":{"algo":"rsa","size":20
48}}'| cfssl gencert -ca=ca.pem -ca-key=ca-key.pem -config=ca-config.json
-profile=peer -hostname="10.93.81.17,127.0.0.1,server,member1" - | cfssljson
-bare member1
```

上面代码中的 hosts 字段值需要根据实际情况来填写。上述命令执行成功后将得到以下文件：

```
member1-key.pem
member1.csr
member1.pem
```

如果有多个etcd成员，那么重复此步骤将为每个成员生成对等证书。

#### （5）生成客户端证书

生成客户端证书的代码具体如下：

```
$ echo
'{"CN":"client","hosts":["10.93.81.17","127.0.0.1"],"key":{"algo":"rsa",
"size":2048}}' | cfssl gencert -ca=ca.pem -ca-key=ca-key.pem -config=ca-
config.json
-profile=client - | cfssljson -bare client
```

同样，上面代码中的hosts字段值需要根据实际情况来填写。上述命令执行成功后将得到以下文件：

```
client-key.pem
client.csr
client.pem
```

至此，所有证书都已经生成完毕。下面就是要把所有这些生成的证书和密钥对复制到所有节点之上。

### 2. 复制TLS证书和密钥对

#### （1）复制密钥对到所有节点

将密钥对复制到所有节点的代码具体如下：

```
$ mkdir -pv /etc/ssl/etcd/
$ cp ~/cfssl/*/etc/ssl/etcd/
$ chown -R etcd:etcd?/etc/ssl/etcd
$ chmod 600 /etc/ssl/etcd/*-key.pem
$ cp ~/cfssl/ca.pem /etc/ssl/certs/
```

#### （2）更新系统证书库

更新系统证书库的代码具体如下：

```
$ yum install ca-certificates -y
$ update-ca-trust
```

### 3. 配置 etcd 使用证书

etcd 提供了一些与安全通信相关的参数。etcd 的每个节点都可用以下参数来启动：

```
$ etcd --name infra0 --initial-advertise-peer-urls https://10.0.1.10:2380 \
    --listen-peer-urls https://10.0.1.10:2380 \
    --listen-client-urls https://10.0.1.10:2379,https://127.0.0.1:2379 \
    --advertise-client-urls https://10.0.1.10:2379 \
    --initial-cluster-token etcd-cluster-1 \
    --initial-cluster
      infra0=https://10.0.1.10:2380,infra1=https://10.0.1.11:2380,infra2=
          https://10.0.1.12:2380 \
    --initial-cluster-state new \
    --client-cert-auth --trusted-ca-file=/path/to/ca-client.crt \
    --cert-file=/path/to/infra0-client.crt  --key-file=/path/to/infra0-
        client.key \
    --peer-client-cert-auth --peer-trusted-ca-file=ca-peer.crt \
    --peer-cert-file=/path/to/infra0-peer.crt
    --peer-key-file=/path/to/infra0-peer.key

$ etcd --name infra1 --initial-advertise-peer-urls https://10.0.1.11:2380 \
    --listen-peer-urls https://10.0.1.11:2380 \
    --listen-client-urls https://10.0.1.11:2379,https://127.0.0.1:2379 \
    --advertise-client-urls https://10.0.1.11:2379 \
    --initial-cluster-token etcd-cluster-1 \
    --initial-cluster
      infra0=https://10.0.1.10:2380,infra1=https://10.0.1.11:2380,infra2=h
          ttps://10.0.1.12:2380 \
    --initial-cluster-state new \
    --client-cert-auth --trusted-ca-file=/path/to/ca-client.crt \
    --cert-file=/path/to/infra1-client.crt  --key-file=/path/to/infra1-
        client.key \
    --peer-client-cert-auth --peer-trusted-ca-file=ca-peer.crt \
    --peer-cert-file=/path/to/infra1-peer.crt
    --peer-key-file=/path/to/infra1-peer.key

$ etcd --name infra2 --initial-advertise-peer-urls https://10.0.1.12:2380 \
    --listen-peer-urls https://10.0.1.12:2380 \
    --listen-client-urls https://10.0.1.12:2379,https://127.0.0.1:2379 \
    --advertise-client-urls https://10.0.1.12:2379 \
    --initial-cluster-token etcd-cluster-1 \
    --initial-cluster
      infra0=https://10.0.1.10:2380,infra1=https://10.0.1.11:2380,infra2=h
          ttps://10.0.1.12:2380 \
    --initial-cluster-state new \
    --client-cert-auth --trusted-ca-file=/path/to/ca-client.crt \
    --cert-file=/path/to/infra2-client.crt  --key-file=/path/to/infra2-
```

```
        client.key \
    --peer-client-cert-auth --peer-trusted-ca-file=ca-peer.crt \
    --peer-cert-file=/path/to/infra2-peer.crt
    --peer-key-file=/path/to/infra2-peer.key
```

### 4. 测试 etcd

使用 etcdctl 验证设置是否成功的代码具体如下：

```
$ etcdctl --endpoints=https://10.64.126.179:8002 -cacert /etc/ssl/etcd/
    ca.pem -cert /etc/ssl/etcd/client.pem -key /etc/ssl/etcd/client-key.
    pem cluster-health
```

如果没有提示错误，即表明已经配置成功。

## 7.3.3　etcd 安全配置详解

实践完上面的操作步骤之后，相信读者已经对如何使用 TLS 来保证 etcd 的安全有了一个初步的概念，下面将对 etcd 的安全配置做进一步说明。

### 1. 客户端认证服务器

前提是要准备好 CA 证书（ca.crt）和签名密钥对（server.crt 和 server.key）。下面将启动一个简单的 HTTPS 通信 etcd server 端，具体代码如下所示：

```
$ etcd --name infra0 --data-dir infra0 \
    --cert-file=/path/to/server.crt --key-file=/path/to/server.key \
    --advertise-client-urls=https://127.0.0.1:2379
    --listen-client-urls=https://127.0.0.1:2379
```

然后用以下命令测试下握手是否成功：

```
$ curl --cacert /path/to/ca.crt https://127.0.0.1:2379/v2/keys/foo -XPUT
    -d value=bar -v
```

### 2. 服务器认证客户端

目前我们已经赋予 etcd 客户端验证服务器端身份的能力以及传输层的安全

性。我们也能够使用客户端证书验证对 etcd server 的访问。客户端会向服务器端提供它们的证书并且服务器端会检查该证书是否由指定 CA 签发，然后决定是否接受该请求。下面的示例将使用上面例子中用到的文件和由同一个 CA 签发的客户端密钥对（client.crt，client.key），具体如下：

```
$ etcd --name infra0 --data-dir infra0 \
    --client-cert-auth --trusted-ca-file=/path/to/ca.crt --cert-file=/
        path/to/server.crt --key-file=/path/to/server.key \
    --advertise-client-urls https://127.0.0.1:2379 --listen-client-urls
        https://127.0.0.1:2379
```

如果直接使用以下命令测试握手是否成功，那么正常情况下该请求会被服务器端拒绝。命令如下：

```
routines:SSL3_READ_BYTES:sslv3 alert bad certificate
```

我们需要向服务器端提供签发客户端证书的 CA。命令如下：

```
$ curl --cacert /path/to/ca.crt --cert /path/to/client.crt --key /
    path/to/client.key -L https://127.0.0.1:2379/v2/keys/foo -XPUT -d
    value=bar -v
```

这样 TLS 握手就能成功，并且会返回服务器端响应，具体如下：

```
{
    "action": "set",
    "node": {
        "createdIndex": 12,
        "key": "/foo",
        "modifiedIndex": 12,
        "value": "bar"
    }
}
```

### 3. etcd member 之间相互认证

对于 etcd 节点之间的通信，etcd 支持同样的安全模型。假设 ca.crt 以及两个 member 都有它们自己的密钥对（member1.crt & member1.key 和 member2.crt & member2.key），现在，我们按下面的命令启动 etcd：

```
DISCOVERY_URL=... # from https://discovery.etcd.io/new

# member1
$ etcd --name infra1 --data-dir infra1 \
    --peer-client-cert-auth --peer-trusted-ca-file=/path/to/ca.crt
    --peer-cert-file=/path/to/member1.crt --peer-key-file=/path/to/member1.key \
    --initial-advertise-peer-urls=https://10.0.1.10:2380
    --listen-peer-urls=https://10.0.1.10:2380 \
    --discovery ${DISCOVERY_URL}

# member2
$ etcd --name infra2 --data-dir infra2 \
    --peer-client-cert-auth --peer-trusted-ca-file=/path/to/ca.crt
    --peer-cert-file=/path/to/member2.crt --peer-key-file=/path/to/member2.key \
    --initial-advertise-peer-urls=https://10.0.1.11:2380
    --listen-peer-urls=https://10.0.1.11:2380 \
    --discovery ${DISCOVERY_URL}
```

以上etcd节点会组建一个集群，并且节点之间的所有通信都会使用客户端证书加密和认证。从etcd的日志也能看出节点通信使用的是HTTPS的地址。

### 4. 自动证书

对于那些只需要加密通信却不需要认证的场景，etcd支持使用自动生成的自签名证书加密信道。这样，攻击者即使截获了数据也无法解密。因为不需要管理etcd之外的证书和密钥，故此大大简化了etcd的部署。使用自签发证书配置etcd服务器与客户端之间的通信要用到“--auto-tls”和“--peer-auto-tls”参数。这样，etcd就可以配置成自动生成key——即在初始化的时候，每个member都根据advertised IP地址和主机名创建需要的key。etcd启动参数具体如下：

```
DISCOVERY_URL=... # from https://discovery.etcd.io/new

# member1
$ etcd --name infra1 --data-dir infra1 \
    --auto-tls --peer-auto-tls \
    --initial-advertise-peer-urls=https://10.0.1.10:2380
--listen-peer-urls=https://10.0.1.10:2380 \
    --discovery ${DISCOVERY_URL}

# member2
```

```
$ etcd --name infra2 --data-dir infra2 \
    --auto-tls --peer-auto-tls \
    --initial-advertise-peer-urls=https://10.0.1.11:2380
    --listen-peer-urls=https://10.0.1.11:2380 \
    --discovery ${DISCOVERY_URL}
```

由于自签发证书并不认证身份，因此直接curl会返回以下错误：

```
curl: (60) SSL certificate problem: Invalid certificate chain
```

可以使用curl命令的“-k”选项屏蔽对证书链的校验，示例代码具体如下：

```
$ curl -k https://127.0.0.1:2379/v2/keys/foo -Xput -d value=bar -v
```

### 5. 使用etcd proxy的注意事项

如果与客户端的连接是安全的，那么etcd proxy会终结与客户端的TLS连接，然后使用自己的密钥（由“--peer-key-file”指定）或证书（由“--peer-cert-file”指定）与etcd节点进行通信。

etcd proxy的特殊之处在于能够同时使用etcd其他节点的“--advertise-client-urls”和“--advertise-peer-urls”这两个URL进行通信——它将客户端的请求转发给etcd其他节点的广播客户地址，同时通过广播对端地址同步集群配置信息。

当etcd节点启用客户端认证时，etcd集群管理员必须要确保proxy节点的peer证书（由“--peer-cert-file”参数指定）能够通过客户端认证。同理，当etcd节点启用peer认证时，也要保证proxy节点的peer证书能够通过peer认证。

第三部分 Part 3

# 高 级 篇

本部分将直接打开etcd源码，深度剖析etcd的实现原理，主要包括以下章节：

- 第8章 多版本并发控制
- 第9章 etcd的日志和快照管理
- 第10章 etcd v3的事务和隔离
- 第11章 etcd watch机制详解

Chapter 8 第 8 章

# 多版本并发控制

在数据库领域，并发控制是一个很具有挑战性的领域。常见的并发控制方式包括悲观并发控制、乐观并发控制和多版本并发控制。

在关系数据库管理系统中，悲观并发控制（又名“悲观锁”，Pessimistic Concurrency Control，PCC）是一种并发控制的方法。它可以阻止一个事务以影响其他用户的方式来修改数据。如果一个事务执行的操作对某行数据应用了锁，那么只有在这个事务将锁释放之后，其他事务才能够执行与该锁冲突的操作。悲观并发控制主要用于数据争用激烈的环境，以及发生并发冲突时使用锁保护数据的成本要低于回滚事务的成本的环境中。

乐观并发控制（又名“乐观锁”）也是一种并发控制的方法。它假设多用户并发的事务在处理时彼此之间不会互相影响，各事务能够在不产生锁的情况下处理各自影响的那部分数据。在提交数据更新之前，每个事务都会先检查在该事务读取数据之后，有没有其他事务又修改了该数据。如果其他事务有更新的话，那么正在提交的事务会进行回滚。

乐观并发控制多用于数据争用不大、冲突较少的环境，在这种环境中，偶尔回滚事务的成本会低于读取数据时锁定数据的成本，因此这种情况下乐观并发控制可以获得比其他并发控制方法更高的吞吐量。

多版本并发控制（Multiversion Concurrency Control，MVCC）并不是一个与乐观并发控制和悲观并发控制对立的概念，它能够与两者很好地结合以增加事务的并发量，目前最流行的 SQL 数据库 MySQL 和 PostgreSQL 都对 MVCC 进行了实现。MVCC 的每一个写操作都会创建一个新版本的数据，读操作会从有限多个版本的数据中挑选一个“最合适”（要么是最新版本，要么是指定版本）的结果直接返回。通过这种方式，读写操作之间的冲突就不再需要受到关注。因此，如何管理和高效地选取数据的版本就成了 MVCC 需要解决的主要问题。

## 8.1　为什么选择 MVCC

对一个系统进行各种优化时，相应的思路其实并不是凭空产生的，而是有方法论的，首先我们应该分析 etcd 的使用场景，然后才能进行针对性的优化。首先我们知道 etcd 的定位是一个分布式的、一致的 key-value 存储，主要用途是共享配置和服务发现，它不是一个类似于 ceph 那样存储海量数据的存储系统，也不是类似于 MySQL 这样的 SQL 数据库。它存储的其实是一些非常重要的元数据，当然，元数据的写操作其实是比较少的，但是会有很多的客户端同时 watch 这些元数据的变更。也就是说 etcd 的使用场景是一种“读多写少”的场景，etcd 里的一个 key，其实并不会发生频繁的变更，但是一旦发生变更，etcd 就需要通知监控这个 key 的所有客户端。

因为同一时间可能会存在很多用户连接，那么这段时间一定会存在许多并发问题，比如数据竞争，这些并发问题必须得到解决。在这样的背景下，etcd 就必须保证并发操作产生的结果是安全的。etcd v2 是个纯内存数据库，整个数据库有一把 Stop-the-World 的大锁，可以通过锁的机制来解决并发带来的数据竞争，但是通过锁的方式也有一些缺点，具体如下。

1）锁的粒度不好控制，每次操作 Stop-the-World 时都会锁住整个数据库。

2）读锁和写锁会相互阻塞（block）。

3）如果使用基于锁的隔离机制，并且有一段很长的读事务，那么在这段时间内这个对象就会无法被改写，后面的事务也会被阻塞，直到这个事务完成为止。这种机制对于并发性能来说影响很大。

多版本并发控制（Multi-Version Concurrency Control，MVCC）则以一种优雅的方式解决了锁带来的问题。在 MVCC 中，每当想要更改或者删除某个数据对象时，DBMS 不会在原地删除或修改这个已有的数据对象本身，而是针对该数据对象创建一个新的版本，这样一来，并发的读取操作仍然可以读取老版本的数据，而写操作就可以同时进行。这个模式的好处在于，可以让读取操作不再阻塞，事实上根本就不需要锁。这是一种非常诱人的特性，以至于很多主流的数据库中都采用了 MVCC 的实现，比如 MySQL、PostgreSQL、Oracle 和 Microsoft SQL Server 等。

可能有读者读到这里会有疑问，既然整个数据库使用一把 Stop-the-World 大锁会导致并发上不去，那么如果换成每个 key 一把锁是不是就可以了呢？MVCC 方案与这种一个 key 一把锁的方案相比又有什么优势呢？其实即使每个 key 一把锁，写锁也是会阻塞读锁的（写的时候不能读），而 MVCC 在写的时候也是可以并发读的，因为写是在最新的版本上进行写的，读却可以读老的版本（客户端读 key 的时候可以指定一个版本号，服务端保证能返回比这个版本号更新的数据，而不是保证返回的是最新的数据）。

总而言之，MVCC 能最大化地实现高效的读写并发，尤其是高效的读，因此其非常适合 etcd 这种“读多写少”的场景。

## 8.2　etcd v2 存储机制实现

我们先来简单回顾一下 etcd v2 的存储和持久化机制。etcd v2 是一个纯内存数据库，写操作先通过 Raft 复制日志文件，复制成功后将数据写入内存，整个数据库在内存中是一个简单的树结构。etcd v2 并未实时地将数据写入磁盘，持久化是靠快照来实现的，具体实现就是将整个内存中的数据复制一份出来，然后序列化成 JSON，写入磁盘中，成为一个快照。做快照的时候使用的是复制出来的数据库，客户端的读写请求依旧落在原始的数据库上，这样的话，做快照的操作才不会阻塞客户端的读写请求。

值得一提的是，将 etcd v2 整个内存数据库复制一份出来序列化到磁盘，并不会因为此操作而花费很多时间，也不会造成内存使用量的显著增加。具体原因请参看 9.3 节，这里不做展开讨论。

## 8.3　etcd v3 数据模型

etcd 旨在可靠地存储不经常更新的数据，并提供可靠的 watch 查询。etcd v3 与 etcd v2 不同的是，它支持暴露旧版本的键值对来支持高效的快照和 watch 历史事件（即所谓的“时间旅行查询”）。一个持久化的，多版本并发控制的数据模型非常适合 etcd v3 的使用场景——因为如果仅仅维护一个 key 一个 value 的数据模型，那么连续的更新就只能保存最后一个 value，历史版本无从追溯，而多版本则可以解决这个问题。

etcd v3 将数据存储在一个多版本的持久化 key-value 存储里面。值得注意的是，作为 key-value 存储的 etcd 会将数据存储在另一个 key-value 数据库中。当持久键值存储的值发生变化时，持久化键值存储将保存先前版本的键值对。etcd 后台的键值存储实际上是不可变的，etcd 操作不会就地更新结构，而是始终生成一个更新之后的结构。发生修改后，key 先前版本的所有值仍然可以访问和 watch。为了防止数据存储随着时间的推移无限期增长，并且为了维护旧版本，etcd 可能会压缩（删除）key 的旧版本数据。

### 8.3.1 逻辑视图

etcd v3 存储的逻辑视图是一个扁平的二进制键空间。该键空间对 key 有一个词法排序索引，因此范围查询的成本很低。

etcd 的键空间可维护多个 revision。每个原子的修改操作（例如，一个事务操作可能包含多个操作）都会在键空间上创建一个新的 revision。之前 revision 的所有数据均保持不变。旧版本（version）的 key 仍然可以通过之前的 revision 进行访问。同样，revision 也是被索引的，因此 Watcher 可以实现高效的范围 watch。revision 在 etcd 中可以起到逻辑时钟的作用。revision 在群集的生命周期内是单调递增的。如果因为要节省空间而压缩键空间，那么在此 revision 之前的所有 revision 都将被删除，只保留该 revision 之后的。

我们将 key 的创建和删除过程称为一个生命周期。在 etcd 中，每个 key 都可能有多个生命周期，也就是说被创建、删除多次。创建一个新 key 时，如果在当前 revision 中该 key 不存在（即之前也没有创建过），那么它的 version 就会被设置成 1。删除 key 会生成一个 key 的墓碑，可通过将其 version 重置为 0 来结束 key 的当前生命周期。对 key 的每一次修改都会增加其 version，因此，key 的 version 在 key 的一次生命周期中是单调递增的。下面让我们来看一下 revision 和 version 在 etcd v3 中是如何实现的吧。

etcd v3 的请求响应的 header 数据结构具体如下所示：

```
type ResponseHeader struct {
    // cluster_id is the ID of the cluster which sent the response.
    ClusterId uint64 `protobuf:"varint,1,opt,name=cluster_id,
        json=clusterId,proto3" json:"cluster_id,omitempty"`
    // member_id is the ID of the member which sent the response.
    MemberId uint64 `protobuf:"varint,2,opt,name=member_id,
```

```
        json=memberId,proto3" json:"member_id,omitempty"`
    // revision is the key-value store revision when the request was applied.
    Revision int64 `protobuf:"varint,3,opt,name=revision,proto3" json:
        "revision,omitempty"`
    // raft_term is the raft term when the request was applied.
    RaftTerm uint64 `protobuf:"varint,4,opt,name=raft_term,json=
        raftTerm,proto3" json:"raft_term,omitempty"`
}
```

而 etcd v3 的最核心的键值对数据结构的定义具体如下所示：

```
type KeyValue struct {
    // key is the key in bytes. An empty key is not allowed.
    Key []byte `protobuf:"bytes,1,opt,name=key,proto3" json:"key,omitempty"`
    // create_revision is the revision of last creation on this key.
    CreateRevision int64
        `protobuf:"varint,2,opt,name=create_revision,json=createRevisi
            on,proto3" json:"create_revision,omitempty"`
    // mod_revision is the revision of last modification on this key.
    ModRevision int64
        `protobuf:"varint,3,opt,name=mod_revision,json= modRevision,
            proto3" json:"mod_revision,omitempty"`
    // version is the version of the key. A deletion resets
    // the version to zero and any modification of the key
    // increases its version.
    Version int64 `protobuf:"varint,4,opt,name=version,proto3" json:
        "version,omitempty"`
    // value is the value held by the key, in bytes.
    Value []byte `protobuf:"bytes,5,opt,name=value,proto3" json:
        "value,omitempty"`
    // lease is the ID of the lease that attached to key.
    // When the attached lease expires, the key will be deleted.
    // If lease is 0, then no lease is attached to the key.
    Lease int64 `protobuf:"varint,6,opt,name=lease,proto3" json:
        "lease,omitempty"`
}
```

revison 是集群存储状态的版本号，存储状态的每一次更新（例如，写、删除、事务等）都会让 revison 的值加 1。ResponseHeader.Revision 代表该请求成功执行之后 etcd 的 revision。KeyValue.CreateRevision 代表 etcd 的某个 key 最后一次创建时 etcd 的 revison，KeyValue.ModRevision 则代表 etcd 的某个 key 最后一次更新时 etcd 的 revison。verison 特指 etcd 键空间某个 key 从创建开始被修改的次数，即 KeyValue.Version。etcd v3 支持的 Get（…, WithRev(rev)）操作会获取 etcd 处于 rev 这个 revision 时的数据，就好像 etcd 的 revision 还是

rev 的时候一样。

如果读者对 etcd v3 的 revision 和 verison 还是感到疑惑，那么请看下面的例子。示例代码具体如下：

```
$ ETCDCTL_API=3 ./bin/etcdctl put foo bar

$ ETCDCTL_API=3 ./bin/etcdctl get foo --write-out=json
revision: 2
mod_revision: 2
version: 1

$ ETCDCTL_API=3 ./bin/etcdctl put foo bar

$ ETCDCTL_API=3 ./bin/etcdctl get foo --write-out=json
revision: 3
mod_revision: 3
version: 2

$ ETCDCTL_API=3 ./bin/etcdctl put hello world

$ ETCDCTL_API=3 ./bin/etcdctl get foo --write-out=json
revision: 4
mod_revision: 3
version: 2

$ ETCDCTL_API=3 ./bin/etcdctl get hello --write-out=json
revision: 4
mod_revision: 4
version: 1

$ ETCDCTL_API=3 ./bin/etcdctl put hello world

$ ETCDCTL_API=3 ./bin/etcdctl get hello --write-out=json
revision: 5
mod_revision: 5
version: 2
```

简单地说，revision（包括 mod_revision）就像是时间。举个例子，你在 20：00（revision 3）创建了一个文件，然后在 21：00（revision 4）读了这个文件，虽然当前时间已经是 21：00（revision 4），但这个文件的修改时间却是在 20：00（revision 3）。

### 8.3.2 物理视图

etcd 将物理数据存储为一棵持久 B+ 树中的键值对。为了高效，每个 revision 的存储状态都只包含相对于之前 revision 的增量。一个 revision 可能对应于树中的多个 key。

B+ 树中键值对的 key 即 revision，revision 是一个 2 元组（main，sub），其中 main 是该 revision 的主版本号，sub 是同一 revision 的副版本号，其用于区分同一个 revision 的不同 key。B+ 树中键值对的 value 包含了相对于之前 revision 的修改，即相对于之前 revision 的一个增量。

B+ 树按 key 的字典字节序进行排序。这样，etcd v3 对 revision 增量的范围查询（range query，即从某个 revision 到另一个 revision）会很快——因为我们已经记录了从一个特定 revision 到其他 revision 的修改量。etcd v3 的压缩操作会删除过时的键值对。

etcd v3 还在内存中维护了一个基于 B 树的二级索引来加快对 key 的范围查询。该 B 树索引的 key 是向用户暴露的 etcd v3 存储的 key，而该 B 树索引的 value 则是一个指向上文讨论的持久化 B+ 树的增量的指针。etcd v3 的压缩操作会删除指向 B 树索引的无效指针。

## 8.4 etcd v3 的 MVCC 的实现

etcd v2 的每个 key 只保留一个 value，所以数据库并不大，可以直接放在内存中。但是 etcd v3 实现了 MVCC 以后，每个 key 的 value 都需要保存多个历史版本，这就极大地增加了存储的数据量，因此内存中就会存储不下这么多数据。对此，一个自然的解决方案就是将数据存储在磁盘里。etcd v3 当前使用 BoltDB 将数据存储在磁盘中。

BoltDB是根据Howard Chu的LMDB项目开发的一个纯粹的Go语言版的key/value存储。它的目标是为项目提供一个简单、高效、可靠的嵌入式的、可序列化的键/值数据库，而不是要求一个像MySQL那样完整的数据库服务器。BoltDB还是一个支持事务的键值存储，etcd的事务就是基于BoltDB的事务实现的。

用作者的话说，BoltDB只提供简单的key/value存储，没有其他的特性，以后也不会有，因此BoltDB可以做到代码精简（小于3KB），质量高，非常适合以BoltDB为基础在其之上构建更加复杂的数据库功能。由于BoltDB的设计适合“读多写少”的场景，因此其也非常适合于etcd。

etcd在BoltDB中存储的key是reversion，value是etcd自己的key-value组合，也就是说etcd会在BoltDB中保存每个版本，从而实现多版本机制。

举个例子，用etcdctl写入两条记录，具体代码如下所示：

```
etcdctl txn <<<'
put key1 "v1" put key2 "v2"
'
```

再通过etcdctl更新这两条记录，具体代码如下所示：

```
etcdctl txn <<<'
put key1 "v12" put key2 "v22"
'
```

BoltDB中其实包含了4条数据，具体代码如下所示：

```
rev={3 0}, key=key1, value="v1"
rev={3 1}, key=key2, value="v2"
rev={4 0}, key=key1, value="v12"
rev={4 1}, key=key2, value="v22"
```

上文已经提到过了，reversion主要由两部分组成，第一部分是main rev，每操作一次事务就加一，第二部分是sub rev，同一个事务中每进行一次操作就加1。如上示例所示，第一次操作的main rev是3，第二次是4。不过，这样的实现方式有一个很明显的问题，那就是如果保存一个key的所有历史版本，那么整个数据库就会越来越大，最终超出磁盘的容量。因此MVCC还需要定期删除老的版本，etcd提供了命令行工具以及配置选项，供用户手动删除老版本数据，或者每隔一段时间定期删除老版本数据，etcd中称这个删除老版本数据的操作为数据压缩（compact）。

了解了etcd v3的磁盘存储之后，可以看到要想从BoltDB中查询数据，必须通过reversion，但是客户端都是通过key来查询value的，所以etcd v3在内存中还维护了一个kvindex，保存的就是key与reversion之前的映射关系，用来加速查询的。kvindex，是基于Google开源的Golang的B树实现的，也就是前文提到的etcd v3在内存中维护的二级索引。这样当客户端通过key来查询value的时候，会先在kvindex中查询这个key的所有revision，然后再通过revision从BoltDB中查询数据。

之前讲到过，etcd v2的数据持久化机制是依靠定期做快照来实现的，即将内存中的整个数据库都复制一份，然后序列化到磁盘，做快照会对磁盘造成较大的压力。而etcd v3实现了MVCC之后，数据是实时写入BoltDB数据库的，数据的持久化其实已经“摊销”到了每次对key的写请求上了，因此etcd v3就不再需要做快照了。

需要注意的是，etcd v3虽然不需要做快照，但是需要定期对数据库进行压缩，因为磁盘的容量毕竟也是有限的，不可能保存key的所有历史版本的value。

## 8.5 etcd v3 MVCC源码分析

下面将从源代码的级别，分析下etcd v3多版本并发控制的实现原理。

### 8.5.1 revision

之前说到过，etcd V3 实现了 MVCC，对每个 key 的 value 值都保存了历史版本，因此每个 value 都对应了一个版本号，这个版本号在 etcd v3 中就是 revision，其数据结构定义如下所示：

```
// The set of changes that share same main revision changes the key-value space
    atomically.
type revision struct {
    // main is the main revision of a set of changes that happen atomically.
    main int64

    // sub is the the sub revision of a change in a set of changes that happen
    // atomically. Each change has different increasing sub revision in that
    // set.
    sub int64
}
```

每个 revision 都由（main ID，sub ID）唯一标识，它也是实现 etcd v3 的基础。

1）每个事务都有唯一事务 ID，全局递增不重复，即 revision 的 mainID。

2）一个事务可以包含多个修改操作（PUT 和 DELETE)，每个修改操作均对应于一个 revision，但共享同一个 main。因此，我们有时候也称 revision 为修订。

3）一个事务内连续的多个修改操作都会从 0 开始递增编号，这个编号即 sub。

在内存的索引中，每个用户的原始 key 都会关联一个 key_index 结构，里面维护了多版本信息，示例代码具体如下：

```
type keyIndex struct {
    key         []byte
    modified    revision // the main rev of the last modification
    generations []generation
}
```

key 字段就是用户的原始 key，modified 字段记录了这个 key 的最后一次修改对应的 revision 信息。多版本信息（历史修改记录）保存在 generations 数组中，其定义代码具体如下所示：

```
// generation contains multiple revisions of a key.
type generation struct {
    ver     int64
    created revision // when the generation is created (put in first revision).
    revs    []revision
}
```

姑且将generations[i]称为第i代，当一个key从无到有的时候，就会创建generations[0]，其created字段记录了引起本次key创建的revision信息。当用户继续更新这个key的时候，generations[0].revs数组会不断追加记录本次的revision信息（main，sub）。

最后，在bbolt中存储的value是这样一个JSON序列化后的结构，包括key创建时的revision（对应于某一代generation的created）、本次更新的版本、sub ID（Version ver）、Lease ID（租约ID）等。

## 8.5.2 key到revision之间的映射关系

MVCC版本中，每一次操作行为都将被单独记录下来，每个key都包含多个版本的value，那么用户value是怎么存储的呢？其实上文中已经提到过，就是保存到BoltDB中。在BoltDB中，每个revision都将作为key，即将序列化（revision.main+revision.sub）作为key。但客户端都是通过key来查询value的，所以etcd v3在内存中还维护了一个kvindex，保存的就是key与reversion之间的映射关系，其可用来加速查询。

etcd v3中用来维护从key到reversion的映射关系索引表的接口和实现代码具体如下所示：

```
type index interface {
    Get(key []byte, atRev int64) (rev, created revision, ver int64, err error)
    Range(key, end []byte, atRev int64) ([][]byte, []revision)
    Revisions(key, end []byte, atRev int64) []revision
    Put(key []byte, rev revision)
    Tombstone(key []byte, rev revision) error
    RangeSince(key, end []byte, rev int64) []revision
```

```
        Compact(rev int64) map[revision]struct{}
        Keep(rev int64) map[revision]struct{}
        Equal(b index) bool

        Insert(ki *keyIndex)
        KeyIndex(ki *keyIndex) *keyIndex
    }

    type treeIndex struct {
        sync.RWMutex
        tree *btree.BTree
        lg   *zap.Logger
    }
```

因此，我们先通过内存中的B树在keyIndex.generations[0].revs中找到最后一条revision，即可去BoltDB中读取与该key对应的最新value。另外，etcd v3支持按key的前缀进行查询的功能，其实也就是在遍历B树的同时根据revision去BoltDB中获取用户的value。具体请看下文介绍。

### 8.5.3 从BoltDB中读取key的value值

在BoltDB中存储的key是revision，value是这样一个JSON序列化后的结构：key、value、该value在某个generation的版本号，此外还包括创建该key时etcd的revision、本次更新时etcd的revision、租约ID等，具体代码如下所示：

```
kv := mvccpb.KeyValue{
    Key:            key,
    Value:          value,
    CreateRevision: c,
    ModRevision:    rev,
    Version:        ver,
    Lease:          int64(leaseID),
}
```

etcd v3的范围查询功能实现代码具体如下所示：

```
func (tr *storeTxnRead) rangeKeys(key, end []byte, curRev int64, ro
    RangeOptions) (*RangeResult, error) {
    rev := ro.Rev
```

```go
	if rev > curRev {
		return &RangeResult{KVs: nil, Count: -1, Rev: curRev}, ErrFutureRev
	}
	if rev <= 0 {
		rev = curRev
	}
	if rev < tr.s.compactMainRev {
		return &RangeResult{KVs: nil, Count: -1, Rev: 0}, ErrCompacted
	}

	revpairs := tr.s.kvindex.Revisions(key, end, rev)
	if len(revpairs) == 0 {
		return &RangeResult{KVs: nil, Count: 0, Rev: curRev}, nil
	}
	if ro.Count {
		return &RangeResult{KVs: nil, Count: len(revpairs), Rev: curRev}, nil
	}

	limit := int(ro.Limit)
	if limit <= 0 || limit > len(revpairs) {
		limit = len(revpairs)
	}

	kvs := make([]mvccpb.KeyValue, limit)
	revBytes := newRevBytes()
	for i, revpair := range revpairs[:len(kvs)] {
		revToBytes(revpair, revBytes)
		_, vs := tr.tx.UnsafeRange(keyBucketName, revBytes, nil, 0)
		if len(vs) != 1 {
			if tr.s.lg != nil {
				tr.s.lg.Fatal(
					"range failed to find revision pair",
					zap.Int64("revision-main", revpair.main),
					zap.Int64("revision-sub", revpair.sub),
				)
			} else {
				plog.Fatalf("range cannot find rev (%d,%d)", revpair.
					main, revpair.sub)
			}
		}
		if err := kvs[i].Unmarshal(vs[0]); err != nil {
			if tr.s.lg != nil {
				tr.s.lg.Fatal(
					"failed to unmarshal mvccpb.KeyValue",
					zap.Error(err),
				)
			} else {
				plog.Fatalf("cannot unmarshal event: %v", err)
```

```
            }
        }
    }
    return &RangeResult{KVs: kvs, Count: len(revpairs), Rev: curRev}, nil
}
```

从上述代码中可以看到，rangeKeys() 是对 key 进行范围查询，查询的时候指定一个版本号 curRev，etcd 则从底层的 BoltDB 中读取比 curRev 更新的数据，主要流程具体如下。

先判断 curRev 的数据是否都已经被删除了。之前曾讲到过，etcd 会定期将老版本的数据进行垃圾回收，因此如果 curRev 小于上一次垃圾回收的版本号 tr.s.compactMainRev，则直接返回错误。否则就从内存的索引中查询到该 key 大于 curRev 的版本号，再去 BoltDB 中读取数据，返回给客户端即可。

## 8.5.4 压缩历史版本

如果我们持续更新同一个 key，那么 generations[0].revs 就会一直变大，遇到这种情况该怎么办呢？在多版本中，一般采用 compact 来压缩历史版本，即当历史版本达到一定的数量时，会删除一些历史版本，只保存最近的一些版本。

下面的示例代码展示的是在压缩一个 keyIndex 时，generations 数组的变化：

```
// For example: put(1.0);put(2.0);tombstone(3.0);put(4.0);tombstone(5.0) on key "foo"
// generate a keyIndex:
// key:     "foo"
// rev: 5
// generations:
//    {empty}
//    {4.0, 5.0(t)}
//    {1.0, 2.0, 3.0(t)}
//
// Compact a keyIndex removes the versions with smaller or equal to
// rev except the largest one. If the generation becomes empty
// during compaction, it will be removed. if all the generations get
// removed, the keyIndex should be removed.
```

```
// For example:
// compact(2) on the previous example
// generations:
//    {empty}
//    {4.0, 5.0(t)}
//    {2.0, 3.0(t)}
//
// compact(4)
// generations:
//    {empty}
//    {4.0, 5.0(t)}
//
// compact(5):
// generations:
//    {empty} -> key SHOULD be removed.
//
// compact(6):
// generations:
//    {empty} -> key SHOULD be removed.
```

一旦发生删除就会结束当前的 generation，生成新的 generation。在上面的代码块中，小括号里的 t 即 tombstone，用于表示该 key 被删除了。compact(n) 表示压缩掉“revision.main <= n”的所有历史版本，这样做会发生一系列的删减操作，可以仔细观察上述流程。

下面总结一下，etcd v3 MVCC 实现的基本原则就是：内存 B 树维护的是用户 key 到 keyIndex 的映射，keyIndex 内维护了多版本的 revision 信息，而 revision 可以映射到磁盘 bbolt 的用户 value 中。

## 8.6　为什么选择 BoltDB 作为底层的存储引擎

底层的存储引擎一般包含如下三大类的选择。

- ❑ SQL Lite 等 SQL 数据库。
- ❑ LevelDB 和 RocksDB。
- ❑ LMDB 和 BoltDB。

其中 SQL Lite 支持 ACID 事务。但是作为一个关系型数据库，SQL Lite 主要定位于提供高效灵活的 SQL 查询语句支持，可以支持复杂的联表查询等。而 etcd 只是一个简单的 KV 数据库，并不需要复杂的 SQL 支持。

LevelDB 和 RocksDB 分别是 Google 和 Facebook 开发的存储引擎，RocksDB 是在 LevelDB 的基础上针对 Flash 设备做了优化。其底层实现原理都是 log-structured merge-tree (LSM tree)，基本原理是将有序的 key/value 存储在不同的文件中，并通过“层级”将它们分开，并且周期性地将小的文件合并为更大的文件，这样做就能把随机写转化为顺序写，从而提高随机写的性能，因此特别适合“写多读少”和“随机写多”的场景。同时需要注意的是，LevelDB 和 RocksDB 都不支持完整的 ACID 事务。

而 LMDB 和 BoltDB 则是基于 B 树和 mmap 的数据库，基本原理是用 mmap 将磁盘的 page 映射到内存的 page，而操作系统则是通过 COW（copy-on-write）技术进行 page 管理，通过 COW 技术，系统可实现无锁的读写并发，但是无法实现无锁的写写并发，这就注定了这类数据库读性能超高，但写性能一般，因此非常适合于“读多写少”的场景。同时 BoltDB 支持完全可序列化的 ACID 事务。因此最适合作为 etcd 的底层存储引擎。

第9章 Chapter 9

# etcd 的日志和快照管理

etcd 对数据的持久化，采用的是 binlog（日志，也称为 WAL，即 Write-Ahead-Log）加 Snapshot（快照）的方式。

在计算机科学中，预写式日志（Write-Ahead-Log，WAL）是关系数据库系统中用于提供原子性和持久性（ACID 属性中的两个）的一系列技术。在使用 WAL 的系统中，所有的修改在提交之前都要先写入 log 文件中。

log 文件中通常包括 redo 信息和 undo 信息。这些信息有什么用呢？下面我们将通过一个例子来进行说明。假设一个程序在执行某些操作的过程中机器掉电了。在重新启动时，程序可能需要知道当时执行的操作是完全成功了还是部分成功了或者是完全失败了。如果使用了 WAL，那么程序就可以检查 log 文件，并对突然掉电时计划执行的操作内容与实际上执行的操作内容进行比较。在这个比较的基础上，程序就可以决定是撤销已做的操作还是继续完成已做的操作，或者只是保持原样。

WAL 允许用 in-place 的方式更新数据库。另一种用来实现原子更新的方法是 shadow paging，它并不是一种 in-place 方式。用 in-place 方式进行更新的主要优点是减少索引和块列表的修改。ARIES 是 WAL 系列技术常用的算法。在文件系统中，WAL 通常称为 journaling。PostgreSQL 也是用 WAL 来提供 point-in-time 恢复和数据库复制特性的。

etcd 数据库的所有更新操作都需要先写到 binlog 中，而 binlog 是实时写到磁盘上的，因此这样就可以保证不会丢失数据，即使机器断电，重启以后 etcd 也能通过读取并重放 binlog 里的操作记录来重建整个数据库。

etcd 数据的高可用和一致性是通过 Raft 来实现的，Master 节点会通过 Raft 协议向 Slave 节点复制 binlog，Slave 节点根据 binlog 对操作进行重放，以维持数据的多个副本的一致性。也就是说 binlog 不仅仅是实现数据库持久化的一种手段，其实还是实现不同副本间一致性协议的最重要手段。客户端对数据库发起的所有写操作都会记录在 binlog 中，待主节点将更新日志在集群多数节点之间完成同步以后，便在内存中的数据库中应用该日志项的内容，进而完成一次客户的写请求。

有的读者看到这里可能会有疑问：既然 binlog 里已经有了所有的操作记录，那么重建和复制整个数据库的时候只需要 binlog 就可以了，为什么还要定期做快照呢？请看下面的例子。

假设现在有一个运行了很久的 etcd 集群，binlog 里一共有 21 万条操作记录，某一时刻有个节点宕机了并且无法恢复，现在在集群中重新添加了一台新的节点，这个时候 Master 节点就需要把整个数据库复制到新加入的节点中。因此 Master 需要通过 Raft 协议将整个 binlog 全部复制到新的 Slave 节点上，然后该 Slave 节点对 21 万条操作进行重放，这样做非常耗时。因此一般的做法是对整个数据库定期打快照，复制的时候先复制快照，然后复制快照之后的 binlog 并进行重放。比如在第 20 万条记录的时候对整个数据库打快照，那么向新的节点加入复制数据的时候只需要先复制整个快照，然后复制剩下的 1 万条 binlog

并进行重放就可以了。同时做快照还能回收binlog占用的存储空间，因为快照之前的所有binlog在做完快照之后都成了无效数据，可以进行删除。

下面将对etcd的日志管理和快照管理的主要源码进行分析。etcd v3的日志管理和快照管理的流程与v2的基本一致，区别是做快照的时候etcd v2是把内存里的数据库序列化成JSON，然后持久化到磁盘，而etcd v3是读取磁盘里的数据库的当前版本（从BoltDB中读取），然后序列化到磁盘。为了简单起见，下面的源码分析只涉及etcd v2，相信读者在理解了v2的基础上再自行去看v3的代码将会融会贯通。

## 9.1　数据的持久化和复制

在开始浏览源码之前，我们先来看一个例子。例如，通过以下命令向etcd中插入一个键值对：

```
$ /etcdctl set /foo bar
```

于是，etcd就会在默认的工作目录下生成两个子目录：snap和wal。两个目录的作用说明如下。

- snap：用于存放快照数据。etcd为防止WAL文件过多会创建快照，snap用于存储etcd的快照数据状态。
- wal：用于存放预写式日志，其最大的作用是记录整个数据变化的全部历程。在etcd中，所有数据的修改在提交前，都要先写入WAL中。使用WAL进行数据的存储使得etcd拥有故障快速恢复和数据回滚这两个重要功能。

故障快速恢复：如果你的数据遭到破坏，就可以通过执行所有WAL中记录的修改操作，快速从最原始的数据恢复到数据损坏之前的状态。

数据回滚（undo）/ 重做（redo）：因为所有的修改操作都被记录在 WAL 中，所以进行回滚或重做时，只需要反向或正向执行日志中的操作即可。

既然有了 WAL 实时存储所有的变更，那么为什么还需要做快照呢？因为随着使用量的增加，WAL 存储的数据会暴增，为了防止磁盘很快就爆满，etcd 默认每 10 000 条记录做一次快照，做过快照之后的 WAL 文件就可以删除。而通过 API 可以查询的历史 etcd 操作默认为 1000 条。

首次启动时，etcd 会把启动的配置信息存储到 data-dir 参数指定的数据目录中。配置信息包括本地节点的 ID、集群 ID 和初始时集群信息。用户需要避免从一个过期的数据目录中重新启动 etcd，因为使用过期的数据目录启动的节点会与集群中的其他节点产生不一致（例如，之前已经记录并同意 Leader 节点存储某个信息，重启之后又向 Leader 节点申请这个信息）的问题。所以，为了最大化保障集群的安全性，一旦有任何数据存在损坏或丢失的可能性，就应该把这个节点从集群中移除，然后加入一个不带数据目录的新节点。

## 9.2 etcd 的日志管理

etcd 提供了一个 WAL 的日志库，日志追加等功能均由该库完成。下面让我们先来看一下 WAL 的数据结构定义。

### 9.2.1 WAL 数据结构

WAL 的数据结构定义代码具体如下所示：

```
type WAL struct {
    dir string
    dirFile *os.File
    metadata []byte
```

```
    state     raftpb.HardState
    start      walpb.Snapshot
    decoder    *decoder
    readClose func() error
    mu       sync.Mutex
    enti     uint64
    encoder *encoder

    locks []*fileutil.LockedFile
    fp    *filePipeline
}
```

WAL 管理所有的更新日志，主要处理日志的追加、日志文件的切换、日志的回放等操作。

### 9.2.2 WAL 文件物理格式

etcd 所有的日志项最终都被追加存储在 WAL 文件中，日志项有多种类型，具体如下：

```
metadataType int64 = iota + 1
entryType
stateType
crcType
snapshotType
```

- metadataType：这是一个特殊的日志项，被写在每个 WAL 文件的头部。
- entryType：应用的更新数据，也是日志中存储的最关键数据。
- stateType：代表日志项中存储的内容是快照。
- crcType：前一个 WAL 文件里面的数据的 crc，也是 WAL 文件的第一个记录项。
- snapshotType：当前快照的索引 {term,index}，即当前的快照位于哪个日志记录，不同于 stateType，这里只是记录快照的索引，而非快照的数据。

每个日志项都由以下四个部分组成。

- type：日志项类。
- crc：校验和。
- data：根据日志项类型存储的实际数据也不尽相同，如 snapshotType 类型的日志项存储的是快照的日志索引，crcType 类型的日志项中则无数据项，其 crc 字段便充当了数据项。
- padding：为了保持日志项 8 字节对齐而填充的数据。

### 9.2.3 WAL 文件的初始化

etcd 的 WAL 库提供了初始化方法，应用需要显式调用初始化方法来完成日志初始化的功能，初始化方法主要包含两个函数 Create() 与 Open()，示例代码具体如下：

```
func Create(dirpath string, metadata []byte) (*WAL, error) {
    if Exist(dirpath) {
        return nil, os.ErrExist
    }
    tmpdirpath := filepath.Clean(dirpath) + ".tmp"
    if fileutil.Exist(tmpdirpath) {
        if err := os.RemoveAll(tmpdirpath); err != nil {
            return nil, err
        }
}

    if err := fileutil.CreateDirAll(tmpdirpath); err != nil {
        return nil, err
    }
    p := filepath.Join(tmpdirpath, walName(0, 0))
    f, err := fileutil.LockFile(p, os.O_WRONLY|os.O_CREATE, fileutil.
        PrivateFileMode)
    if err != nil {
        return nil, err
    }
    if _, err = f.Seek(0, io.SeekEnd); err != nil {
        return nil, err
    }

    if err = fileutil.Preallocate(f.File, SegmentSizeBytes, true); err != nil {
        return nil, err
    }
```

```
    w := &WAL{
        dir:      dirpath,
        metadata: metadata,
    }
    w.encoder, err = newFileEncoder(f.File, 0)
    if err != nil {
        return nil, err
    }

    w.locks = append(w.locks, f)
    if err = w.saveCrc(0); err != nil {
        return nil, err
    }
    if err  =  w.encoder.encode(&walpb.Record{Type: metadataType, Data:
        metadata}); err != nil {
        return nil, err
    }

    if err = w.SaveSnapshot(walpb.Snapshot{}); err != nil {
        return nil, err
    }
    if w, err = w.renameWal(tmpdirpath); err != nil {
        return nil, err
    }
    pdir, perr := fileutil.OpenDir(filepath.Dir(w.dir))
    if perr != nil {
        return nil, perr
    }

    if perr = fileutil.Fsync(pdir); perr != nil {
        return nil, perr
    }
    if perr = pdir.Close(); err != nil {
        return nil, perr
    }
    return w, nil
}
```

Create() 所做的事情也比较简单，具体如下。

1）创建 WAL 目录，用于存储 WAL 日志文件。

2）预分配第一个 WAL 日志文件，默认是 64MB，使用预分配机制可以提高写入性能。

3）Open 则是在 Create 完成以后被调用，主要是用于打开 WAL 目录下的日志文件，Open 的主要作用是找到当前快照以后的所有 WAL 日志，这是因为快照之前的日志我们不再关心了，因为日志的内容肯定都已经被更新至快照了，这些日志也是在后面日志回收操作中可以被删除的部分。示例代码具体如下：

```
func Open(dirpath string, snap walpb.Snapshot) (*WAL, error) {
    w, err := openAtIndex(dirpath, snap, true)
    if err != nil {
        return nil, err
    }
    if w.dirFile, err = fileutil.OpenDir(w.dir); err != nil {
        return nil, err
    }
    return w, nil
}
```

其中，最重要的就是 openAtIndex 了，该函数用于寻找最新的快照之后的日志文件并打开。

### 9.2.4 WAL 追加日志项

日志项的追加可通过调用 etcd 的 wal 库的 Save() 方法来实现，具体代码如下所示：

```
func (w *WAL) Save(st raftpb.HardState, ents []raftpb.Entry) error {
    w.mu.Lock()
    defer w.mu.Unlock()
    // short cut, do not call sync
    if raft.IsEmptyHardState(st) && len(ents) == 0 {
        return nil
    }
    mustSync := raft.MustSync(st, w.state, len(ents))
    for i := range ents {
        if err := w.saveEntry(&ents[i]); err != nil {
            return err
        }
    }
    if err := w.saveState(&st); err != nil {
        return err
    }
    curOff, err := w.tail().Seek(0, io.SeekCurrent)
    if err != nil {
```

```
        return err
    }
    if curOff < SegmentSizeBytes {
        if mustSync {
            return w.sync()
        }
        return nil
    }
    return w.cut()
}
```

该函数的核心内容具体如下。

1）调用 saveEntry() 将日志项存储到 WAL 文件中。

2）如果追加后日志文件超过了既定的 SegmentSizeBytes 大小，则需要调用 w.cut() 进行 WAL 文件的切换，即关闭当前 WAL 日志，创建新的 WAL 日志，继续用于日志追加。

3）cut() 的目的是用于实现 WAL 文件切换的功能，每个 WAL 文件的预设大小均是 64MB，一旦超过该大小，便会创建新的 WAL 文件，这样做的好处是便于对旧的 WAL 文件进行删除。

### 9.2.5　WAL 日志回放

WAL 日志回放的主要流程也是由该应用来完成的，下面以 etcd-raft 自带的示例应用为例进行说明。

1）加载最新的快照。

2）打开 WAL 文件目录，找到最新的快照以后的日志文件，这些是需要被回放的日志。

3）读出所有需要回放的日志项发送给 Raft 协议层，Raft 协议层就可以将日志同步给其他节点了。

所以，对于 WAL 日志回放功能，底层的 WAL 日志库只需要为上层应用提供一个读取所有日志项的功能即可，这项功能可由 ReadAll() 来实现。

## 9.2.6 Master 向 Slave 推送日志

Master 向 Slave 进行日志同步的函数是 bcastAppend，其定义代码具体如下：

```
func (r *raft) bcastAppend() {
    for id := range r.prs {
        if id == r.id {
            continue
        }
        r.sendAppend(id)
    }
}

func (r *raft) sendAppend(to uint64) {
    pr := r.prs[to]
    if pr.IsPaused() {
        return
    }
    m := pb.Message{}
    m.To = to
    term, errt := r.raftLog.term(pr.Next - 1)
    ents, erre := r.raftLog.entries(pr.Next, r.maxMsgSize)

    // send snapshot if we failed to get term or entries
    if errt != nil || erre != nil {
        ......
    } else {
        m.Type = pb.MsgApp
        m.Index = pr.Next - 1
        m.LogTerm = term
        m.Entries = ents
        m.Commit = r.raftLog.committed
        if n := len(m.Entries); n != 0 {
            switch pr.State {
            case ...
            }
        }
        r.send(m)
    }
}
```

sendAppend() 向特定的 Slave 发送日志同步命令。该方法首先会找到该 Slave 上一次已同步过的日志位置 (pr.Next-1)，然后从 raftLog 中获取该位置以后的日志项，当然每次同步的数量不宜太多，由 maxMsgSize 进行限制。如果无法从raftLog中获取到想要的日志项，则需要考虑发送快照，这是因为对应的日志项可能由于已经被提交而丢弃了（向新加入节点同步日志的时候可能会出现这种情况）。

Master在收到Slave对于日志复制消息MsgApp的响应之后进行如下操作：

```
func stepLeader(r *raft, m pb.Message) {
    ...
    switch m.Type {
    case pb.MsgAppResp:
        pr.RecentActive = true
        // 如果Follower拒绝了同步消息
        if m.Reject {
            ...
        } else {
            oldPaused := pr.IsPaused()
            if pr.maybeUpdate(m.Index) {
            switch {
            case xxx:
                ...
            }
            if r.maybeCommit() {
                r.bcastAppend()
            } else if oldPaused {
                ...
            }
            }
        }
    }
}
```

这里的处理也比较简单：主要是调用r.maybeCommit()，看看是否可以继续提交；如果可以，则继续向Follower发送日志同步消息。继续提交也比较简单，只是简单地将raftLog中的commit位置设置为新的值即可。示例代码具体如下：

```
func (l *raftLog) commitTo(tocommit uint64) {
    if l.committed < tocommit {
        if l.lastIndex() < tocommit {
            ...
        }
```

```
        l.committed = tocommit
    }
}
```

### 9.2.7 Follower 日志追加

上面讨论了 Master 节点的日志复制和同步响应处理流程，接下来我们分析下 Slave 节点在收到 Master 的日志同步消息时所进行的处理流程。

Slave 节点的日志追加过程与 Master 节点完全一致，不同之处是日志来源：Leader 节点的日志来自于客户端的写请求（MsgProp），而 Slave 的日志则是来自于 Leader 的日志复制消息（MsgApp）。

## 9.3 etcd v2 的快照管理

etcd v2 是一个纯内存数据库，写操作先通过 Raft 协议复制 binlog，复制成功后将数据写入内存，整个数据库在内存中是一个简单的树结构，其并未将数据实时写入磁盘，持久化是靠 binlog 和定期做快照来实现的，总的来讲，etcd v2 做快照的方法是将内存中的整个数据库复制一份出来，然后序列化成 JSON，写入磁盘中，成为一个快照。做快照的时候使用的是复制出来的数据库，客户端的读写请求依旧会落在原始的数据库上，也就是说做快照的操作不会阻塞客户端的读写请求。

因为操作系统对内存进行了分页，同时内存的复制操作实际上是 COW（Copy-On-Write）的，所以只有当复制的某一个内存页发生更改时才会发生实际的复制行为，即只有那些被客户端读写到的数据页才会在内存中被复制，那些没有读写到的压根就不会发生复制。但同时我们也要看到，etcd v2 是以快照的形式进行持久化的，做快照的时候会有大量的磁盘写操作，对磁盘造成较大的压力，因此会对写 WAL 文件和处理用户的 I/O 请求造成性能上的影响。

注意　写入时复制（Copy-On-Write, COW）是计算机程序设计领域的一种优化策略。其核心思想是，如果有多个调用者（callers）同时要求相同的资源（如内存或磁盘上的数据存储），那么他们会共同获取相同的指针指向相同的资源，直到某个调用者试图修改资源的内容时，系统才会真正复制一份专用副本（private copy）给该调用者，而其他调用者所见到的最初的资源仍然保持不变。这个过程对其他的调用者来说都是透明的（transparently）。这种做法主要的优点是如果调用者没有修改该资源，就不会创建副本（private copy），因此多个调用者只是在进行读取操作时可以共享同一份资源。

### 9.3.1　快照数据结构

快照的数据结构定义代码具体如下所示：

```
type ConfState struct {
    Nodes     []uint64
}

type SnapshotMetadata struct {
    ConfState ConfState
    Index     uint64
    Term      uint64
}

type Snapshot struct {
    Data      []byte
    Metadata SnapshotMetadata
}
```

### 9.3.2　创建快照

创建快照的时机是在请求的处理流程之中，具体来说，Raft 协议层每次获取到日志项之后，在处理该日志项的过程中就会判断是否需要创建快照，具体代码如下所示：

```
case rd := <-rc.node.Ready():
```

```
    ...
    rc.maybeTriggerSnapshot()

func (rc *raftNode) maybeTriggerSnapshot() {
    if rc.appliedIndex-rc.snapshotIndex <= rc.snapCount {
        return
    }
    // getSnapshot()表示应用实现
    data, err := rc.getSnapshot()
    if err != nil {
        log.Panic(err)
    }

    snap, err := rc.raftStorage.CreateSnapshot(rc.appliedIndex, &rc.
        confState, data)
    if err != nil {
        panic(err)
    }

    if err := rc.saveSnap(snap); err != nil {
        panic(err)
    }

    compactIndex := uint64(1)
    if rc.appliedIndex > snapshotCatchUpEntriesN {
        compactIndex = rc.appliedIndex - snapshotCatchUpEntriesN
    }

    if err := rc.raftStorage.Compact(compactIndex); err != nil {
        panic(err)
    }

    rc.snapshotIndex = rc.appliedIndex
}
```

创建快照具体包含如下几个步骤。

1）判断是否需要创建快照，该过程有一定的代价，因此不会每次都执行。

2）创建快照，由应用实现具体的创建方法。

3）通过 raftStorage 创建快照。

4）存储快照。

5）进行日志（raftStorage）回收（compact）。

对于执行快照创建的时机进行判断时，etcd 采取较为简单的策略：每处理

10 000条日志便进行一次快照。

创建快照的操作代码也比较简单，直接将内存中的数据库复制一份，转成JSON即可，具体代码如下所示：

```
func (s *kvstore) getSnapshot() ([]byte, error) {
    s.mu.Lock()
    defer s.mu.Unlock()
    return json.Marshal(s.kvStore)
}
```

拿到整个数据库的快照以后，还要添加一些meta-data，比如该快照的版本号等，具体如下：

```
func (ms *MemoryStorage) CreateSnapshot(i uint64, cs *pb.ConfState, data
    []byte) (pb.Snapshot, error) {
    ms.Lock()
    defer ms.Unlock()
    if i <= ms.snapshot.Metadata.Index {
        return pb.Snapshot{}, ErrSnapOutOfDate
    }

    offset := ms.ents[0].Index
    if i > ms.lastIndex() {
        panic(...)
    }
    ms.snapshot.Metadata.Index = i
    ms.snapshot.Metadata.Term = ms.ents[i-offset].Term
    if cs != nil {
        ms.snapshot.Metadata.ConfState = *cs
    }
    ms.snapshot.Data = data
    return ms.snapshot, nil
}
```

然后，就可以将快照进行持久化存储了，具体代码如下所示：

```
func (rc *raftNode) saveSnap(snap raftpb.Snapshot) error {
    walSnap := walpb.Snapshot{
        Index: snap.Metadata.Index,
        Term:  snap.Metadata.Term,
    }
    if err := rc.wal.SaveSnapshot(walSnap); err != nil {
        return err
```

```
    }
    if err := rc.snapshotter.SaveSnap(snap); err != nil {
        return err
    }
    return rc.wal.ReleaseLockTo(snap.Metadata.Index)
}
```

持久化存储具体包括以下几个内容。

- 快照的索引：即当前的快照的起始日志项索引信息（term/index），该信息被存储在 WAL 日志文件所在的目录中。
- 快照数据：即快照的真正数据。

### 9.3.3 快照复制

当 Slave 节点上线的时候，Master 会将该 Slave 上落后的日志复制过去。但是前面提到过，日志可能会被回收。因此，这就导致了在 Slave 节点上无法执行被回收的更新日志，以致发生节点间状态不一致的问题。因为日志的回收是在对当前应用进行快照之后进行的，被回收的日志的状态已经反映在快照中了，因此，一种可行的办法是直接复制快照以及快照之后的更新日志。

etcd-raft 的 Master 节点维护了集群 Slave 节点的日志同步状态，并以此作为下一次日志复制的线索，具体代码如下所示：

```
func (r *raft) sendAppend(to uint64) {
    pr := r.prs[to]
    if pr.IsPaused() {
        return
    }
    m := pb.Message{}
    m.To = to

    term, errt := r.raftLog.term(pr.Next - 1)
    ents, erre := r.raftLog.entries(pr.Next, r.maxMsgSize)

    // send snapshot if we failed to get term or entries
    if errt != nil || erre != nil {
        m.Type = pb.MsgSnap
```

```
        snapshot, err := r.raftLog.snapshot()
        if err != nil {
            if err == ErrSnapshotTemporarilyUnavailable {
                ...
                return
            }
            panic(err)
        }

        if IsEmptySnap(snapshot) {
            panic("need non-empty snapshot")
        }
        m.Snapshot = snapshot
        sindex, sterm := snapshot.Metadata.Index, snapshot.Metadata.Term
        pr.becomeSnapshot(sindex)
    }
    ...
}
```

如果需要同步给某 Salve 节点的日志已经被回收了，那么就可以先复制快照，即向该 Slave 发送快照消息（MsgSnap）。

Slave 节点收到 Master 的 MsgSnap 消息之后，主要调用如下代码所示的处理函数：

```
func (r *raft) handleSnapshot(m pb.Message) {
    sindex, sterm := m.Snapshot.Metadata.Index, m.Snapshot.Metadata.Term
    if r.restore(m.Snapshot) {
        r.send(pb.Message{To: m.From, Type: pb.MsgAppResp, Index: r.raftLog.
            lastIndex()})
    } else {
        r.send(pb.Message{To: m.From, Type: pb.MsgAppResp, Index: r.raftLog.
            committed})
    }
}

// restore recovers the state machine from a snapshot.
// It restores the log and the con guration of state machine.
func (r *raft) restore(s pb.Snapshot) bool {
    if s.Metadata.Index <= r.raftLog.committed {
        return false
    }
    // 如果本地的raft log已经包含了快照的日志项
    // 那么直接提交即可，什么都不用做
    if r.raftLog.matchTerm(s.Metadata.Index, s.Metadata.Term) {
```

```
        r.raftLog.commitTo(s.Metadata.Index)
        return false
    }

    // 将内存日志项（其实主要是unstable）恢复为空，并记录下快照信息
    // 根据快照当时的集群节点配置重构集群拓扑
    r.raftLog.restore(s)
    r.prs = make(map[uint64]*Progress)
    for _, n := range s.Metadata.ConfState.Nodes {
        match, next := uint64(0), r.raftLog.lastIndex()+1
        if n == r.id {
            match = next - 1
        }
        r.setProgress(n, match, next)
    }
    return true
}
```

对于 Slave 节点，如果本地日志已经包含了快照中的日志，那么就什么都不用做了，直接提交即可；否则，将内存中的日志项清空，并将 Master 发送过来的快照存储在内存日志结构中。

与 Master 节点自身主动进行的创建快照的过程有所不同，Slave 节点被动接受 Master 复制的快照之后，需要用该快照来更新数据库，即将快照反序列化，从 JSON 解析为 KV 数据库以后使用这些数据更新内存中的数据库即可。

### 9.3.4 快照之后的日志回收

etcd 维护了那些已经被写入 WAL 但是未回收的日志项，同时还记录了最近一次的快照信息。节点每次完成快照创建之后，便可以回收该快照之前的所有日志项了。日志回收代码具体如下：

```
func (ms *MemoryStorage) Compact(compactIndex uint64) error {
    ms.Lock()
    defer ms.Unlock()

    offset := ms.ents[0].Index
    if compactIndex <= offset {
        return ErrCompacted
    }
```

```
    if compactIndex > ms.lastIndex() {
        panic()
    }

    i := compactIndex - offset
    ents := make([]pb.Entry, 1, 1+uint64(len(ms.ents))-i)
    ents[0].Index = ms.ents[i].Index
    ents[0].Term = ms.ents[i].Term
    ents = append(ents, ms.ents[i+1:]...)
    ms.ents = ents

    return nil
}
```

Chapter 10 第 10 章

# etcd v3 的事务和隔离

etcd v2 提供了针对单个 key 的条件更新操作，即 CAW（Compare-And-Swap）操作。客户端在对一个 key 进行写操作的时候需要提供该 key 的版本号或者当前值，服务器端会对版本号或 key 值进行比较，如果服务器端的 key 的值或者版本号已经更新了，那么 CAW 操作就会失败。很明显，CAW 操作只是针对单个 key 提供了简单的信号量和有限的原子操作，远远不能满足更加复杂的使用场景，尤其是涉及多个 key 的变更操作时，比如分布式锁和事务处理。因为在很多情况下，客户端需要同时去读或者写一个 key 或者很多个 key。

因此 etcd v3 引入了迷你事务（mini-transaction）的操作。每次事务都可以包含一系列的条件语句，只有当条件满足时，事务才会执行成功。

## 10.1　事务 ACID

事务必须要满足 ACID 四个特性，具体如下。

- Atomicity（原子性）：也就是所谓的 all-or-nothing。单个事务包含一系列的操作，比如查找、增加、更新等。在事务提交之后，事务中对数据库的所有操作都必须反映到数据库上。但如果由于某些原因发生中断，那么对数据的所有操作必须恢复到这个事务开始之前。也就是事务对数据库的操作，要么全部执行，要么都不执行。
- Consistency（一致性）：一致性是指事务必须使数据库从一个一致性状态变换到另一个一致性状态，也就是说一个事务执行之前和执行之后都必须处于一致性状态。以转账为例来解说，假设用户 A 和用户 B 两者的钱加起来一共是 5000，那么不管 A 和 B 之间如何转账，转几次账，事务结束后两个用户的钱相加起来应该还是 5000，这就是事务的一致性。
- Isolation（隔离性）：隔离性是指当多个用户并发访问数据库时，比如操作同一张表时，数据库为每一个用户开启的事务，不能被其他事务的操作所干扰，多个并发事务之间要相互隔离。即要达到这么一种效果，对于任意两个并发的事务 T1 和 T2，在事务 T1 看来，T2 要么在 T1 开始之前就已经结束，要么在 T1 结束之后才开始，这样每个事务就都感觉不到有其他事务正在并发地执行。
- Durability（持久性）：持久性是指一个事务一旦被提交了，那么对数据库中数据的改变就是永久性的，即便是在数据库系统遇到故障的情况下也不会丢失提交事务的操作。即使发生了系统崩溃，重新启动数据库系统之后，数据库还能恢复到事务成功结束时的状态。

## 10.2 事务的隔离性

介绍完事务的四大特性（简称 ACID）之后，现在就来重点来说明下事务的隔离性，当多个客户端都开启事务操作数据库中的数据时，数据库系统要能进行隔离操作，以保证各个客户端获取数据的准确性，在介绍数据库提供的各种隔离级别之前，我们先看一下如果不考虑事务的隔离性将会发生的几种问题。

### 10.2.1 Read uncommitted（读未提交）

举个例子来说明这个问题，公司发工资了，将 50 000 元打到我的账号上，但是该事务并未提交，而我此时正好去查看账户，发现工资已经到账，是 50 000 元整，这让我感到非常高兴。可是不幸的是，领导发现所发的工资金额不对，正确金额应该是 2000 元，于是迅速回滚了事务，修改金额后，再提交事务，最后我实际的工资只有 2000 元，结果我只是空欢喜一场。

脏读是指两个并发的事务，“事务 A：领导发工资”、“事务 B：我查询工资账户”，事务 B 读取了事务 A 尚未提交的数据。

当隔离级别设置为 Read uncommitted 时，就可能出现脏读，如何避免脏读，请看下一个隔离级别。

### 10.2.2 Read committed（读提交）

本节继续以 10.2.1 节的例子进行说明，我拿着工资卡去消费，系统读取到卡里确实有 2000 元，而此时我的妻子也正好在网上转账，把我工资卡里的 2000 元转到她账户下，并在我消费之前提交了事务，当我扣款时，系统检查到工资卡里已经没有钱了，扣款失败，我感到十分纳闷，明明卡里有钱，为何……

不可重复读是两个并发的事务，“事务 A：消费”、“事务 B：我妻子网上转账”，事务 A 事先读取了数据，事务 B 紧接了更新了数据，并提交了事务，而事务 A 再次读取该数据时，数据已经发生了改变。

当隔离级别设置为 Read committed 时，虽然避免了脏读，但是可能会造成不可重复读。那么如何避免不可重复读呢，接下来请看下一个隔离级别。

### 10.2.3 Repeatable read（重复读）

如果将隔离级别设置为 Repeatable read，则可以避免上文提到的不可重复读。当我拿着工资卡去消费时，一旦系统开始读取工资卡信息（即事务开始），我妻子就不可能对该记录进行修改，也就是不能在此时转账。

虽然 Repeatable read 避免了重复读，但是还是有可能出现幻读。例如，我妻子在银行部门工作，她时常通过银行内部系统查看我的信用卡消费记录。有一天，她正查询到我当月信用卡的总消费金额，看到的是 80 元，而我此时正好在外面吃完大餐后在收银台买单，消费 1000 元，即新增了一条 1000 元的消费记录（insert transaction ... ），并提交了事务，随后我妻子将我当月信用卡消费的明细打印到 A4 纸上，却发现消费总额为 1080 元，我妻子感到很诧异，以为出现了幻觉，幻读就这样产生了。

## 10.3 etcd 的事务

etcd v2 只提供了针对单个 key 的条件更新操作，即 CAW（Compare-And-Swap）操作。客户端在对一个 key 进行写操作的时候需要提供该 key 的版本号或者当前值，服务器端会对其版本号或当前值进行比较，如果服务器端的 key 的值或者版本号已经更新了，那么 CAW 操作就会失败。但 CAW 操作只是针对单个 key 提供了简单的信号量和有限的原子操作，远远不能满足更加复杂的应用场景，尤其是涉及多个 key 的变更操作时，比如分布式锁和事务处理。也就是说，etcd v2 只针对单个 key 提供了原子操作，并不支持对多个 key 的原子操作，假如有如下这样的场景：客户端需要同时对多个 key 进行操作，这些操作要么同时成功，要么同时失败，etcd v2 将会无法处理。而 etcd v3 将在 etcd v2 的基础上引入 transaction 的支持，可以支持涉及多个 key 的原子操作。

### 10.3.1 Serializability 的重要性

像 etcd 这样的分布式系统，经常会有客户端进行并发访问。etcd v3 的 Serializability（可串行化）的事务隔离级别可以保证多个事务并行执行的效果，其与以某种顺序来执行这多个事务的效果是一样的，因此 Serializability 可以避免脏读、重复读和幻读的发生。注意，Serializability 只保证了以某种顺序执行事务，并不能保证一定要以某个确定的顺序来执行。Strict Serializability（严格的可串行化）则可以保证多个事务并行执行的效果，与以按照实际的提交时间串行执行多个事务的效果是一样的。比如说，你先提交了事务 T1，事务 T1 是去写变量 X，然后你又提交了事务 T2，事务 T2 是去读变量 X；那么具备 Strict Serializability（严格的可串行化）的事务隔离级别的数据库可以永远将 T1 放在 T2 之前执行，即 T2 可以读到 T1 写进去的数据，而具备 Serializability（可串行化）的数据库，有可能会把 T2 放在 T1 之前执行。

下面用一个例子来说明如果没有事务的支持，那么当客户端同时处理多个 key 的时候会导致数据不一致的问题。示例代码具体如下：

```
import (
    "fmt"
    "encoding/binary"
    v3  "github.com/coreos/etcd/clientv3"
)

func toUInt64(v []byte) uint64 { x, _ := binary.UVarint(v); return x }
func fromUInt64(v uint64) []byte {
    b := make([]byte, binary.MaxVarintLen64);
    return b[:binary.PutUvarint(b, v)]
}

func nosyncXfer(etcd *v3.Client, amount uint, from, to string) (err error) {
    var fromKV, toKV *v3.GetResponse
    if fromKV, err = b.etcd.Get(context.TODO(), from); err != nil {
        return err
    }
    if toKV, err = b.etcd.Get(context.TODO(), to); err != nil {
        return err
    }
    fromV, toV := toUInt64(fromKV.Value), toUint64(toKV.Value)
    if fromV < amount {
        return fmt.Errorf( "insufficient value" )
    }
    if _, err = b.etcd.Put(context.TODO(), to, fromUInt64(toV + amount)); err != nil {
        return err
    }
```

```
    _, err = b.etcd.Put(context.TODO(), from, fromUInt64(fromV - amount))
    return err
}
```

图 10-1 说明了上面的代码可能会出现的数据不一致的问题：如果两个进程同时对 key a 进行减 5 和对 key b 进行加 5 的操作，且没有事务的支持，则第二个进程有可能读到第一个进程操作到一半的数据。

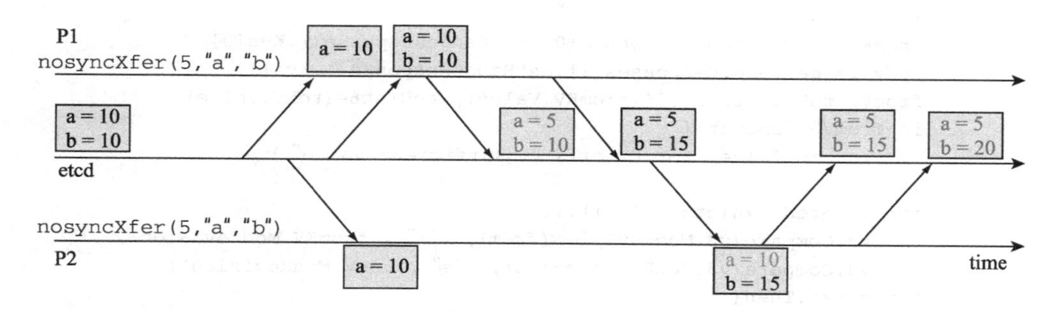


图 10-1　没有事务支持的数据不一致问题

## 10.3.2　etcd v3 的事务实现

etcd v3 的 API 引进了对事务的支持的功能，允许客户端对多个 key 进行原子操作。etcd v3 事务的 API 类似于下面的代码：

```
Txn().If(cond1, cond2, ...).Then(op1, op2, ...,).Else(op1', op2', …)
```

一个事务由以下三部分组成：条件判断语句、条件判断成功则执行的语句、条件判断失败则执行的语句。etcd v3 的事务能够保证事务中对多个 key 进行的操作，要么同时成功，要么同时失败；一个事务中读到的所有数据，在整个事务的生命周期中是不会发生变化的。

接下来再用 etcd v3 的事务 API 重写之前的例子，具体代码如下所示：

```
func txnXfer(etcd *v3.Client, from, to string, amount uint) (error) {
    for {
        if ok, err := doTxnXfer(etcd, from, to amount); err != nil {
            return err
        } else if ok {
```

```
                return nil
            }
        }
    }

    func doTxnXfer(etcd *v3.Client, from, to string, amount uint) (bool, error) {
        getresp, err := etcd.Txn(ctx.TODO()).Then(OpGet(from), OpGet(to)).Commit()
        if err != nil {
            return false, err
        }
        fromKV := getresp.Responses[0].GetRangeResponse().Kvs[0]
        toKV := getresp.Responses[1].GetRangeResponse().Kvs[1]
        fromV, toV := toUInt64(fromKV.Value), toUint64(toKV.Value)
        if fromV < amount {
            return false, fmt.Errorf( "insufficient value" )
        }
        txn := etcd.Txn(ctx.TODO()).If(
            v3.Compare(v3.ModRevision(from), "=" , fromKV.ModRevision),
            v3.Compare(v3.ModRevision(to), "=" , toKV.ModRevision))
        txn = txn.Then(
            OpPut(from, fromUint64(fromV - amount)),
            OpPut(to, fromUint64(toV - amount))
        putresp, err := txn.Commit()
        if err != nil {
            return false, err
        }
        return putresp.Succeeded, nil
    }
```

图 10-2 说明了上面的代码执行情况，当第二个进程 P2 的事务提交时，发现事务开始时读到的数据已经发生了变化，则会进行回滚和重试，保证事务开始时读到的数据跟提交时的数据是一致的。

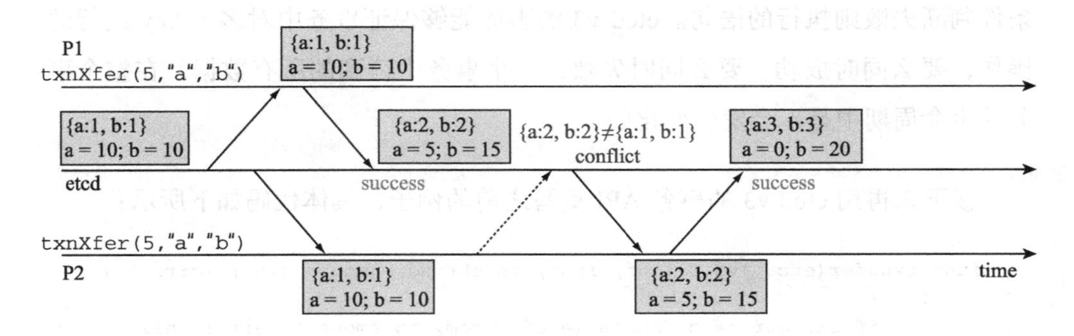


图 10-2 etcd 事务举例

### 10.3.3　软件事务内存

在 10.3.2 节中，用 etcd 的事务 API 重写了示例程序之后，数据的不一致性问题就得到了解决，然而代码的可读性很差。代码的逻辑很不自然：首先需要手动提交一个事务读请求，然后还要一直追踪所有数据的版本号，如果提交的时候数据的版本号已经发生了变化，那就说明在该事务 A 执行的过程中已有其他的事务 B 在执行了，而且事务 B 的执行结果会影响 A，这就需要对 A 进行回滚和重试，可以看到，让用户自己去实现这些逻辑是非常烦琐和不直观的。

etcd 的软件事务内存（Software Transactional Memory，STM）API 则对基于版本号的冲突解决逻辑进行了封装：它自动检测内存访问时的冲突，并自动尝试在冲突的时候对事务进行回退和重试。etcd v3 的软件事务内存也是乐观的冲突控制的思路：在事务最终提交的时候检测是否有冲突，如果有则回退和重试；而悲观的冲突控制则是在事务开始之前就检测是否有冲突，如果有则暂不执行。

图 10-3 很好地说明了 STM 的执行流程，与之前一样，在 P1 更新 a 和 b 的同时，P2 在读 a 和 b，当 P1 的事务提交以后，etcd 里数据的版本号会变成 {a:2, b:2}，然后 P2 的事务通过 STM 提交的时候发现，P2 的事务刚开始的时候读到 a 的版本号是 1，提交的时候 a 的版本号却变成了 2，所以可以得出如下结论：P2 的事务执行过程中一定有其他事务的执行修改了 a 的数据。因此需要对 P2 进行回退和重试，直到没有冲突为止。

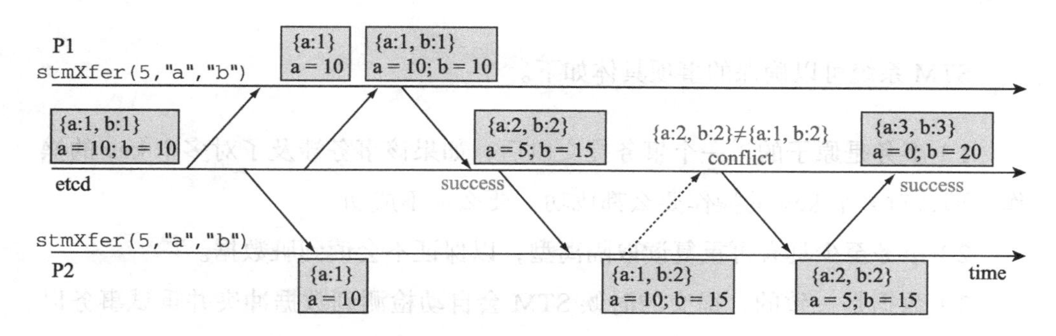


图 10-3　etcd STM 执行流示例

下面是使用 etcd v3 的 STM API 重写的示例程序，具体代码如下所示：

```
import conc  "github.com/coreos/etcd/clientv3/concurrency"
func stmXfer(e *v3.Client, from, to string, amount uint) error {
    return <-conc.NewSTMRepeatable(context.TODO(), e, func(s *conc.STM) error {
        fromV := toUInt64(s.Get(from))
        toV := toUInt64(s.Get(to))
        if fromV < amount {
            return fmt.Errorf( "insufficient value" )
        }
        s.Put(to, fromUInt64(toV + amount))
        s.Put(from, fromUInt64(fromV - amount))
        return nil
    })
}
```

STM 版本的示例程序就简单得多了，只需要传入一个函数给 STM，STM 就会处理剩下的细节逻辑：STM 会自动判断冲突，然后重试或者撤销事务。用户不需要手写任何循环重试逻辑，也不需要关心数据版本号的变化。

### 10.3.4 etcd v3 STM 实现

可以简单地将 etcd v3 的 STM 看作是底层的事务 API 的封装。我们将用一个简单的可重复读取的乐观 STM 示例程序来讲解 etcd v3 的 STM 协议的实现机制，该示例程序包含大概 70 行左右的 Go 代码，同时该实现还包含 STM 通用的功能，如事务读取和写入管理、数据访问、提交、重试和中止等。

STM 系统可以确保的事项具体如下。

1）事务是原子的，一个事务提交以后，如果该事务涉及了对多个 key 的操作，那么对多个 key 的操作要么都成功，要么都不成功。

2）事务至少具有可重复读取隔离型，以保证不会读到脏数据。

3）数据是一致的，提交的时候 STM 会自动检测到数据冲突并重试事务以解决这些冲突。

## 1. Transaction Loop

STM 的主要逻辑是一个循环，示例代码具体如下：

```
func NewSTM(ctx context.Context, c *v3.Client, apply func(*STM) error)
    <-chan error {
    errc := make(chan error, 1)
    go func() {
        defer func() {
            if r := recover(); r != nil {
                e, ok := r.(stmError)
                if !ok { panic(r) }
                errc <- e.err
            }
        }()
        var err error
        for {
            s := &STM{c, ctx, make(map[string]*v3.GetResponse), make
                (map[string]string)}
            if err = apply(s); err != nil { break }
            if s.commit() { break }
        }
    }()
    return errc
}
```

该循环管理了 STM 事务的整个生命周期。每次用户一有新的事务请求时，就会启动这样一个循环。循环会创建新的 Bookkeeping 的数据结构（记录事务开始的时候读取到的数据，即事务执行的上下文，如果提交事务的时候发现上下文发生了变化，则说明有冲突），运行用户提供的应用函数来更新数据，然后提交事务。如果 STM 在运行的时候无法访问 etcd（比如，由于发生了网络故障而无法访问），或者上下文被取消，那么 STM 将使用 Go 的 panic / recover 来取消事务。如果在提交的时候发现有冲突，那么循环会重复，并进行重试。

## 2. 读取集和写入集

下面的结构体可用来记录一个 STM 事务执行的上下文，具体代码如下所示：

```
type STM struct {
    c *v3.Client
    ctx context.Context
    rset map[string]*v3.GetResponse
    wset map[string]string
}
```

该数据结构记录了事务执行的上下文，事务会在提交阶段通过读取集（rset）和写入集（wset）进行冲突检测来决定是否需要对事务进行重试。

### 3. Get 和 Put 方法

Get 和 Put 方法一直记录着由事务读取和更新的数据。示例代码具体如下：

```
type stmError struct { err error}

func (s *STM) Get(key string) string {
    if wv, ok := s.wset[key]; ok {
        return wv
    }
    if rv, ok := s.rset[key]; ok {
        return string(rv.Kvs[0].Value)
    }
    rk, err := s.c.Get(s.ctx, key, v3.WithSerializable())
    if err != nil {
        panic(err)
    }
    s.rset[key] = rk
    return string(rk.Kvs[0].Value)
}

func (s *STM) Put(key, val string) { s.wset[key] = val }
```

对于 Put 操作，key 的 value 被存放在了 writeset 中，直到事务提交才真正去更新数据。对于 Get，key 的值是最新的一个版本的值。如果该事务本身对这个 key 有过写操作，则从 writeset 中读取；如果 readset 中已经缓存了最新的值，则从 readset 中读取；或者如果没有，则强制从 etcd 服务端中读取并更新到 readset 中。

### 4. 事务提交

在事务的所有更新逻辑完成以后，需要提交事务，示例代码具体如下：

```
func (s *STM) commit() bool {
    cs := make([]v3.Cmp, 0, len(s.rset))
    for k, rk := range s.rset {
        cs = append(cs, v3.Compare(v3.ModRevision(k), "=", rk.Kvs[0].ModRevision))
    }
    puts := make([]v3.Op, 0, len(s.wset))
    for k, v := range s.wset {
        puts = append(puts, v3.OpPut(k, v))
    }
    txnresp, err := s.c.Txn(s.ctx).If(cs…).Then(puts…).Commit()
    if err != nil {
        panic(err)
    }
    return txnresp.Succeeded
}
```

提交的事务由 readset 和 writeset 组成。为了检测冲突，系统会检测之前读过的所有 key 的所有版本号。如果有任何一个 key 被其他事务更新过，则该事务失败；如果没有，则将最终的数据提交到磁盘中。

Chapter 11 第 11 章

# etcd watch 机制详解

为了避免客户端的反复轮询，etcd 提供了 event 机制。客户端可以订阅一系列的 event，用于 watch 某些 key。当这些被 watch 的 key 更新时，etcd 就会通知客户端。etcd 能够保证在操作发生后再发送 event，所以客户端收到 event 后一定可以看到更新的状态。

## 11.1 etcd v2 的 watch 机制详解

下面先来看下 etcd v2 是如何实现 watch 机制的。

### 11.1.1 客户端的 watch 请求

打开一个命令行终端，用 curl 发起一个 watch 请求，用于 watch “/foo” 这个 key 的变更。此时，由于 “/foo” 这个 key 还没有发生变更，所以该 watch 请求一直没有收到回复，示例代码具体如下：

```
curl http://127.0.0.1:2379/v2/keys/foo?wait=true
```

打开另一个命令行终端，对“/foo”这个 key 进行更新操作，示例代码具体如下：

```
curl http://127.0.0.1:2379/v2/keys/foo -XPUT -d value=bar
```

于是我们在第一个终端就可以看到之前的 watch 请求已经收到回复了，具体如下：

```
{
    "action": "set",
    "node": {
        "createdIndex": 7,
        "key": "/foo",
        "modifiedIndex": 7,
        "value": "bar"
    },
    "prevNode": {
        "createdIndex": 6,
        "key": "/foo",
        "modifiedIndex": 6,
        "value": "bar"
    }
}
```

Watch API 实际上是一个标准的 HTTP GET 请求，可以看出 watch 的请求其实就是一个 GET 请求，与一般的请求不同的是，它多了一个“?wait=true”的 URL 参数。当 etcd v2 的 Server 看到这个参数的时候，就知道这是一个 watch 请求，并且不会立即返回 response，而是一直会等到被 watch 的这个 key 有了更新以后该请求才会返回。

下面的这段代码是 etcd v2 的 Server 处理一个请求时的逻辑（由于篇幅有限，示例代码中略去了对 POST、PUT 等请求的处理代码），可以看到，对于普通的 GET 请求，直接读取到 key 的值以后会马上返回 response，但是对于 watch 的 GET 请求，Server 会调用 store 的 watch() 方法。store 的 watch() 方法则会调用 WatcherHub 的 watch() 方法，将这个 watch 请求的信息添加到 WatchHub 里，具体代码如下所示：

```
// Do will block until an action is performed or there is an error.
func (s *EtcdServer) Do(ctx context.Context, r pb.Request) (Response, error) {
    r.ID = s.reqIDGen.Next()
    if r.Method == "GET" && r.Quorum {
        r.Method = "QGET"
    }
    switch r.Method {
    case "POST", "PUT", "DELETE", "QGET":
        /*
        */
    case "GET":
        switch {
        case r.Wait:
            wc, err := s.store.Watch(r.Path, r.Recursive, r.Stream, r.Since)
            if err != nil {
                return Response{}, err
            }
            return Response{Watcher: wc}, nil
        default:
            ev, err := s.store.Get(r.Path, r.Recursive, r.Sorted)
            if err != nil {
                return Response{}, err
            }
            return Response{Event: ev}, nil
        }
    case "HEAD":
        ev, err := s.store.Get(r.Path, r.Recursive, r.Sorted)
        if err != nil {
            return Response{}, err
        }
        return Response{Event: ev}, nil
    default:
        return Response{}, ErrUnknownMethod
    }
}

func (s *store) Watch(key string, recursive, stream bool, sinceIndex uint64) (Watcher, error) {
    s.worldLock.RLock()
    defer s.worldLock.RUnlock()

    key = path.Clean(path.Join("/", key))
    if sinceIndex == 0 {
        sinceIndex = s.CurrentIndex + 1
    }
    // WatchHub does not know about the current index, so we need to pass it in
    w, err := s.WatcherHub.watch(key, recursive, stream, sinceIndex, s.CurrentIndex)
    if err != nil {
        return nil, err
```

```
    }

    return w, nil
}
```

## 11.1.2 key 发生变更时通知客户端

当 etcd 更新一个 key 时，就会生成一个 event，并调用 WatcherHub 的 notify() 方法通知所有正在 watch 该 key 的 Watcher（即 Client），示例代码具体如下：

```
// Set creates or replace the node at nodePath.
func (s *store) Set(nodePath string, dir bool, value string, expireTime
    time.Time) (*Event, error) {
...
    // Set new value
    e, err := s.internalCreate(nodePath, dir, value, false, true, expireTime, Set)
...
    s.WatcherHub.notify(e) ///save event

    return e, nil
}
// notify function accepts an event and notify to the watchers.
func (wh *watcherHub) notify(e *Event) {
    e = wh.EventHistory.addEvent(e) // add event into the eventHistory

    segments := strings.Split(e.Node.Key, "/")

    currPath := "/"

    // walk through all the segments of the path and notify the watchers
    // if the path is "/foo/bar", it will notify watchers with path "/",
    // "/foo" and "/foo/bar"

    for _, segment := range segments {
        currPath = path.Join(currPath, segment)
        // notify the watchers who interests in the changes of current path
        wh.notifyWatchers(e, currPath, false)
    }
}
```

## 11.1.3 带版本号的 watch

值得注意的是，客户端还可以指定版本号来 watch。如果客户端指定了版本号，那么服务器端会返回大于该版本号的第一个更新的数据。例如 watch 的时候可以指定 index=7，示例代码如下所示：

```
curl 'http://127.0.0.1:2379/v2/keys/foo?wait=true&waitIndex=7'
```

由于历史变更记录里已经有了 index=7 的变更记录了，所以这个 watch 请求会立即返回，返回结果具体如下：

```
{
    "action": "set",
    "node": {
        "createdIndex": 7,
        "key": "/foo",
        "modifiedIndex": 7,
        "value": "bar"
    },
    "prevNode": {
        "createdIndex": 6,
        "key": "/foo",
        "modifiedIndex": 6,
        "value": "bar"
    }
}
```

所以当客户端调用 watch 接口（参数中增加 wait 参数）时，如果请求参数中有 waitIndex，并且 waitIndex 小于 currentIndex，则从 EventHistroy 列表中查询 index 小于等于 waitIndex，并且与 watch key 相匹配的 event，如果有数据，则直接返回。如果历史列表中没有或者请求没有带 waitIndex，则放入 WatchHub 中，每个 key 都会关联一个 Watcher 列表。一旦进行了变更操作，变更生成的 event 就会放入 EventHistroy 列表中，同时还会通知与该 key 相关的 Watcher。

### 11.1.4 etcd v2 watch 的限制

上文提到过，客户端可以指定版本号 watch，然而服务器端只保留了最新的 1000 个变更记录：

```
func newStore() *store {
    s := new(store)
    s.CurrentVersion = defaultVersion
    s.Root = newDir(s, "/", s.CurrentIndex, nil, "", Permanent)
    s.Stats = newStats()
    s.WatcherHub = newWatchHub(1000) ///1000 history event
    s.ttlKeyHeap = newTtlKeyHeap()
    return s
}
```

也就是说，如果客户端指定的版本号，是 1000 个变更记录之前的，则会 watch 不到。例如我们对“/other="bar"”这个 key 进行 2000 次更新操作，然后指定 index=8 进行 watch：

```
curl 'http://127.0.0.1:2379/v2/keys/foo?wait=true&waitIndex=8'
```

服务端会返回 401 错误，并告诉我们“/other”这个 key 的最新版本号已经是 2007 了。

```
{
    "errorCode":401,
    "message":"The event in requested index is outdated and cleared",
    "cause":"the requested history has been cleared [1008/8]",
    "index":2007
}
```

所以，我们应该从 index=2008 开始 watch：

```
curl 'http://127.0.0.1:2379/v2/keys/foo?wait=true&waitIndex=2008'
```

etcd v2 除了 watch 的历史记录最多为 1000 条以外，还有其他的一些限制，具体如下。

1）etcd v2 的 watch 是基于 HTTP 的 long poll 实现的，其请求本质上是一个 HTTP 1.1 的长连接。因此一个 watch 请求需要维持一个 TCP 连接。举个例子来说，如果某个客户端分别 watch 了 10 个 key，那么该客户端和服务端就有 10 个 TCP 连接。这就导致了服务端需要耗费很多资源用于维持 TCP 长连接。

2）watch 只能 watch 某一个 key 以及其子节点（通过参数 recursive 设置），一个 watch 请求不能同时 watch 多个不同的 key。

3）由于 watch 的历史记录最多只有 1000 条，因此很难通过 watch 机制来实现完整的数据同步（有丢失变更的风险），所以当前的大多数使用方式是通过 watch 来得知变更，然后通过 GET 来重新获取数据，并不是完全依赖于 watch 的变更 event。

## 11.2 etcd v3 的 watch 实现机制

etcd v3 的 watch 机制在 etcd v2 的基础上做了很多改进，一个显著的优化是减小了每个 watch 所带来的资源消耗，从而能够支持更大规模的 watch。首先 etcd v3 的 API 采用了 gRPC，而 gRPC 又利用了 HTTP/2 的 TCP 链接多路复用（multiple stream per tcp connection），这样同一个 Client 的不同 watch 可以共享同一个 TCP 连接。举个例子来说，如果某个客户端分别 watch 了 10 个 key，该客户端和服务端只有 1 个 TCP 连接，那么这 10 个 watch 请求共享一个 TCP 连接，这样就大大减轻了 Server 的资源消耗。同时 etcd v3 支持从任意版本开始 watch，没有 v2 的 1000 条历史记录的限制问题。在 etcd v3 中，只要历史数据没有被压缩，就可以被 watch 到。

下面对 etcd v3 的 watch 流程进行分析。

etcd 会保存每个客户端发来的 watch 请求，watch 请求可以关注一个 key（单 key），或者一个 key 前缀（区间），所以 watchGroup 包含两种 Watcher：一种是 key Watchers，数据结构是每个 key 对应一组 Watcher；另外一种是 range Watchers，数据结构是一个线段树，可以方便地通过区间查找到对应的 Watcher。

etcd 会有一个线程持续不断地遍历所有的 watch 请求，每个 watch 对象都会负责维护其监控的 key 事件，看其推送到了哪个 revision。

etcd 会根据这个 revision.main ID 去 bbolt 中继续向后遍历，实际上 bbolt 类

似于 leveldb，是一个按 key 有序排列的 Key-Value（K-V）引擎，而 bbolt 中的 key 是由 revision.main+revision.sub 组成的，所以遍历就会依次经过历史上发生过的所有事务（tx）的记录。

对于遍历经过的每个 K-V，etcd 会反序列化其中的 value，也就是 mvccpb.KeyValue，判断其中的 key 是否为 watch 请求关注的 key，如果是就发送给客户端，示例代码具体如下：

```
// syncWatchersLoop syncs the watcher in the unsynced map every 100ms.
func (s *watchableStore) syncWatchersLoop() {
    defer s.wg.Done()
    for {
        s.mu.RLock()
        st := time.Now()
        lastUnsyncedWatchers := s.unsynced.size()
        s.mu.RUnlock()

        unsyncedWatchers := 0
        if lastUnsyncedWatchers > 0 {
            unsyncedWatchers = s.syncWatchers()
        }
        syncDuration := time.Since(st)

        waitDuration := 100 * time.Millisecond
        // more work pending?
        if unsyncedWatchers != 0 && lastUnsyncedWatchers > unsyncedWatchers {
        // be fair to other store operations by yielding time taken
        waitDuration = syncDuration
    }

    select {
        case <-time.After(waitDuration):
        case <-s.stopc:
        return
        }
    }
}
```

上述代码是一个循环，它会不停地调用 syncWatchers，以下是 syncWatchers 的示例代码：

```
// syncWatchers syncs unsynced watchers by:
```

```
// 1. choose a set of watchers from the unsynced watcher group
// 2. iterate over the set to get the minimum revision and remove compacted watchers
// 3. use minimum revision to get all key-value pairs and send those events to watchers
// 4. remove synced watchers in set from unsynced group and move to
  synced group
func (s *watchableStore) syncWatchers() int {
    s.mu.Lock()
    defer s.mu.Unlock()

    if s.unsynced.size() == 0 {
        return 0
    }

    s.store.revMu.RLock()
    defer s.store.revMu.RUnlock()

    // in order to find key-value pairs from unsynced watchers, we need to
    // find min revision index, and these revisions can be used to
    // query the backend store of key-value pairs
    curRev := s.store.currentRev
    compactionRev := s.store.compactMainRev

    wg, minRev := s.unsynced.choose(maxWatchersPerSync, curRev, compactionRev)
    minBytes, maxBytes := newRevBytes(), newRevBytes()
    revToBytes(revision{main: minRev}, minBytes)
    revToBytes(revision{main: curRev + 1}, maxBytes)

    // UnsafeRange returns keys and values. And in boltdb, keys are revisions.
    // values are actual key-value pairs in backend.
    tx := s.store.b.ReadTx()
    tx.Lock()
    revs, vs := tx.UnsafeRange(keyBucketName, minBytes, maxBytes, 0)
    evs := kvsToEvents(wg, revs, vs)
    tx.Unlock()
}
```

syncWatchers() 函数每次都会从所有的 Watcher 中选出一批 Watcher 进行批处理（组成一个 group，称为 watchGroup），在这批 Watcher 中将观察到的最小的 revision.main ID 作为 bbolt 的遍历起始位置。这是一种优化：如果为每个 Watcher 单独遍历 bbolt 并从中挑选出属于自己关注的 key，那么性能就太差了。通过一次性遍历，处理多个 Watcher，显然可以有效减少遍历的次数。

遍历 bbolt 时，JSON 会反序列化每个 mvccpb.KeyValue 结构，判断其中的 key 是否属于 watchGroup 关注的 key，而这是由 kvsToEvents 函数完成的，示例代码具体如下：

```
// kvsToEvents gets all events for the watchers from all key-value pairs
func kvsToEvents(wg *watcherGroup, revs, vals [][]byte) (evs []mvccpb.Event) {
    for i, v := range vals {
        var kv mvccpb.KeyValue
        if err := kv.Unmarshal(v); err != nil {
            plog.Panicf("cannot unmarshal event: %v", err)
        }

        if !wg.contains(string(kv.Key)) {
            continue
        }

        ty := mvccpb.PUT
        if isTombstone(revs[i]) {
            ty = mvccpb.DELETE
            // patch in mod revision so watchers won't skip
            kv.ModRevision = bytesToRev(revs[i]).main
        }
        evs = append(evs, mvccpb.Event{Kv: &kv, Type: ty})
    }
    return evs
}
```

# 推荐阅读

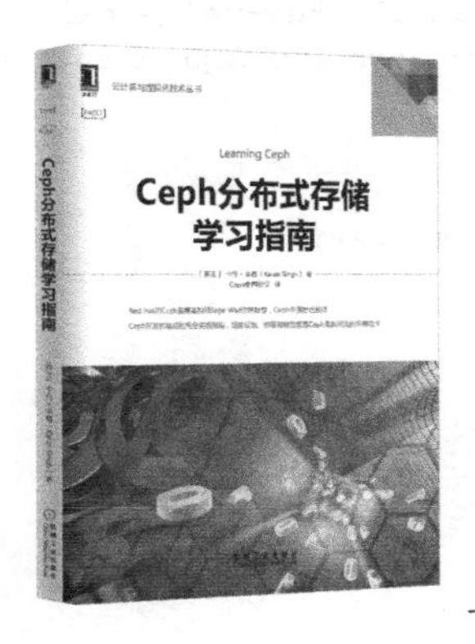
Learning Ceph
Ceph分布式存储
学习指南

Ceph分布式存储实战

The Source Code Analysis of Ceph
Ceph源码分析

大规模分布式存储系统
原理解析与架构实战

The Practice of Cloud System Administration
云系统管理
大规模分布式系统设计与运营
YOU

Distributed Real-time Processing System
分布式实时处理系统
原理、架构与实现

Architecture and Design of Large Scale Distributed System
大规模分布式系统
架构与设计实战

计算机科学丛书
原书第5版
分布式系统
概念与设计
Distributed Systems
Concepts and Design
DISTRIBUTED SYSTEMS

PEARSON
经典原版书库
分布式系统
概念与设计
（英文版·第5版）
DISTRIBUTED SYSTEMS